热管置入式墙体研究及应用

张志刚　姚万祥　张　伟　著

中国建筑工业出版社

图书在版编目（CIP）数据

热管置入式墙体研究及应用 / 张志刚，姚万祥，张伟著. — 北京 ：中国建筑工业出版社，2023.10

ISBN 978-7-112-29260-8

Ⅰ. ①热… Ⅱ. ①张… ②姚… ③张… Ⅲ. ①热管技术-应用-建筑物-保温-研究 Ⅳ. ①TU111.4

中国国家版本馆 CIP 数据核字（2023）第 184146 号

责任编辑：张文胜
责任校对：赵 力

热管置入式墙体研究及应用

张志刚 姚万祥 张 伟 著

*

中国建筑工业出版社出版、发行（北京海淀三里河路 9 号）

各地新华书店、建筑书店经销

北京鸿文瀚海文化传媒有限公司制版

建工社（河北）印刷有限公司印刷

*

开本：787 毫米×1092 毫米 1/16 印张：10¼ 字数：254 千字

2024 年 1 月第一版 2024 年 1 月第一次印刷

定价：**39.00** 元

ISBN 978-7-112-29260-8

（40182）

序

随着气候变化和全球变暖，开源节流已成共识，建筑能耗约占社会总能耗的三分之一，建筑能耗还将因城镇化进程进一步增加，因此降低建筑能耗已迫在眉睫。此外，建筑节能作为实施“双碳”战略的关键路径，日益受到重视，但随着我国建筑节能的实施，通过墙体保温材料来挖掘建筑围护结构的节能潜力已难以为继。

热管置入式墙体作为一种融合热管和墙体保温蓄热技术的新型墙体构造，冬季在不破坏墙体保温的同时，通过布置在向阳面的热管内工质相变将太阳辐射热快速传递到室内，进而降低冬季的采暖负荷；夏季通过背阴面布置的热管，利用夜间的低温将热量传递到室外，进而降低夏季的空调负荷。热管置入式墙体不但具有良好的社会效益和环境效益，而且还具有显著的经济效益。

近年来，墙体动态传热相关理论模型发展缓慢，特别是小尺度的精确预测及评估已无法满足使用需求。以热管、热水管等构成的围护结构热活性化技术发展迅猛，其区别于传统围护结构的显著特点在于其相变传热或对流换热远超墙体导热，导致温度波的传递方式发生了根本改变，这使得用于传统墙体传热的谐波反应法和反应系数法难以适应以热管、热水管为代表的新型墙体。此外，数字化设计及智能运维是人工智能、数字孪生技术等信息技术与建筑结合的重要发展方向，其对室内热环境内外扰的精确建模提出了迫切需求。因此，开展热管置入式墙体传热性能研究，提高太阳能的利用率，降低建筑能耗，既实现了节能减排，又对实现可持续发展以及“碳达峰”和“碳中和”目标有着举足轻重的作用。

本书正是在这样的背景下，累积长期研究和实践成果编纂而成，全面、详细介绍动态传热墙体理论模型及其应用。编者们用多年来的实践和钻研，为广大读者呈上太阳辐射、传热学、工程热力学、室内热舒适等领域的相关科研成果，并以此为可再生能源开发利用、建筑节能提供更好的理论指导，也为可持续发展和生态文明建设提供强有力的支撑。

日本工程院院士

2022年10月8日

前　言

本书主要基于张志刚教授、张伟教授、姚万祥副教授及其课题组的多位教师及历届研究生近10年来科研工作的积累，并受到国家自然科学基金项目《各向异性太阳辐射透射特性及对建筑得热的影响机理研究》（项目批准号：52178083）和天津市自然科学基金项目《基于微管径热管技术的被动式墙体换热特性研究》（项目批准号：17JCYBJC21400）的资助。

本书首先介绍了建筑节能、被动式技术、重力热管的研究现状，阐述了热管置入式墙体的基础理论，提出了并联分离式热管，研究了其传热特性，并基于此建立了热管置入式墙体（WIHP）动态传热模型，丰富和发展了墙体动态传热理论；其次，开展了并联分离式重力热管传热的实验测试，并进行了相应的数值模拟分析；在此基础上开展了WIHP传热特性的实验测试和数值模拟分析；其后，结合气象数据，分析了WIHP在不同季节和不同气候区的适用性和节能潜力；此外，本书还研究了WIHP对室内热环境和人体热舒适的影响。

各章执笔如下：第1章由张志刚、刘莹、孔相儒、司海洋、徐媛和韩腾撰写；第2章由张志刚、刘巧丽、黄宇、田万峰、张瑶瑶、孙志健、于广全、刘姗姗、曹甜甜、刘畅和苏珂撰写；第3章由姚万祥、张伟、蒋雷杰、李晓瑞、刘姗姗、曹甜甜、李旭、姚丽君和张瑶瑶撰写；第4章由张志刚、王玉、刘巧丽、孙志健、丁一、谭荣华、李晓、张静娜、苏珂和刘畅撰写；第5章由姚万祥、任丽杰、董佳俊、张康、于广全和刘畅撰写；第6章由姚万祥、张志刚、岳琦、冀丽娜、孙志健、武威和李增瑞撰写。另外，刘莹、刘巧丽和王玉为本书的图表制作提供了帮助。

本书承蒙日本工程院院士高伟俊先生在百忙之中拔冗赐序，谨向高伟俊院士表示衷心感谢！

由于水平有限，加之研究对象涉及多学科、跨领域，难度较大，难免挂一漏万，本书权作抛砖引玉，恳请各位专家学者批评指正。

作　者

2022年10月8日

目　录

第1章

绪 论

1.1 中国建筑能耗与建筑节能

过多地使用化石（碳）能源，导致全球二氧化碳排放量逐年增多。气候变化和全球变暖作为人类社会的主要威胁，与能源消耗和温室气体排放有着密切联系[1]，这导致世界各地自然灾害频发，严重影响了人类的生存环境和自然生态。

随着社会经济的高速发展，我国的能源紧张和环境恶化等问题日益凸显，已成为全社会关注的重大问题。中国以化石能源为主的能源消费结构与日益增长的能源消耗，导致二氧化碳排放量快速攀升[2,3]。2020 年 9 月，中国政府在第 75 届联合国大会上提出，2030 年前达到二氧化碳排放量峰值，2060 年前实现碳中和的目标，这是中国发展转型的机遇和挑战[4]。

随着全面建设小康社会和城市化进程的推进，中国建筑业发展迅速，建筑能耗也随之迅速增长。新发布的《2021 中国建筑能耗与碳排放研究报告》对 2019 年度各省市建筑能耗与碳排放数据进行了更新。2019 年全国建筑全过程能耗总量为 22.33 亿 tce，碳排放总量为 49.97 亿 t 二氧化碳，占全国碳排放的比重为 49.97%。2005—2019 年间，全国建筑全过程能耗由 9.34 亿 tce 上升到 22.33 亿 tce，增长了 2.4 倍，年均增长 6.3%；全国建筑全过程碳排放由 22.34 亿 t 二氧化碳上升到 49.97 亿 t 二氧化碳，增长了 2.24 倍，年均增长 5.92%，增长势头明显[5]。因此，实现能源生产与利用方式的变革、研发建筑节能新技术、科学有效地开发利用太阳能、地热能等可再生能源，是实现绿色发展和建设资源节约型、环境友好型社会的关键。

太阳能资源取之不尽、用之不竭。我国太阳能资源丰富，三分之二的国土面积属于太阳能利用条件较好的地区[6]。太阳能在建筑中的应用有着悠久的历史，人类在学会建造房屋之时，就已经懂得利用太阳能提供热量了。太阳能技术与建筑相结合的形式众多，基本上可分为主动式利用技术和被动式利用技术两大类，前者包括太阳能空调、太阳能供暖、太阳能热水、太阳能通风及太阳能建筑一体化等应用技术[7]，后者主要以被动式太阳房为代表。利用太阳能减少建筑能耗和改善建筑室内热环境是当今建筑技术发展的一个重要方向[8]，而节能标准和可再生能源利用要求的提高又促进和推动了低能耗被动式建筑的发展。

所谓被动式建筑（Passive House）是采用一系列被动式技术（如建筑结构密闭和保温、遮阳、自然通风等技术），不使用或少使用主动供应的能源，使建筑室内四季均能维持舒适温度的低能耗建筑。1988年瑞典隆德大学Adamson教授和德国达姆施塔特房屋与环境研究所Feist博士首次提出了被动式建筑的概念[9]，其主要特点是采用高性能的外围护结构保温隔热、高气密性能的建筑“外壳”及高效热回收性能的新风系统等，实现最大限度地减少热损失的目标。被动式建筑要求充分利用太阳能（非主动式利用技术），保证供暖所需热量不大于15kWh/(m^2·a)。

被动式建筑理念先进、原理科学，并具有领先的技术和成本优势。经过多年来的实践和发展，已经取得很多成果和经验。同时，新型被动式技术的研发必将为建筑节能的进一步发展注入新的动力。

1.2 被动式技术的研究进展

在建筑节能领域，已先后提出了超低能耗、近零能耗及零能耗建筑等概念，并逐渐形成发展趋势[10]。

从20世纪80年代开始到现在，我国建筑节能标准在大多数城市发展到了第四步[11]，且少部分城市已经发展到第五步，即居住建筑节能80%，并且正在向超低能耗建筑的目标迈进。显然，在节能指标和可再生能源利用率要求不断提高的背景下，被动式建筑已然成为节能建筑的发展趋势。

被动式建筑实现低能耗的目标需要被动式技术的支持。近年来，被动式技术在理论层面和应用层面都取得了重大进展，而且为相关节能标准、技术规范的制定提供了理论支撑。

国外关于被动式技术的研究最早可追溯到20世纪30年代，至70年代中期，被动式技术在太阳能供暖、制冷、蓄热、自然通风、采光以及围护结构的设计中得到了应用[12]。在各种被动式技术中，被动式墙体一直是国内外学者研究的重点。近些年已经衍生出多种类型的被动式墙体，如特朗勃墙（Trombe wall）、蒸压加气混凝土墙（Autoclaved Aerated Concrete wall，AACW）、相变蓄热墙（Phase Change Material wall，PCMW）及格林墙（Green wall）等[13]。

在上述各种被动式墙体中，特朗勃墙是出现较早的一种被动式墙体。早在1881年，Edward S. Morse提出了一种蓄热墙体或太阳能加热墙体，即特朗勃墙的前身[14]。1957年，法国科学家Félix Trombe等对此种类型太阳能墙体作了研究和改进并加以推广[15]，1967年，在法国的奥德曼（Odeillo），他们第一次将这种墙体应用于一幢建筑中，其设计原理是利用太阳辐射加热玻璃与墙体之间夹层中的空气，通过其与室内冷空气的对流换热来改善室内热环境。这种结构简单的墙体被后人称为经典特朗勃墙[16]。近些年，一些研究者在经典特朗勃墙的基础上进行改进，陆续提出了许多新型特朗勃墙。以集热型特朗勃墙为例，有特朗勃-米歇尔墙（Trombe-Michel wall，TMW），特朗勃-储水墙（Trombe-water thermal storage wall，TWTSW）以及特朗勃-太阳能转化墙（Trombe-solar trans-wall，TSTW）等[16-18]。

目前，国内外关于特朗勃墙对室内环境的影响及其节能性已进行了许多研究。Bojic 等[19] 利用能耗模拟软件 EnergyPlus 对法国里昂市某建筑中的两个特朗勃墙的热性能及能耗进行了模拟，结果表明，其冬季供暖能耗相对于常规墙体减少了 20%。Koyunbaba 等[20] 采用实验和 CFD 仿真方法，对土耳其伊兹密尔市的一光伏特朗勃墙体模型建筑的室内环境及墙体性能进行了研究，结果表明，采用这种墙体可使建筑的日平均电、热效率分别提升 4.52%和 27.2%。Jaber 等[21] 利用 TRNSYS 仿真软件，研究了特朗勃墙系统对地中海地区居住建筑热环境和经济性的影响，用全生命周期成本来确定系统的最佳尺寸，其研究结论表明，从热效率和经济性的角度，特朗勃墙最佳面积占比应为 37%，相应的全生命周期成本减少了 2.4%。

相变蓄热墙体（PCMW）也是一种常见的被动式墙体，其优势在于：当热量充足时，它可以储存多余的热量；当热量不足时，它可以释放出储存的热量以满足供暖需求。这种墙体可以降低建筑能耗，同时还能够减小围护结构内表面的温度波动，从而营造出一个稳定舒适的室内热环境。Faraji[22] 针对地中海地区国家的建筑特点，用轻薄型墙体代替原有的重型墙体，并在轻薄型墙体中填充相变蓄热材料。其研究表明，PCM 墙体内表面温度波动较小，并且与标准重型混凝土墙体表面温度存在时间上的偏移，并进一步证明了 PCM 墙体可以提高室内的舒适性。Evola 等[23] 的研究发现，利用微胶囊石蜡聚碳酸酯相变蓄热墙体是一种有效降低建筑能耗的新途径。Farah Mehdaoui 等[24] 的研究表明，PCM 墙体可使夏季室内温度降低 11℃，并可提高墙体热惰性，减小墙体温度波动，从而明显改善室内舒适性。

我国关于被动式墙体的研究始于 20 世纪 90 年代。1992 年，李元哲等[25] 对被动式太阳房冬季平均室温进行了预测，并对特朗勃墙的集热效率计算方式进行了研究，所提出的集热效率计算方式简便实用，可用于其他集热墙。2000 年，叶宏等[26] 采用一维网络模型对多种结构的特朗勃墙进行了动态模拟，模拟结果为厚墙型被动式太阳房的结构设计与材料选取提供了有益的参考。2006 年，杨昭等[27] 利用 CFD 技术对特朗勃墙空气夹层内传热过程和温度场进行了研究，并指出特朗勃墙应该优先选用加聚苯板的复合墙体，研究结果有助于太阳能建筑一体化的发展。

在相变蓄热墙体方面，许多国内学者近些年来也做了诸多的研究工作。2012 年，吴彦廷等[28] 建立了反映系统热特性的二维模型，并借此分析了不同空气通道宽度下太阳能相变集热蓄热墙系统的热特性。2013 年，孔祥飞[29] 采用熔融共混法，研制出一种高潜热蓄冷材料，并将其应用到围护结构中。2018 年，王倩等[30] 对上海某建筑南侧 PCM 墙体在夏季的传热量进行了模拟分析，结果表明，相变蓄热材料可使通过墙体的热流量减少 34.9%。

综上可知，被动式墙体可以有效地降低建筑能耗，改善室内热环境。被动式墙体类型的多样性和良好的适用性对于其推广普及具有重要意义。而关于各种类型被动式墙体设计原理、结构形式及材料选择等方面的研究，将有助于新型低成本、高舒适性、绿色环保型墙体的研发。

本书介绍的热管置入式墙体（wall implanted with heat pipes，WIHP）是一种新型太阳能被动式利用技术，2011 年由张志刚教授[31] 首次提出。WIHP 将并联分离式重力热管置入墙体两侧，可实现高效、定向的热量传递。通过与自控技术的结合，可实现冬季向室内传热、夏季向室外散热和过渡季室内温度自动调节，具有室内热环境改善与建筑节能的双重功效。

1.3 太阳能在被动式建筑中的利用

太阳能在被动式建筑中的应用，主要通过建筑围护结构的集热、蓄热和放热功能来实现[7]。20 世纪 30 年代，美国的 Fred、William Keck 等[32] 设计建造了通过外窗吸收太阳能进行供暖的建筑，并首次提出了“太阳能建筑”的概念。

20 世纪 70 年代，世界能源危机爆发，能源节约和可再生能源利用，逐渐成为世界各国公认的能源利用模式，被动式利用太阳能的理念和技术被广泛接受。20 世纪 80 年代，日本开始对利用太阳能供暖的可行性进行研究[33]。2011 年，Jordi Llovera 等[34] 研究了主动式和被动式相结合的太阳能建筑供暖系统。

1.4 热管置入式墙体（WIHP）的研究进展

为保证节能效果，我国现行节能标准对各地区建筑墙体的热阻都有一定的限值要求。常规墙体构造一旦确定，其热阻基本可视为常数。然而，“墙体热阻基本不变”未必有利于节能。冬季里，在太阳辐射作用下，墙体外表面温度（室外综合温度）通常会高于周围空气温度，甚至会高于墙体内表面温度，此时，较低的热阻有利于热量从墙体外表面传向内表面，在墙体结构蓄热的同时，提高内表面温度，从而降低供暖能耗，改善室内热环境；在供暖期开始前和结束后相当长的一段时间（过渡季），上述传热过程可有效地改善室内热环境。同样，夏季（夜晚或阴雨天）里，在墙体外表面温度低于内表面温度的情况下，较低的墙体热阻有利于向外散热，从而降低空调能耗并改善室内热环境。

WIHP 突破传统的太阳能建筑热利用模式，将并联分离式微管径重力热管、自控技术与墙体保温技术有机结合，构建出集相变换热、蓄热及释热为一体的复合墙体，旨在充分利用自然能改善室内热环境。它的基本思想是利用重力热管单向（热二极管）、高效的传热特性，以墙体内、外表面温差为驱动力，在冬季（白昼）南向（及东、西向）外墙的外表面温度高于内表面温度时，将外墙外表面接收到的太阳辐射热量定向传递到室内（此时，冬季北向外墙上热管处于关闭状态），其原理如图 1.1（a）所示；在夏季（夜晚或阴雨天）北向外墙外表面温度低于内表面温度时，将室内热量定向传递到室外（此时，除北向外墙之外的其他墙体内热管处于关闭状态），其原理如图 1.1（b）所示。在过渡季，温控阀自动控制热管的工作状态（开启或关闭），实现过渡季的室内热环境改善，并防止因置入热管造成的冬季热量损失（北向外墙）和夏季冷量损失（除北向以外的外墙），巧妙地解决了外围护结构保温与天然冷热源利用之间的矛盾。

2011 年，张志刚教授提出了 WIHP 的概念及其工作原理。其后，张志刚教授的研究团队对 WIHP 开展了深入和系统的研究，其研究内容大致上可归纳为以下几个方面：

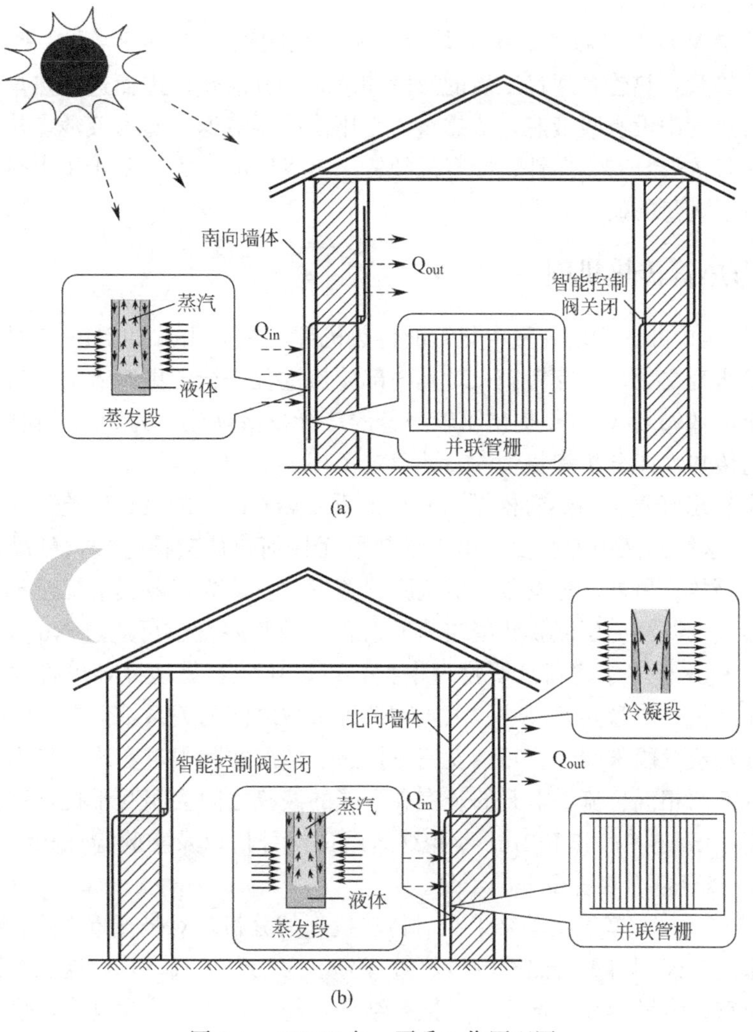

图 1.1 WIHP冬、夏季工作原理图
(a) 冬季；(b) 夏季

(1) 内置并联热管流动与传热特性及其对 WIHP 传热性能的影响[35-39]；
(2) 冬季、夏季及过渡季 WIHP 的传热特性与节能性[40-44]；
(3) WIHP 对室内热环境的影响[41,44,45]；
(4) WIHP 对于改善室内热舒适的有效性、节能性及经济性的验证[31,46-48]；
(5) 不同气候地区 WIHP 的有效性和适用性[31,49,50]。

1.5 重力热管的研究进展

1963 年美国 Los Alamos 国家实验室的 George Grover 发明了热管[51]。热管利用热传导原理和相变介质快速传热的性质，可以快速传递热量，其截面小但传热量大，导热能力超过已知的任何金属。作为高效的传热元件，热管已应用于航空、军工等领域，也广泛应用于散热器制造等行业。

重力热管是WIHP的核心。重力热管又称两相闭式热虹吸管，是一种利用重力作用回流的无液芯热管，热管是通过工质的蒸发和冷凝释放潜热，进而进行热量传递。相比普通热管，重力热管中没有吸液芯，依靠重力作用使冷凝液返回蒸发液池，从而实现热量的传输。重力热管传热具有方向性，冷凝段须置于蒸发段的上方。基于重力热管的优势，国内外对其进行了大量的研究。

1.5.1 重力热管传热机理

早在20世纪中叶，为研究重力热管的传热机理，在Cohen和Bayley对纯工质重力热管进行了实验研究之后，研究者们又对其内部传热过程进行了更深入的探讨。在对热管的理论研究方面，1965年Cotter提出了较完整的热管技术理论，为后续的研究提供了依据，同时为热管的传热性能分析和热管的设计奠定了理论基础。

Streltsov提出竖直重力热管模型，并指出重力热管的冷凝段是层流膜状凝结过程，用Nusselt理论可求解其液膜的厚度。由于绝热段无任何热质交换过程，可以认为在绝热段液膜厚度是相等的。另外，蒸发段为层流膜状蒸发，可认为当液膜下降至蒸发段底部时液膜正好全部蒸发，即视为层流膜状凝结的逆过程，液膜厚度也可通过Nusselt理论进行求解。虽然Streltsov建立了清晰简明物理模型，可以比较容易地推导出管内工质的液膜分布状态以及充液量、热管几何尺寸、工质物性等参数之间的关系，但是，Streltsov模型中认为液膜下降到蒸发段末端时恰巧蒸发完毕，这一情况实际很难实现。重力热管内工质的流动通常是汽液两相混合流，上升的蒸汽和下降的液膜之间会相互干扰，这些因素都将影响液膜的厚度。Imura[52] 和Feldman相继运用理论分析以及实验验证相结合的方法，指出了Streltsov竖直重力热管模型的不足。

M. Shiraishi等[53] 基于实验结果和对传热机理的分析，对竖直重力热管提出了相对简明的传热模型。该模型将重力热管的传热过程分解为三个区域，并对这三个区域分别建立各自的传热模型。该模型较好地反映了试验结果，与实际情况较为吻合，也为后续研究奠定了基础。

国内学者也相继开展了该领域的研究。孙曾闰等[54] 对热管冷凝段传热偏离Nusselt理论解的原因进行了分析，并给出了理论解释。焦波和邱利民[55] 研究了重力热管蒸发段汽液分布形式与换热能力，探讨了液膜和液池的换热机理，并给出了若干经验关联式。

重力热管传热性能的影响因素众多，如热管结构、充液量、倾角、工作温度及工质特性等，这方面已有许多研究论文发表。

重力热管的结构会影响热管的传热特性。Galaktionov等[56] 在普通重力热管中置入内插物以改变其内部结构，实验研究表明，由于内插物的置入，热管的传热热阻减小，沸腾速率加快。何署等[57] 设计了带内循环管的重力热管，由于蒸发段的液体主要来自循环液体，在普通热管的基础上增加了一个内循环管，可有效防止蒸发液池内液体烧干，从而改善了热管的携带极限对传热性能的影响。林春花等[58] 对普通重力热管冷凝段加内螺纹的新型结构热管进行了研究，结果表明，带内螺纹的重力热管其液膜厚度比传统热管减少了15%，其平均传热系数提高了45%。

热管充液率是指充注的液体工质与蒸发段或整个热管的容积比。重力热管的稳定高效运行与充液率密切相关。Imura 等[52] 和 Harada 等[59] 得到的最佳充液率分别为 0.2～0.33 和 0.25～0.30 之间。Feldman 和 Srinivasan[60] 的实验结果表明，热管传热量随充注率的增大而增加，但是到达一定值后又开始降低，所以合理范围内的充液率为 0.18～0.22。Khazaee 等[61] 对工质为甲醇两相流重力热管（铜制）进行了实验研究，分析了充液率、热管长径比、加热功率和冷却水流量对间歇沸腾的影响。结果表明，当加热功率和长径比增大时，间歇沸腾的周期随着加热功率和长径比的增大及充液率的减小而降低，但是当充液率低于 30%时，间歇沸腾现象消失。

热管的传热性能会因工质不同而存在较大差异，Park 和 Lee[62] 试验研究了 3 种混合工质（水-丙三醇、水-乙醇和水-乙二醇）对重力热管传热性能的影响。Shalaby[63]、Hong[64] 及 Khazaee[61] 分别研究了 R-22、FC-72 和甲醇为工质的重力热虹吸管传热性能。

1.5.2 重力热管传热极限

虽然重力热管有很好的传热能力，但由于其工作原理及结构特点的限制，其传热功率存在上限，重力热管中主要的传热极限包括干涸极限、沸腾极限和携带极限。

目前，对传热极限的预测主要是靠经验公式和半经验公式。Wallis[65] 根据开式槽道气-水实验的数据归纳得出一个计算关系式，此公式中未考虑表面张力对平衡的影响。Kutateladze[66] 计算公式考虑了浮力、惯性力和表面张力间的平衡，为判断两相流动稳定性提供依据，但未考虑热管尺寸（包括管径）的影响。

随后的研究者[17,67-70] 统一了 Wallis 和 Kutateladze 的理论成果，对热管携带极限的计算作了进一步完善。这些经验公式都是在各自的实验条件下得到的，具有较为明确的适用条件。Faghri[71] 综合考虑了工质物性、表面张力和管径等因素的影响，提出了一个更具一般性的携带极限预测公式。Shiraishi[72] 则改进了 Cohen 和 Bayley 的模型，提出了一个下降液膜干涸的临界热流密度的计算关系式。

关于传热极限的理论模型，以 F. Dobran[73] 和 Z. J. Zuo 等[74] 的成果应用最为广泛。M. SEI-Genk 等[75] 建立了热管蒸发段出口和冷凝段入口携带极限的分析模型。Y. Pan[76] 建立了与 Nusselt 不同的冷凝模型，发现了影响冷凝换热的两种无量纲参数，即速度相关因子和动量传递因子，并指出合理的热管长径比是防止热管传热恶化的关键。

第2章

热管置入式墙体的基础理论

2.1 太阳辐射与室外空气综合温度

2.1.1 太阳辐射

实际情况下的太阳辐射照度受天气条件影响，具有强随机性，故很难直接对其进行数学描述和理论分析，为此，本书中关于太阳辐射的讨论仅限于晴天气象条件。几个重要的角度参数如图 2.1 所示。

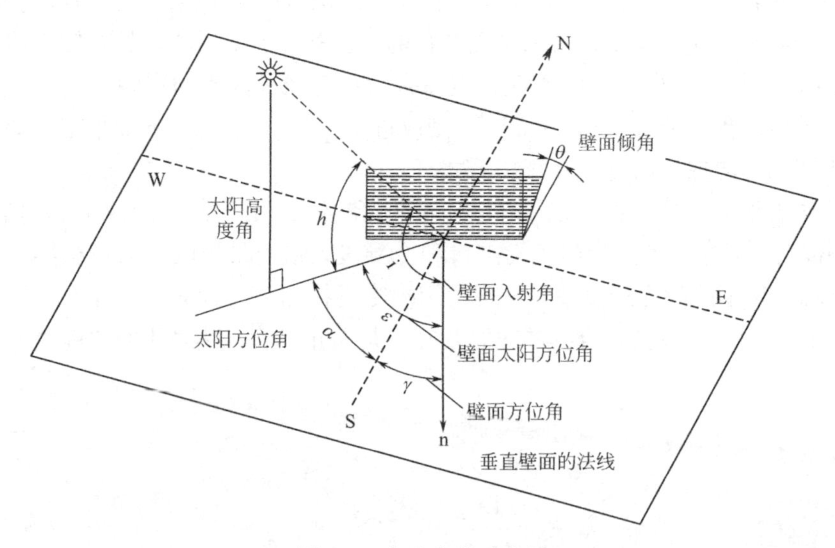

图 2.1 角度参数示意图

在晴天条件下，地球表面的太阳直射辐射照度 I_{DN}[77] 可由式计算得到。

$$I_{DN}=I_0 p^m \tag{2-1}$$

式中，I_0——太阳常数（W/m^2），$I_0=1357W/m^2$；

p——大气透明度，一般取 0.65～0.75；

m——大气层质量，$m=1/\sin h$，其中 h 为太阳高度角（°）。

由公式可知，地球表面接收到的太阳直射辐射照度与大气透明度和太阳的相对位置有关。根据法向太阳直射辐射照度，倾角为 θ 的倾斜面上的太阳直射辐射照度 $I_{D\theta}$ 可由式计算得到。

$$I_{D\theta}=I_{DN}\cos i=I_{DN}\sin(h+\theta)\cos\varepsilon \tag{2-2}$$

式中，i——法向太阳辐射线与壁面法线的夹角（°）；

ε——壁面太阳方位角，即壁面某点与太阳连线在水平面投影与壁面法线在水平面上投影的夹角（°）。

水平面的太阳直射辐射照度 I_{DH} 为：

$$I_{DH}=I_{DN}\sin h \tag{2-3}$$

垂直面上的太阳直射辐射 I_{DV} 为：

$$I_{DV}=I_{DN}\cos h\cos\varepsilon \tag{2-4}$$

在不同朝向的墙体中，南外墙受到的日平均太阳直射辐射最强，因此，南外墙最适合应用热管置入式墙体。

南外墙表面接收到的太阳辐射 I_S 为：

$$I_S=I_{DS}+I_{dS}+I_{RS} \tag{2-5}$$

式中，I_{DS}——南外墙接收到的太阳直射辐射照度（W/m^2）；

I_{dS}——南外墙接收到的天空散射辐射照度（W/m^2）；

I_{RS}——南外墙接收到的地面反射照度（W/m^2）。

对于朝向正南的壁面 $\varepsilon=0$，根据下式，可得到南向墙接收到的太阳直射辐射照度：

$$I_{DS}=I_{DN}\cos h \tag{2-6}$$

天空散射辐射是被空气中薄雾和尘埃反射和折射的阳光，主要以中短波为主。晴天条件下的天空散射辐射照度 I_{dH} 为：

$$I_{dH}=\frac{1}{2}I_0\sin h\,\frac{1-p^m}{1-1.4\ln p} \tag{2-7}$$

垂直表面上所能看到的天空范围为水平面的一半，故垂直墙体受到的天空散射辐射照度应为地面的一半，从而，南外墙接收到的天空散射辐射 I_{dS} 为：

$$I_{dS}=\frac{1}{2}I_{dH}=\frac{1}{4}I_0\sin h\,\frac{1-p^m}{1-1.4\ln p} \tag{2-8}$$

地面散射辐射主要由中短波构成，南外墙的地面反射辐射照度为：

$$I_{RS}=\frac{1}{2}\rho_G I_{SH} \tag{2-9}$$

式中，I_{SH}——地面接收到的太阳总辐射照度（W/m^2），$I_{SH}=I_{DH}+I_{dH}$；

ρ_G——地面的平均反射率。

2.1.2　室外空气综合温度

室外空气综合温度[77]是指室外空气温度、太阳直射辐射、天空散射辐射、地面散射辐射、大气长波辐射、地面长波辐射及环境表面长波辐射对围护结构外表面的综合热作用，用 T_Z 表示。为了计算方便，将室外空气综合温度 T_Z 视作在室外空气温度的基础上增加一个代表太阳辐射效应的等效温度值。同时还要考虑围护结构外表面与天空和周围环境的长波辐射散失热量。室外空气综合温度 T_Z 可按下式确定。

$$T_Z = T_a + \frac{aI - Q_{lw}}{h_{out}} \tag{2-10}$$

式中，T_Z——室外综合温度（℃）；

T_a——室外空气温度（℃）；

a——外表面直射辐射吸收率；

I——太阳辐射强度（W/m^2）；

h_{out}——墙体外表面对流换热系数［$W/(m^2 \cdot ℃)$］；

Q_{lw}——围护结构与室外环境的长波辐射换热量（W/m^2），对于垂直表面可以忽略不计。

太阳辐射照度因朝向而异，吸收率 α 与围护结构的表面材料有关，因此，同一建筑物的屋面和各朝向的外墙表面具有不同的综合温度。

在白天，长波辐射照度远低于太阳辐射照度，因此，可以忽略长波辐射的影响。在夜晚，因为没有太阳辐射的作用，且室外空气温度明显高于天空的背景温度，所以墙体外表面向天空的辐射换热量是不能忽略的，尤其是当墙体与天空具有较大角系数的情况下。墙体外表面与环境的长波辐射换热量也称为夜间辐射换热量。

墙体外表面与环境的长波辐射换热量是指墙体外表面与大气、地面、周围建筑和物体外表面的长波辐射换热量。如果只考虑与大气和地面的长波辐射，则有：

$$Q_{lw} = \sigma\varepsilon_w[(\varphi_B + \varphi_g\varepsilon_g)T_o^4 - \varphi_B T_{sky}^4 - \varphi_g\varepsilon_g T_g^4] \tag{2-11}$$

式中，ε_w——墙体外表面对长波辐射的吸收率，近似等于壁面黑度；

T_{sky}——有效天空温度（K）；

σ——斯蒂芬波尔兹曼常数，其值为 $5.67\times10^{-8} W/(m^2 \cdot K^4)$。

环境的长波辐射与周围环境表面的形状、距离和角度有关，很难通过理论计算求出 Q_{lw}/h_{out}，因此，Q_{lw}/h_{out} 值一般采用经验值。对垂直表面，$Q_{lw}\approx0$；对于水平表面，$Q_{lw}/h_{out}=3.5\sim4$℃。垂直表面与环境的长波辐射换热量的值很小，可以忽略不计。彦启森等[77] 提出一种计算垂直壁面 Q_{lw}/h_{out} 的方法，假设 $T_g=T_{air}$，$\varepsilon_o=\varepsilon_g=0.9$，$\varphi_B=\varphi_g=0.5$，则：

$$\frac{Q_{hv}}{h_{out}} = \frac{C_b\varepsilon_o}{\alpha_{out}}\left(\frac{T_{air}}{100}\right)^4(0.295 - 0.104\sqrt{e_a}) \tag{2-12}$$

式中，e_a——室外水蒸气的分压力（kPa）。

一般而言，外墙外表面的对流换热热阻为 0.05（$m^2 \cdot K$)/W，所以室外空气综合温度与外墙外表面温度相差不大，可近似认为二者相等。

2.2 热管传热基础理论

2.2.1 重力热管的工作原理

重力热管也被称为两相闭式热虹吸管（Two-Phase Closed Themosyphon），其工作原理如图 2.2 所示。热管从下至上依次分为蒸发段、绝热段和冷凝段三个部分。重力热管蒸

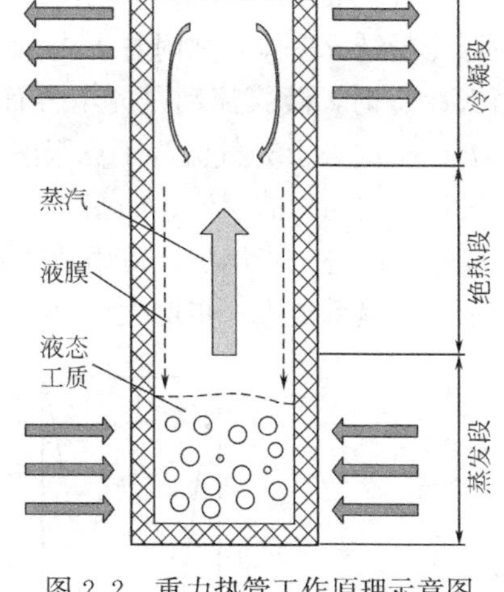

图 2.2　重力热管工作原理示意图

发段内液体工质吸热后变为饱和蒸汽，饱和蒸汽向上流动进入冷凝段，放热凝结成液态并在管壁处形成液膜，在重力的作用下流回蒸发段，再次被蒸发，以此循环往复。

重力热管在工作过程中，从热源到冷源间的热量传输过程可分为 7 个环节：

(1) 外界热源将热量通过自然对流传输给热管蒸发段的外壁；

(2) 热管蒸发段外壁将热量通过导热传到热管内壁；

(3) 热管蒸发段内壁将热量通过对流换热传给蒸发段液体工质使之蒸发；

(4) 热管蒸发段内的蒸汽流到冷凝段；

(5) 热管冷凝段内蒸汽凝结放热将热量传给冷凝段内壁；

(6) 热管冷凝段内壁通过导热将热量传给蒸发段外壁；

(7) 热管冷凝段外壁将热量通过对流传给冷源。

2.2.2　重力热管的传热

热管稳定运行时，汽相工质从蒸发段连续不断地流向冷凝段，而液相工质又从冷凝段连续不断地回流到蒸发段。根据热管内部的传热特征，可将蒸发段和冷凝段分开来考虑，并建立相应的传热模型[78]。

(1) 重力热管冷凝段传热

在重力热管中，冷凝段管壁处所凝结的液膜厚度与热管管径相比要小得多，一般可近似认为蒸汽内壁的冷却液膜之间互不影响。当重力热管的内壁面完全被冷凝液浸润时，可认为重力热管冷凝段是通过饱和蒸汽的层流膜状凝结进行传热的，从而根据 Nusselt 竖直层流膜状凝结理论，壁面重力方向任意 x 位置的液膜厚度 δ 可由下式计算得到[71]：

$$\delta=\left[\frac{4\mu\lambda x(T_s-T_w)}{g\rho_l^2 r}\right]^{\frac{1}{4}} \tag{2-13}$$

式中，μ——液态工质黏度 (Pa·s)；

λ——液膜导热系数 [W/(m·K)]；

x——沿重力方向壁面任意位置距顶端的距离 (m)；

T_s——液体温度 (℃)；

T_w——冷凝段外壁温度 (℃)；

g——重力加速度 (m/s^2)；

ρ_l——液态工质密度 (kg/m^3)；

r——热管半径 (m)。

竖直重力热管冷凝段顶端的液膜厚度为零，沿冷凝段自上而下，液膜逐渐增厚，在冷凝段的出口位置厚度最大，虽然这种冷凝可视为膜状冷凝，但是由于自由界面的存在，不能简单地判定液膜下降过程中的流态是湍流还是层流。

热管中液膜的形成是因为蒸发段的液相工质受热相变成为饱和蒸汽，当其上升至冷凝段遇冷凝结成液体，并附着于内壁上。液膜的流动形态与雷诺数 Re 有关[79]。一般认为：当 $Re<5$ 时，液膜流动是光滑界面的层流，传热过程主要为导热，如图 2.3（a）所示；当 $Re>5$ 时，上升气流为了克服液膜表面的黏滞力而产生波动，此时，液膜流态是具有表面失稳（波动）的层流，如图 2.3（b）所示，传热系数因扰动而有所提高；随着流速和液膜厚度的进一步增加，雷诺数达到 325 左右时，液膜的流态转变为紊流，如图 2.3（c）所示，换热系数进一步增大。

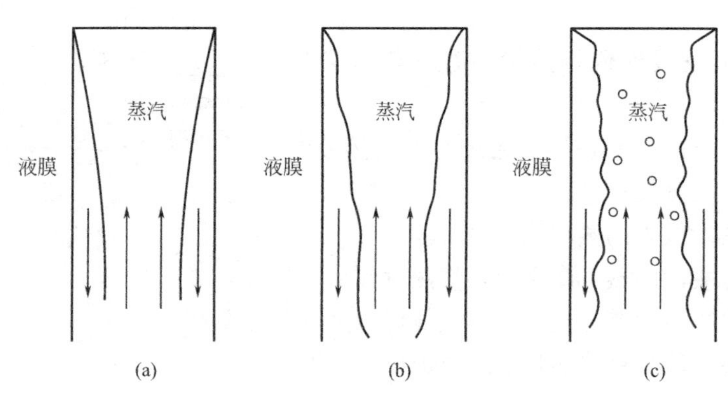

图 2.3　冷凝段液膜流态示意图

（a）层流；（b）失稳；（c）紊流

Nusselt 在一系列假设的基础上，提出了竖直平板层流膜状凝结的理论结果。液膜流动为光滑层流时，重力热管的冷凝段局部换热系数为[71]：

$$h_z=\left\{\frac{\rho_1 g\lambda_1^3(\rho_1-\rho_v)[h_{fg}+0.68C_{pl}(T_{sat}-T_w)]}{4\mu_1(T_{sat}-T_w)z}\right\}^{\frac{1}{4}} \tag{2-14}$$

式中，λ_1——液态工质导热系数［W/(m·K)］；

C_{pl}——液态定压比热容［kJ/(kg·K)］；

ρ_v——气态工质密度（kg/m³）；

h_{fg}——液体汽化潜热（kJ/kg）；

T_{sat}——工质饱和温度（℃）。

平均换热系数为：

$$\overline{h}=\frac{1}{L_c}\int_0^{L_c}h_z\mathrm{d}z=0.943\left\{\frac{\rho_1\cdot g\cdot\lambda_1^3(\rho_1-\rho_v)[h_{fg}+0.68C_{pl}(T_{sat}-T_w)]}{\mu_1 L_c(T_{sat}-T_w)}\right\}^{\frac{1}{4}} \tag{2-15}$$

式中，L_c——冷凝段长度（m）。

重力热管冷凝段平均换热系数为：

$$\overline{h}=\frac{\Phi}{\pi d L_c(T_{sat}-T_w)} \tag{2-16}$$

式中，d——热管管径（m）；

Φ——冷凝段热流量（W）。

冷凝段出口处液膜雷诺数：

$$Re_1=u_1\delta_{x=L_c}/v_1=\Phi/(\pi d\mu_1 h_{fg}) \tag{2-17}$$

从而，可得 Nusselt 数和 Re_l 之间的关联式：

$$Nu^{*}=h\delta_{cl}/\lambda_l=0.925Re_l^{-1/3} \tag{2-18}$$

其中，δ_{cl} 为液膜厚度的特征长度，其计算如式所示。

$$\delta_{cl}=\left(\frac{v_l^2}{g}\right)^{1/3}\left(\frac{\rho_l-\rho_v}{\rho_l}\right)^{1/3} \tag{2-19}$$

研究表明，当液膜流动为光滑层流时，用 Nusselt 理论计算重力热管冷凝段换热时，计算结果较为理想，但是当液膜流动为波动层流或紊流时，实验值明显高于计算值，这主要是因为忽略了热管实际运行过程中液膜界面波动和汽液剪切力的影响[80]。

（2）重力热管绝热段传热

重力热管绝热段不发生任何传热过程，这意味着绝热段与外界不存在任何热质交换，也不存在径向热质交换。因此，在绝热段可以认为液膜厚度及其他参数均保持不变，且其液膜厚度与冷凝段出口处液膜厚度相同。

（3）重力热管蒸发段传热

在重力热管蒸发段，液膜与液池共存，两者的分布以及两者间的换热形式对整个热管的换热特性有着十分重要的影响。工质的充注量和传热率会对蒸发段的流态产生重要影响。蒸发段液膜和液池的分布形式大致可分为以下几种：①液膜局部干涸；②液膜厚度达到最小；③液池和液膜保持连续；④蒸发段无液膜存在，池充满蒸发段。如图 2.4 所示。

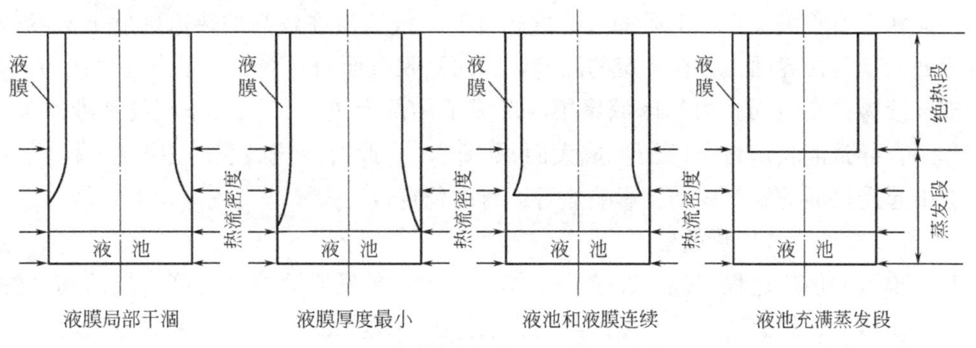

图 2.4　蒸发段液池与液膜几何形式示意图

在不同的热流密度下，蒸发段液池和液膜内存在不同的换热过程，蒸发段的换热机理相当复杂，目前，很难通过理论分析得到相关的理论关系式，但是已有一些经验关系式可资利用。

1）蒸发段液膜区传热过程

蒸发段液膜区的传热过程大致涉及三种换热机理和换热形式[81]，如图 2.5 所示。

① 层流膜状蒸发

当蒸发段热流密度较小，且壁面的过热度低于沸腾起始条件时，出现层流膜状蒸发。此时，液膜表面较为光滑并呈连续状态，且液膜厚度越接近液池就变得越薄，这是由于界面吸热蒸发流动所致。

② 混合对流

当热流密度增加到一定程度，且壁面过热度满足沸腾起始条件时，在靠近壁面处就会逐渐生成气泡，这些气泡会沿壁面向液膜表面处移动，并会在移动过程中发生破裂，热量也随着气泡的破裂传递到汽液界面附近。

③ 核态沸腾

热流密度进一步增加，气泡会在壁面附近生成，当运动至界面时破裂，位于气泡边缘的液膜层就会变得很薄，而后被撕裂，撕裂后产生的微小液滴与蒸汽一起运动，即气泡生成—长大—破裂—蒸汽与液滴一起流动。

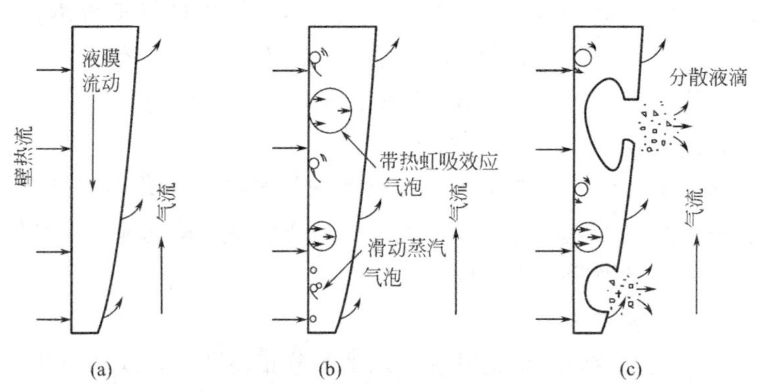

图 2.5 蒸发段液膜区换热机理的示意图

（a）层流对流；（b）混合对流；（c）携带液滴的核态沸腾

当热流密度较高时，蒸发段液膜遭到破坏，由光滑连续的流动转变为溪流，其转变原因与工质状态有很大关系。工质的过冷度较高时，液膜层在较高的热流密度下蒸发较快，引起界面波动并使界面上存在一定的温差，因而液膜表面的局部表面张力也存在明显的梯度，造成液体在高表面张力的区域聚集，形成了局部干斑[82]。蒸发率较高和液滴夹带的强烈作用，导致液膜流量下降而形成大面积干斑，是此时液膜破裂的主要原因[83]。液膜破裂会引起受热面的温度波动，影响热管运行的稳定性。

2）蒸发段液池区传热过程

与液膜区的传热过程相似，在热管工作过程中，蒸发段液池区受到工质的物理性质、管内的工作压力、热流密度及温度因素的影响，也会发生如下三种不同的传热过程[84]：

① 自然对流

液池内的自然对流换热方式主要出现在热流密度较小时。此时，壁面处的热流体因其密度较小受浮力作用而向液池表面移动，中间冷流体由于密度较大受重力作用向下运动，由此构成循环，如图 2.6（a）所示。同时由于少量的汽化核心产生的气泡扰动，使壁面的热量向液池中心传递，增强了换热效果。

② 混合对流

当热流密度增加到一定程度时，由于温度的升高，壁面上会形成较多数量的气泡，此时的换热形式主要是混合对流，如图 2.6（b）所示。脱离壁面后的气泡缓慢向上运动，并且尺寸逐渐增大。同时气泡在冷热流体间会形成扰动，从而使液池的换热系数有所增大。

③ 核态沸腾

当热流密度较高时，热管内发生的主要换热形式是核态沸腾。当热流密度进一步增大时，热管液池内气泡的生成频率和运动速度也随之增大，使热管的换热增强，同时沸腾过程中有些上升的气泡会在液池表面处破裂，从而有一些液滴进入蒸汽流，使液池内的换热系数有所增大，如图 2.6（c）所示。

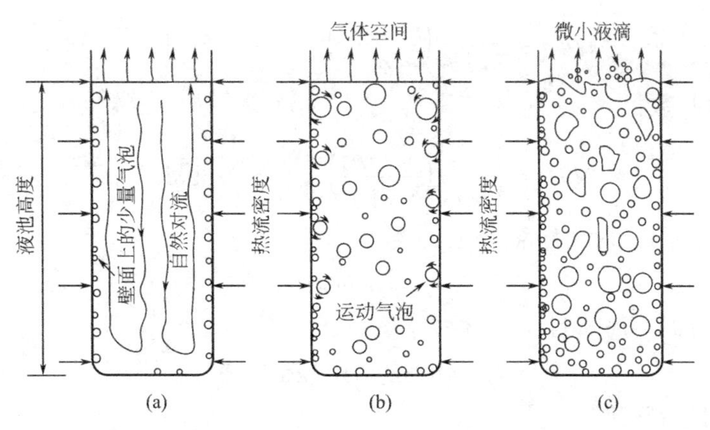

图 2.6　蒸发段液池区传热过程示意图

（a）自然对流；（b）混合对流；（c）核态沸腾

在热管启动过程中，当蒸发段热流密度较低或充液量较高时，可能会发生间歇沸腾，如图 2.7 所示。这是因为温度上升，与管壁接触的液体逐渐过热，生成气泡，而热流密度不足以维持液池内形成稳定的核态沸腾。气泡长大至与管径相当，并在轴向上迅速扩大，使上部的液体形成液柱，并使上部的液柱以较高的速度推至冷凝段，撞击冷凝段顶端；在液柱冲至冷凝段后，气泡破裂，液体在壁面上形成液膜回流到蒸发段开始下一个周期，如此不断循环。间歇沸腾也属一种热管内不稳定现象。

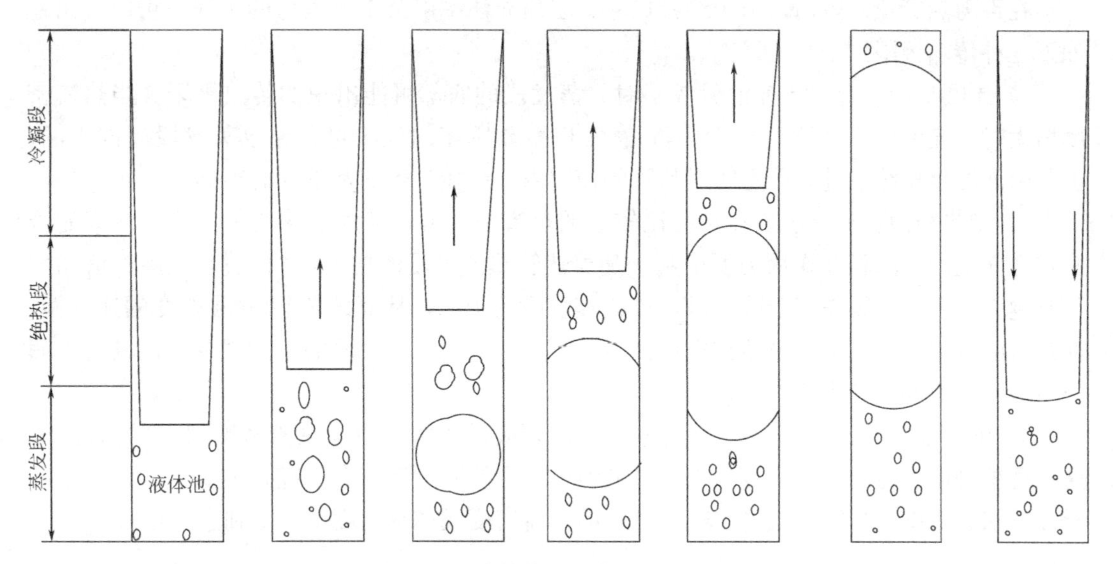

图 2.7　重力热管间歇沸腾过程示意图

3）重力热管蒸发段换热系数

当液膜在竖直重力热管蒸发段内壁上较薄，且呈轴对称均匀分布时，即蒸发段底端液膜厚度为零，可以利用 Nusselt 理论。但是需要注意的是，如果液膜呈现不同的流态，则需要另外选择合适的计算公式。

$Re_l < 7.5$ 时，局部 Nusselt 数为：

$$Nu_z^* = \frac{h_z}{\lambda_l}\left[\frac{g}{v_l^2}\left(\frac{\rho_l - \rho_v}{\rho_l}\right)\right]^{-\frac{1}{3}} = 0.693 Re_l^{-\frac{1}{3}} \tag{2-20}$$

平均 Nusselt 数：

$$Nu^* = \frac{h}{\lambda_l}\left[\frac{g}{v_l^2}\left(\frac{\rho_l - \rho_v}{\rho_l}\right)\right]^{-\frac{1}{3}} = 0.693 Re_l^{-\frac{1}{3}} \tag{2-21}$$

当 $7.5 \leqslant Re_l \leqslant 325$ 时，局部 Nusselt 数为：

$$Nu_z^* = 0.604 Re_l^{-0.22} \tag{2-22}$$

当 $Re_l \geqslant 500$ 时，局部 Nusselt 数为：

$$Nu_z^* = 6.62 \times 10^{-3} Re_l^{0.4} Pr^{0.65} \tag{2-23}$$

式中，Pr 为普朗特常数。

当 $325 \leqslant Re_l \leqslant 500$ 时，局部 Nusselt 数的计算式宜选择与中的较大值。

Negishi 给出了一个确定重力热管蒸发段换热系数的公式[85]：

$$h_e = 0.32\left(\frac{\rho_l^{0.65}\lambda_l^{0.3}C_{pl}^{0.7}g^{0.2}q_e^{0.4}}{\rho_v^{0.25}h_{fg}^{0.4}\mu_l^{0.1}}\right)\left(\frac{P_{sat}}{P_a}\right)^{0.3} \tag{2-24}$$

式中，q_e——热流密度（W/m^2）；

P_{sat}——饱和蒸汽压（Pa）；

P_a——大气压力（Pa）。

（4）重力热管的传热极限

在重力热管蒸发段内，由于结构尺寸、工质充注率以及工作压力的不同，可能会出现如下三种传热极限：

1）干涸极限：存在于充液量较小时，蒸发段的底部可能出现的传热极限。当热流密度增大时，充液量无法满足热管内汽-液两相循环所需的最小量，导致蒸发段底部干涸，引起壁面温度持续上升，严重时对热管的使用寿命可能产生非常不利的影响。

2）携带极限：通常出现在长径比较大的热管中。由热管内上升的蒸汽流与下降的液膜在界面上产生的相互作用力所引起。随着热管热流密度的增加，“撕裂”液膜的剪切力越来越大，并将液膜携带至冷凝段，造成蒸发段的干涸，从而破坏了汽-液相变的连续性，使热管的传热性能恶化。虽然在携带极限发生时也会出现蒸发段的干涸现象，但其与干涸极限最大的不同点是干涸并不持续。

3）沸腾极限：又称烧毁极限，易发生在充液量较大、径向热流密度很大的情况下。这一现象是由于径向热流密度加大导致液池内过度沸腾气泡聚合引起，类似于池沸腾中的膜沸腾状态，制约热管的径向传热。常规的热流密度或加热温度下达不到这一极限。

2.2.3 分离式重力热管的工作原理及特点

分离式重力热管由四部分组成，即蒸发段、冷凝段、蒸汽上升管和冷凝液下降管。之所以称为“分离式”，是指蒸发段与冷凝段可根据需要灵活布置，但要保证蒸发段高于冷凝段，二者之间由蒸汽上升管和冷凝液下降管相连接，形成一个连通的循环回路，如图 2.8 所示。当热管开始工作时，下部蒸发段内液体工质受热蒸发，不断产生的蒸汽致使管内压力升高，气态工质由蒸汽上升管进入冷凝段。在冷凝段，气态工质遇冷释放潜热变为液态，并在重力作用下，冷凝液沿下降管流回至蒸发段，然后再次受热蒸发，如此不断循环运行，进行热量的传输。

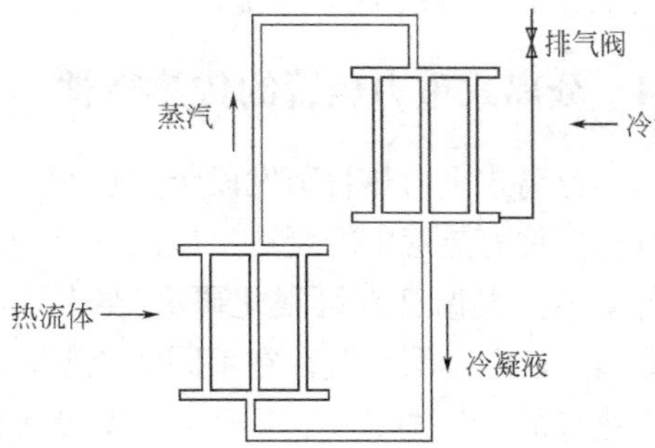

图2.8　分离式重力热管结构示意图

与常规热管相比，分离式重力热管具有如下特征：

（1）在蒸发段上部非淹没区，气态工质不会冷凝，从而没有冷凝液膜形成。

（2）在靠近蒸发段的下降管中，可能会有部分冷凝液由于位差和散热等原因而处于过冷状态。

（3）气态工质由蒸汽上升管流入冷凝段，液态工质由冷凝液下降管流回至蒸发段，蒸汽与冷凝液分开流动形成循环回路，汽液为同向流。

（4）对于管栅形式的分离式热管，蒸发段中蒸汽和冷凝段中冷凝液在进入上升管和下降管时存在着分配问题。

分离式重力热管依靠自身重力差，即蒸汽上升管（蒸发段）和冷凝液下降管（冷凝段）中工质的密度差，以及蒸发段与冷凝段之间的高度差完成循环。为了保证分离式重力热管的正常工作，需要在冷凝段与蒸发段之间满足一个最小高差 H_{min}，使其产生的重力差足以克服汽-液流动的阻力。高度差 H 的确定如图2.9所示，根据分离式重力热管内部能量守恒关系，应有：

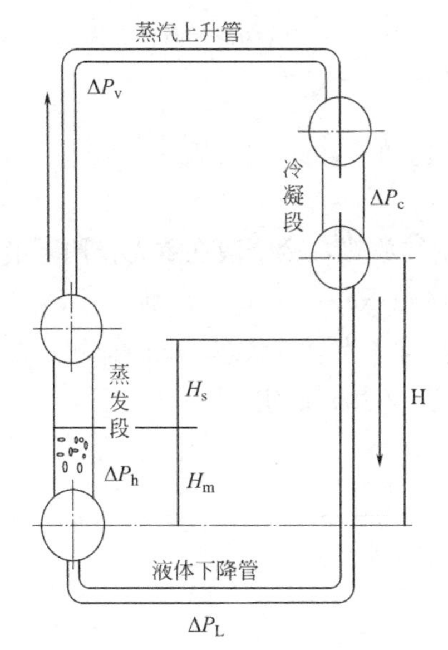

图2.9　分离式热管工作原理图

$$\Delta P_h + \Delta P_c + \Delta P_v + \Delta P_l = \gamma_l H_s + (\gamma_l - \gamma_{l-v}) H_m \tag{2-25}$$

式中，ΔP_h——蒸发段中汽-液混合物的流动阻力（Pa）；

ΔP_c——冷凝段中汽-液混合物的流动阻力（Pa）；

ΔP_v——蒸汽上升管中汽态工质的流动阻力（Pa）；

ΔP_l——冷凝液下降管中液态工质的流动阻力（Pa）；

γ_l——液体容重（N/m^3）；

γ_{v-l}——汽-液混合物容重（N/m^3）；

H_s——蒸发段蒸汽空间高度（mm）；

H_m——蒸发段液池高度（mm）。

如果忽略 ΔP_h 和 ΔP_c，并且 $\gamma_l \gg \gamma_{v-l}$，则有：

$$H_m + H_s = \frac{1}{\gamma_l}(\Delta P_v + \Delta P_l) = H_{min} \tag{2-26}$$

式中，H_{min}——最小高差（mm）。

这里将 H 定义为安装高度，它应满足：

$$H > H_s + H_m \tag{2-27}$$

只有当 $H>H_s+H_m$ 时，才能满足压力平衡，保证系统运行。

2.2.4 分离式重力热管的传热特性

(1) 分离式重力热管蒸发段传热过程

分离式重力热管中冷凝液工质从下降管流回至蒸发段均匀受热。根据已有可视化研究结果[79]，分离式重力热管蒸发段在不同位置存在不同的流型，也对应着不同的传热特征，如图 2.10 所示。蒸发段底部 AB 段为单纯液体流动，管内液体与墙壁发生强制对流传热；BC 段为泡状流，管内液态工质发生饱和核态沸腾传热；CD 段管内工质转为环状流，此时，管内发生强制对流蒸发。

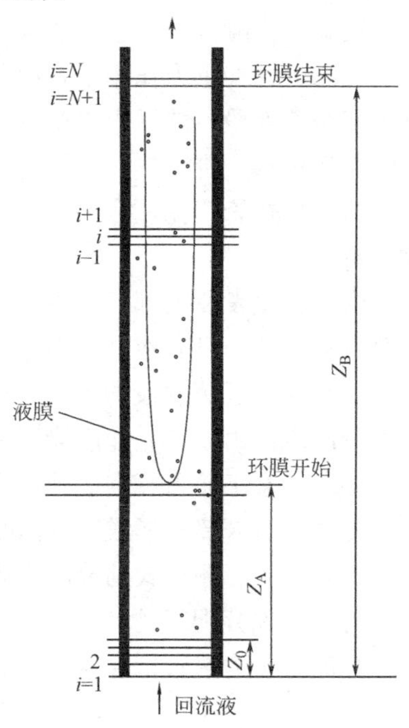

图 2.10 管内流型及计算模型

日本学者森忠夫和高鹰生男[86] 在充液率为 0.28～0.73、Re_l 为 100～350 的条件下，试验得到了分离式热管蒸发段经验换热系数 h_e 的计算公式：

$$h_e=3.942\times10^{5.06\times10^4 Re_l} \tag{2-28}$$

陈远国等[87] 给出的分离式热管对流换热系数的计算公式：

$$h_e=7.915q_e^{0.662}P_v^{0.0566} \tag{2-29}$$

式中，$q_e=(0.3\sim3.5)\times10^4$ (W/m²)；$P_v=(0.45\sim16.3)\times10^5$ (Pa)。

(2) 分离式重力热管冷凝段传热过程

分离式热管中蒸汽从上升管到达冷凝段与管壁进行凝结放热，冷凝液在重力作用下沿下降管流回蒸发段。热管冷凝段的液膜流态可用临界雷诺数 $Re_c=1600$ 来判别，当 $Re<1600$ 时，液膜流动为层流状态，当 $Re>1600$ 时[88]，液膜流动为紊流状态。同时兼顾上部液膜层流状态和下部液膜紊流状态的平均换热系数可按式 (2-30) 确定[89]。

$$h_c=\frac{\lambda_l}{L}\frac{\left(\frac{g\rho_l^2L^3}{\mu_l^2}\right)^{1/3}Re}{58Pr_s^{-0.5}\left(\frac{Pr_w}{Pr_s}\right)^{0.25}(Re^{3/4}-253)+9200} \tag{2-30}$$

$$Re=4q_cL/h_{fg}\mu_l$$

式中，q_c——凝结换热热流密度 (W/m²)；

L——垂直管的长度 (m)；

λ_l——液膜的导热系数 [W/(m² · ℃)]；

Pr_w 的计算温度为壁温 T_w (℃)；

其余物理量的定性温度均为饱和温度 T_s (℃)；并且各计算参数均为工质冷凝时的物理量。

Nusselt 理论并没有将蒸汽流速的影响考虑进去，而在蒸汽流速过高时，液膜表面明显会受到蒸汽对其黏滞应力的影响。在分离式热管中，汽液同向流动，液膜在黏滞应力的作用下会被拉薄，使得换热系数增大。在汽-液分离式热管换热器中，当冷凝段有较大的换热系数时，凝结换热系数的计算可采用式（2-31）[89]。

$$h_c = 0.375\left[\frac{\xi\rho_l\rho_v^{-2}h_{fg}\lambda_l^2}{\mu_l L_c q_c}\right]^{1/2} \tag{2-31}$$

式中，ξ——摩擦系数，通常取 $\xi=0.02$。

（3）分离式重力热管的传热极限

根据分离式热管的结构特点可知，这种形式的热管中汽液同向流动，携带极限不易出现，分离式热管中主要涉及的传热极限有：干涸极限、声速极限和冷凝极限。

1）干涸极限：在蒸发段发生局部干涸或环状流区的液膜被蒸干的现象称为干涸极限。在分离式热管正常的循环状态中，假设其循环倍率为 K（分离式热管循环倍率的定义为循环流量除以蒸发段工质蒸汽流量或冷凝段工质冷凝液流量），当 $K=1$ 时，分离式热管的干涸位置主要发生在蒸发段出口。此外，环状流区由于冷凝液回流不够，也较易引起简单烧干、液膜破裂、液膜溪流化以及蒸汽核心对液体的夹带等现象，这些问题都可能诱发干涸极限。避免发生干涸极限的一个有效方法是适当增加分离式热管中的充液量。

2）声速极限：在分离式热管中，蒸汽的流速大于冷凝液的流速。在蒸发段及蒸汽上升管中，在蒸发段出口位置蒸汽速度为最大，若在该处马赫数 $M_v=1$，即蒸汽速度达到了当地音速，则认为分离式热管达到了声速极限。分离式热管蒸发段的出口与普通热管不同，它不是简单的拉法尔喷管结构，因此，避免声速极限最有效的方法就是增加蒸汽上升管的个数以及增大蒸汽上升管的管径。

3）冷凝极限：分离式热管中发生冷凝极限通常是由于冷凝段散热能力不足所致，这与普通热管产生冷凝极限的原因相同。为使分离式热管能够在稳定的工况下运行，避免冷凝极限发生的办法便是在热管设计阶段，校核其冷凝段的传热能力，保证热管冷凝段的散热能力与蒸发段的吸热能力相匹配。

（4）分离式重力热管熵产计算模型

并联分离式重力热管的工作原理涉及液相的蒸发、气相的凝结以及其二者在汽-液交界面的相互作用，其流动传热机理非常复杂。

在热管内发生的热量传递过程中，热能作为一种低品位能量，必然伴随着一部分不可逆损失，进而影响到热管整体的传热性能。本书将借助热力学第二定律，分析热管工作过程各个环节中所发生的不可逆损失，以及边界条件改变对热管传热性能产生的影响。

并联分离式重力热管工作过程中的不可逆损失主要由温差传热、黏性耗散、相变耗散所组成，这里采用熵产概念及理论对这三种热损失分别进行简要分析，并给出传热、相变及黏性耗散现象所产生的熵产率公式。

1）局部熵产率

流体在通道内流动及传热过程中的不可逆损失会导致热能的品质下降，其中包括温差引起的传热、黏性耗散以及蒸发冷凝过程引起的动量交换。可采用熵产最小化原理来分析微通道中流动和传热过程的不可逆损失，评估微通道的热能利用效率。热管内的局部熵产率 S_g[90] 主要包括传热熵产率 $\dot{S}_{g,\Delta T}$、黏性耗散熵产率 $\dot{S}_{g,\Delta P}$ 和相变熵产率 $\dot{S}_{g,\Delta M}$。

$$\dot{S}_g = \dot{S}_{g,\Delta T} + \dot{S}_{g,\Delta P} + \dot{S}_{g,\Delta M} \tag{2-32}$$

二维流体域控制体内传热、黏性耗散和相变的熵产率分别为：

$$\dot{S}_{g,\Delta T}=-\frac{\lambda_{eff}}{T^2}\left[\left(\frac{\partial T}{\partial x}\right)^2+\left(\frac{\partial T}{\partial y}\right)^2\right] \tag{2-33}$$

$$\dot{S}_{g,\Delta P}=\frac{\mu_{ef}}{T}\left\{2\left[\left(\frac{\partial u}{\partial x}\right)^2+\left(\frac{\partial v}{\partial y}\right)^2\right]+\left[\left(\frac{\partial u}{\partial x}\right)+\left(\frac{\partial v}{\partial y}\right)\right]^2\right\} \tag{2-34}$$

$$\dot{S}_{g,\Delta M}=\frac{h_{fg}S_M}{T} \tag{2-35}$$

式中，T——温度（℃）；

λ_{eff}——有效导热系数［W/(m^2·℃)］；

μ_{ef}——有效黏性扩散系数（Pa·s）。

2）熵产数

局部熵产率可用来表征计算域内每个单元的熵产率，而在将重力热管作为整体考虑时，可以采用熵产数 N_s 来表征过程的不可逆程度。

传热、黏性耗散和相变过程的熵产数分别为：

$$N_{s\Delta T}=\iint\left\{-\frac{\lambda_{eff}}{T^2}\left[\left(\frac{\partial T}{\partial x}\right)^2+\left(\frac{\partial T}{\partial y}\right)^2\right]\right\}\mathrm{d}s \tag{2-36}$$

$$N_{s\Delta P}=\iint\frac{u_{eff}}{T}\left\{2\left[\left(\frac{\partial u}{\partial x}\right)^2+\left(\frac{\partial v}{\partial y}\right)^2\right]+\left[\left(\frac{\partial u}{\partial x}\right)+\left(\frac{\partial v}{\partial y}\right)\right]^2\right\}\mathrm{d}s \tag{2-37}$$

$$N_{s\Delta M}=\iint\frac{h_{fg}S_M}{T}\mathrm{d}s \tag{2-38}$$

由于热管工作过程中流速较低，速度梯度亦较小，通常黏性耗散项在热管传热过程中的贡献小于1%，故可忽略黏性耗散，而主要考虑传热与相变熵产[91]。

2.3 墙体动态传热理论

2.3.1 多层墙体动态传热

墙体传热是一个复杂的过程，热量从墙体高温侧传至低温侧，包含墙体内外表面与环境的对流换热和辐射传热，以及墙体内部的导热。而由于室内外环境的实时变化，通过围护结构的传热量也随时间而变化，即墙体的传热现象是复杂的非稳态传热过程。我国颁布的《夏热冬冷地区居住建筑节能设计标准》[92] 规定：夏热冬冷地区的建筑采暖空调负荷计算、全年能耗分析及节能性能评价，须采用动态（非稳态）计算方法。使用动态方法进行负荷计算、能耗分析和节能性能评价时，需要合理、准确地获取围护结构非稳态传热的基础数据，以及构建动态建筑能耗模型。

1. 墙体的传递矩阵

关于建筑中墙体热工特性和冷热负荷的分析计算，重点是确定墙体两侧边界处的热流密度和温度，即墙体内外边界处的热流密度和温度之间的关系。建筑围护结构材料的导热系数、导温系数及密度一般可视为常数。在导热过程中，整个墙体的温度变化不大，故多层围护结构的建筑传热过程可简化为一维导热问题来处理。

对非稳态一维传热问题，可采用拉氏变换方法求解式的两个偏微分方程。

$$\left.\begin{aligned}&\frac{\partial T(x,\ t)}{\partial t}=\alpha\frac{\partial T^2(x,\ t)}{\partial x^2}(0<x<l,\ t>0)\\&q(x,\ t)=-\lambda\frac{\partial T(x,\ t)}{\partial t}(0<x<l,\ t>0)\\&T(x,\ 0)=0\end{aligned}\right\}\tag{2-39}$$

式中，$\alpha=\frac{\lambda}{\rho c}$——导温系数（$m^2/h$）；

λ——导热系数［W/(m·K)］；

c——比热容［J/(kg·K)］；

ρ——密度（kg/m^3）。

对式（2.39）先进行拉氏变换，然后进行逆变换，可得到板壁任意位置的温度分布函数表达式：

$$T(x,\ s)=\mathrm{ch}\left(\sqrt{\frac{s}{\alpha}}x\right)T(0,\ s)-\frac{1}{\lambda\sqrt{\frac{s}{\alpha}}}\mathrm{sh}\left(\sqrt{\frac{s}{\alpha}}x\right)Q(0,\ s)\tag{2-40}$$

以及板壁任意部位的热流分布解析表达式：

$$Q(x,\ s)=-\lambda\sqrt{\frac{s}{\alpha}}\mathrm{sh}\left(\sqrt{\frac{s}{\alpha}}x\right)T(0,\ s)+\mathrm{ch}\left(\sqrt{\frac{s}{\alpha}}x\right)Q(0,\ s)\tag{2-41}$$

式中，s——温度扰量的基频。

由式和式组成的方程组，可构造墙体的热传递矩阵，用来表示墙体内、外表面热流和温度的拉氏变换之间的相互关系。

（1）单层均质墙体

对于单层均质墙体，如图 2.11 所示，其厚度为 l，导温系数为 α，导热系数为 λ。已知墙体外表面边界条件的拉氏变换为 $Q(0,\ s)$ 和 $T(0,\ s)$，不难求得内侧处的热流和温度的拉式变换 $Q(l,\ s)$ 和 $T(l,\ s)$。

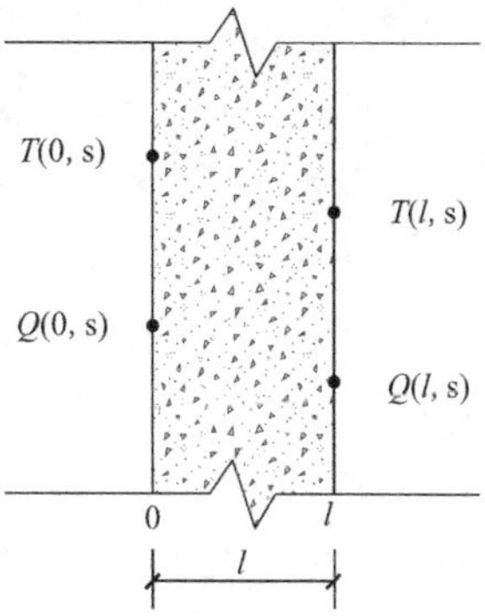

图 2.11 单层墙体结构两侧变量

令 $x=l$，并用矩阵表示，即得

$$\begin{bmatrix}T(l,\ s)\\Q(l.s)\end{bmatrix}=\begin{bmatrix}\mathrm{ch}\left(\sqrt{\frac{s}{\alpha}}l\right) & -\frac{\mathrm{sh}\left(\sqrt{\frac{s}{\alpha}}l\right)}{\lambda\sqrt{\frac{s}{\alpha}}}\\-\lambda\sqrt{\frac{s}{\alpha}}\mathrm{sh}\left(\sqrt{\frac{s}{\alpha}}l\right) & \mathrm{ch}\left(\sqrt{\frac{s}{\alpha}}l\right)\end{bmatrix}\begin{bmatrix}T(0,\ s)\\Q(0,\ s)\end{bmatrix}\tag{2-42}$$

上式右侧的 2×2 矩阵为板壁热力系统的传递矩阵，用［G］表示，它表征经拉氏变换后板壁内、外表面温度和热流之间的关系，它仅与墙体材料的热工参数有关，而与输入或输出参数无关，是联系墙体内外表面温度和热流的桥梁，亦可表示为：

$$[G]=\begin{bmatrix} A(s), & -B(s) \\ -C(s), & D(s) \end{bmatrix} \tag{2-43}$$

矩阵中的各元素可根据墙体各层材料的物性参数计算得到：

$$\left.\begin{aligned} A(s)&=D(s)=\mathrm{ch}\left(l\sqrt{\frac{s}{\alpha}}\right) \\ B(s)&=\left(\lambda\sqrt{\frac{s}{\alpha}}\right)^{-1}\mathrm{sh}\left(l\sqrt{\frac{s}{\alpha}}\right) \\ C(s)&=\left(\lambda\sqrt{\frac{s}{\alpha}}\right)\mathrm{sh}\left(l\sqrt{\frac{s}{\alpha}}\right) \end{aligned}\right\} \tag{2-44}$$

（2）包含内外表面空气边界层的单层均质墙体

对于包含内外表面空气边界层的单层均质墙体（图 2.12），如果将两侧的空气边界层当作某一厚度的假想导热材料层，则边界处热流和温度的拉氏变换关系可表示为式。

图 2.12 含空气边界层的单层墙体结构两侧变量

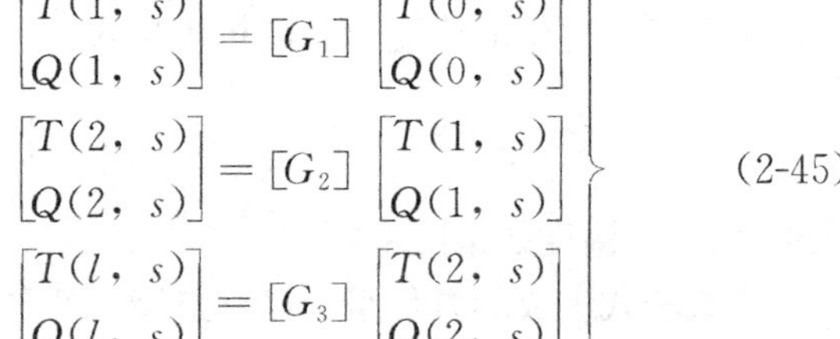
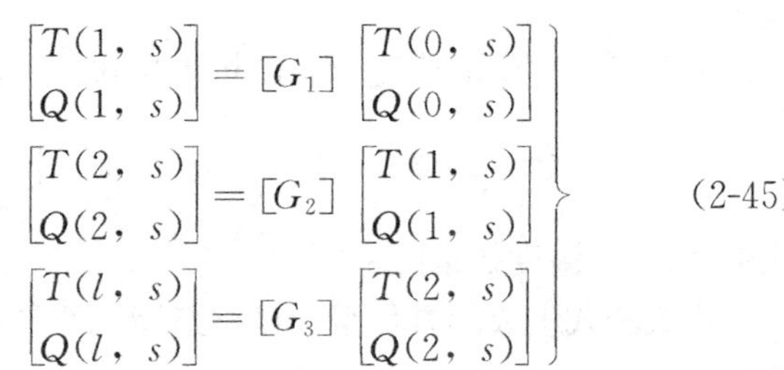

$$\left.\begin{aligned} \begin{bmatrix} T(1, s) \\ Q(1, s) \end{bmatrix}&=[G_1]\begin{bmatrix} T(0, s) \\ Q(0, s) \end{bmatrix} \\ \begin{bmatrix} T(2, s) \\ Q(2, s) \end{bmatrix}&=[G_2]\begin{bmatrix} T(1, s) \\ Q(1, s) \end{bmatrix} \\ \begin{bmatrix} T(l, s) \\ Q(l, s) \end{bmatrix}&=[G_3]\begin{bmatrix} T(2, s) \\ Q(2, s) \end{bmatrix} \end{aligned}\right\} \tag{2-45}$$

亦可写为：

$$\begin{bmatrix} T(l, s) \\ Q(l, s) \end{bmatrix}=[G_3]\,[G_2]\,[G_1]\begin{bmatrix} T(0, s) \\ Q(0, s) \end{bmatrix} \tag{2-46}$$

即

$$\begin{bmatrix} T(l, s) \\ Q(l, s) \end{bmatrix}=\begin{bmatrix} 1 & -\frac{1}{h_r} \\ 0 & 1 \end{bmatrix}\begin{bmatrix} \mathrm{ch}\left(\sqrt{\frac{s}{\alpha}}x\right) & \frac{1}{\lambda\sqrt{\frac{s}{\alpha}}}\mathrm{sh}\left(\sqrt{\frac{s}{\alpha}}x\right) \\ -\lambda\sqrt{\frac{s}{\alpha}}\mathrm{sh}\left(\sqrt{\frac{s}{\alpha}}x\right) & \mathrm{ch}\left(\sqrt{\frac{s}{\alpha}}x\right) \end{bmatrix}\begin{bmatrix} 1 & -\frac{1}{h_a} \\ 0 & 1 \end{bmatrix}\begin{bmatrix} T(0, s) \\ Q(0, s) \end{bmatrix} \tag{2-47}$$

式中，h_r、h_a——墙体内外表面的对流换热系数 [W/(m^2·K)]。

上面的矩阵关系式亦可写为：

$$\begin{bmatrix} T(l, s) \\ Q(l, s) \end{bmatrix}=\begin{bmatrix} A(s) & -B(s) \\ -C(s) & D(s) \end{bmatrix}\begin{bmatrix} T(0, s) \\ Q(0, s) \end{bmatrix} \tag{2-48}$$

式中，$[G_3]\,[G_2]\,[G_1]$ 即为墙体总传递矩阵。总传递矩阵中的各个子传递矩阵应当按墙体中的次序，从输出端至输入端依次排列。

（3）包含内外表面空气边界层的多层墙体结构

对于多层材料的墙体围护结构（图 2.13），从输出端至输入端，对各层材料依次计算其子传递矩阵。

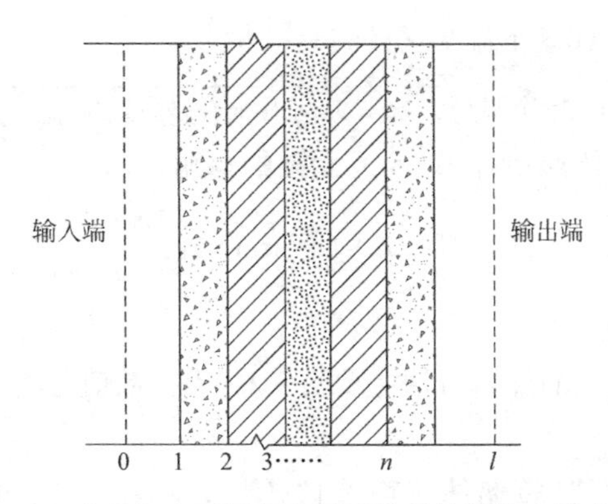

图 2.13　含空气边界层的多层墙体结构的输入输出关系

若室外侧的热流密度和温度已知，则为输入端；而内侧的热流密度和温度未知，为输出端。这样，输入和输出的拉氏变换相互之间的关系为：

$$\begin{bmatrix} T(l,s) \\ Q(l,s) \end{bmatrix} = \begin{bmatrix} 1 & -\dfrac{1}{h_r} \\ 0 & 1 \end{bmatrix} \begin{bmatrix} A_n(s) & -B_n(s) \\ -C_n(s) & D_n(s) \end{bmatrix} \begin{bmatrix} A_{n-1}(s) & -B_{n-1}(s) \\ -C_{n-1}(s) & D_{n-1}(s) \end{bmatrix} \cdots\cdots$$

$$\begin{bmatrix} A_1(s) & -B_1(s) \\ -C_1(s) & D_1(s) \end{bmatrix} \begin{bmatrix} 1 & -\dfrac{1}{h_a} \\ 0 & 1 \end{bmatrix} \begin{bmatrix} T(0,s) \\ Q(0,s) \end{bmatrix} \tag{2-49}$$

或写为：

$$\begin{bmatrix} T(l,s) \\ Q(l,s) \end{bmatrix} = \begin{bmatrix} A(s) & -B(s) \\ -C(s) & D(s) \end{bmatrix} \begin{bmatrix} T(0,s) \\ Q(0,s) \end{bmatrix} \tag{2-50}$$

2. 墙体传热频率响应

墙体的传热频率响应是指当室温保持为零时，墙体内表面对室外侧不同频率的正弦温度波幅的衰减倍数 ν_{yn} 和延迟时间 ψ_{yn}。在研究墙体非稳态传热时，用衰减倍数表征墙体对温度波的抵抗能力，用延迟时间表征墙体对温度波响应的快慢，这两个参数常用来评价墙体的热工性能。

如果室外侧空气温度波是频率为 ω_n、振幅为 A_{an}、初相位为 φ_n 的正弦形温度波，则以下指数函数 $i(\tau)$ 的虚部就是所要输入的温度波，即

$$i(\tau) = A_{an}[\cos(\omega_n\tau + \varphi_n) + i\sin(\omega_\tau + \varphi_n)] = A_{an}e^{i(\omega_n\tau+\varphi_n)} \tag{2-51}$$

衰减倍数为：

$$\nu_{yn} = \frac{A_{an}}{\Delta T_{in}} \tag{2-52}$$

式中，ΔT_{in}——壁体内表面温度波的振幅（℃）；

由板壁内表面温度波表达式得到板壁内表面温度波的振幅表达式，即

$$\Delta T_{in} = \frac{A_{an}}{h_r|B(i\omega_n)|} \tag{2-53}$$

式中，$|B(i\omega_n)|$——复数 $B(i\omega_n)$ 的模；

$$|B(i\omega_n)|=\sqrt{[B(i\omega_n)_{R_es}]^2+[B(i\omega_n)_{im}]^2} \tag{2-54}$$

于是，可确定墙体内表面对室外温度扰量的衰减倍数 ν_{yn}：

$$\nu_{yn}=h_r\sqrt{[B(i\omega_n)_{R_es}]^2+[B(i\omega_n)_{Im}]^2} \tag{2-55}$$

延迟时间等于板壁 s-传递矩阵 $B(i\omega_n)$ 元素的幅角，即：

$$\psi_{yn}=A_{rg}[B(i\omega_n)]=\arctan\left[\frac{B(i\omega_n)_{im}}{B(i\omega_n)_{R_es}}\right] \tag{2-56}$$

3. 非稳态传热量的计算

围护结构非稳态传热量的计算方法主要有 4 种[93]：数值分析法、谐波分析法、反应系数法和 Z 传递函数法。

采用 Z 传递函数法[2] 计算墙体非稳态传热量，早在 1971 年，Stephenson 首次提出了用 Z 传递函数来计算墙体的瞬时热流，随后，Mitalas 和 Peavy 等分别分析了 Z 传递函数的性质以及传递系数与反应系数的联系。相比反应系数法，Z 传递函数需要的系数项减少很多，极大地加快了计算速度，且计算机的存储空间占用也大大减少。Z 传递函数技术已被广泛应用于计算空调负荷和建筑能耗。Z 传递函数在处理非稳态传热问题中具有极高的精确度，与数值有限差分法的精确度仅差 1%[94]，所以在工程应用中有较高的实际意义。

板壁围护结构的 Z 传递函数，是板壁热力系统的单位等腰三角波脉冲响应的 Z 变换，板壁围护结构的传热和吸热 Z 传递函数，就是板壁传热和吸热反应系数序列 $\{Y(j)\}$、$\{X(j)\}$ 和 $\{Z(j)\}$ 的 Z 变换，即：

$$\left.\begin{aligned}G_Y(z)&=Z[\{Y(j)\}]=Y(0)+Y(1)Z^{-1}+Y(2)Z^{-2}+\cdots\cdots\\G_X(z)&=Z[\{X(j)\}]=X(0)+X(1)Z^{-1}+X(2)Z^{-2}+\cdots\cdots\\G_Z(z)&=Z[\{Z(j)\}]=Z(0)+Z(1)Z^{-1}+Z(2)Z^{-2}+\cdots\cdots\end{aligned}\right\} \tag{2-57}$$

式中，　$G_Y(z)$——板壁的传热 Z 传递函数；

$G_X(z)$、$G_Z(z)$——板壁外表面和内表面的吸热 Z 传递函数。

为了减少 Z 多项式的项数，缩短板壁围护结构传热得热量的计算时间，一般将板壁 Z 传递函数用两个 Z 多项式相除的形式表达，即：

$$\left.\begin{aligned}G_Y(z)&=\frac{b_0+b_1Z^{-1}+b_2Z^{-2}+\cdots\cdots}{1+d_1Z^{-1}+d_2Z^{-2}+\cdots\cdots}\\G_X(z)&=\frac{a_0+a_1Z^{-1}+a_2Z^{-2}+\cdots\cdots}{1+d_1Z^{-1}+d_2Z^{-2}+\cdots\cdots}\\G_Z(z)&=\frac{c_0+c_1Z^{-1}+c_2Z^{-2}+\cdots\cdots}{1+d_1Z^{-1}+d_2Z^{-2}+\cdots\cdots}\end{aligned}\right\} \tag{2-58}$$

式中，a_i、b_i、c_i 和 d_i（$i=0$，1，2……）称为板壁围护结构的 Z 传递系数。

求 Z 传递系数，先要求得板壁围护结构传递矩阵的 $B(s)$ 元素的诸根 $-\alpha_i$，先求得 Z 传递系数 d_i，然后可利用传热和吸热反应系数序列，求得板壁围护结构 Z 传递系数 b_i、a_i 和 c_i。

传递系数 d_i、b_i、a_i、c_i 的关系为：

$$\left.\begin{aligned}d_i&=(-1)^n e^{-(\alpha 1+\alpha 2\cdots\cdots+\alpha n)\Delta\tau}\\b_i&=\sum_{j=0}^{i}Y(j)d_{i-j}(d_0=1)\\a_i&=\sum_{j=0}^{i}X(j)d_{i-j}(d_0=1)\\c_i&=\sum_{j=0}^{i}Z(j)d_{i-j}(d_0=1)\end{aligned}\right\}\tag{2-59}$$

板壁 Z 传递系数序列关系为：

$$\frac{\sum_{i=0}^{\infty}a_i}{\sum_{i=0}^{\infty}d_i}=\frac{\sum_{i=0}^{\infty}b_i}{\sum_{i=0}^{\infty}d_i}=\frac{\sum_{i=0}^{\infty}c_i}{\sum_{i=0}^{\infty}d_i}=K\tag{2-60}$$

式中，K——板壁的传热系数 [W/(m^2·℃)]。

因此，b_i 与 c_i 应满足式：

$$\sum_{i=o}^{\infty}b_i=\sum_{i=o}^{\infty}c_i\tag{2-61}$$

根据 Z 传递函数，可推导出板壁得热的计算公式。

当室内外空气温度均发生变化时，板壁的传热得热量 $Hg(n)$ 为：

$$Hg(n)=\sum_{i=0}^{m}b_iT_z(n-i)-\sum_{i=0}^{m}c_iT_r(n-i)-\sum_{i=1}^{m}d_iHg(n-i)\tag{2-62}$$

当室温为常数时，板壁的传热得热量 $Hg(n)$ 为：

$$Hg(n)=\sum_{i=0}^{m}b_iT_z(n-i)-\sum_{i=1}^{m}d_iHg(n-i)-T_r\sum_{i=0}^{m}c_i\tag{2-63}$$

式中，T_z——室外空气综合温度（℃）；

T_r——室内温度（℃）。

2.3.2 热管置入式墙体动态传热模型

WIHP 是将热管内置于普通墙体内外两层水泥砂浆之内，相比于普通墙体，位于 WIHP 外侧的蒸发段吸收太阳能，其内部的工质蒸发汽化，将热量通过热管绝热段向室内侧传递，通过冷凝段释放出来。可将其传热过程视为普通墙体传热和热管传热过程的叠加，为分析简便起见，做出如下简化：

（1）将热管冷凝段与蒸发段均看作等温面，即热管蒸发段为吸热面，热管冷凝段为放热面。

（2）忽略热管蒸发段对室内侧的影响。热管蒸发段与墙体黏土砖墙之间有 70mm 厚的挤塑聚苯板为外保温，且热管蒸发段到墙体内表面距离较远，蒸发段的散热几乎不会影响到墙体内表面和室内环境。

（3）忽略热管绝热段和墙体间的传热。热管的绝热段与墙体的接触面积相较于墙体本身来说很小，而且有聚氨酯发泡保温，所以这部分传热可以忽略不计。

（4）忽略墙体抹灰层水泥砂浆的蓄热。由于水泥砂浆蓄热系数很低，且只有 20mm 厚度，所以这部分蓄热可以忽略不计。

（5）忽略墙体内部竖直方向上的传热。由于墙体高度和宽度是厚度的 10 倍以上，所以近似为一维导热问题处理。

在上述简化的基础上，WIHP 传热仅涉及普通墙体非稳态传热及热管冷凝段放热。热管冷凝段传热过程较为复杂，具体分析如下：

当 WIHP 的外表面受到太阳照射时，其外表面温度上升至高于墙体内表面温度，在温差的驱动下热管启动工作。热管将太阳辐射热量迅速传至室内，由热管冷凝段释放出来，使冷凝段所处墙体内表面温度升高。为了表征热管对冷凝段墙体内表面温度的影响，这里将热管工作时与无热管的常规墙体内表面温度差值定义为 WIHP 的内扰温度，T'_c可表示为：

$$T'_c = T_c - T_m \tag{2-64}$$

式中，T_c——WIHP 冷凝段内表面温度（℃）；

T_m——常规墙体内表面相同位置的温度（℃）。

WIHP 冷凝段在内扰温度作用下，热量同时向室内侧和室外侧双向传递，定义向室内传热为正，向室外传热为负。其中，向室内传递的热量经过内抹灰水泥砂浆后，在内表面以对流和辐射的方式散入室内，用 q_2 表示；向室外传递的热量，被墙体材料吸收并蓄存，其中一部分传向室外，另一部分传向室内（热管不工作，内表面温度较低时），这部分热量用 q_3 表示。WIHP 的传热模型如图 2.14 所示。

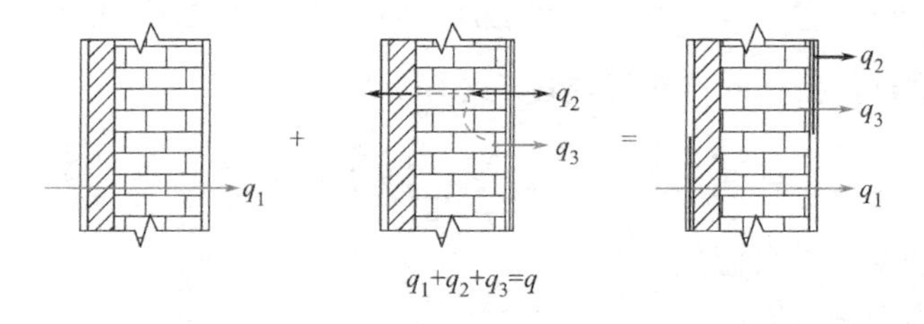

图 2.14　WIHP 的传热模型

普通墙体的传热量 q_1 和墙体材料蓄存并传向室内的热量 q_3 均可用 Z 传递函数法来表示。

常规墙体的传热量 q_1 可表示为：

$$q_1(t) = \sum_{i=0}^{6} b_i T_z(T_n - i) - \sum_{i=1}^{6} d_i Q(T_n - i) - T_r \sum_{i=0}^{6} c_i \tag{2-65}$$

q_2 为热管向室内的即时传热量：

$$q_2 = \frac{T'_c}{R_i} \tag{2-66}$$

式中，R_i——内抹灰层热阻［$(m^2 \cdot K)/W$］。

热管冷凝段释放的热量部分被储存在墙体内，在一定条件下，可传递至内表面，q_3 可表示为：

$$q_3(t) = \sum_{i=0}^{r} b_i T_c(T_n - i) - \sum_{i=0}^{r} c_i T_{in}(T_n - i) - \sum_{i=1}^{m} d_i Q(T_n - i) \tag{2-67}$$

Z 传递系数的数值在表 2.1 中给出。

实验墙体 Z 传递系数　　表 2.1

i	0	1	2	3	4	5	6
b_i	0.000007	−0.000021	0.000027	0.000056	0.000219	0.000219	0.000034
d_i	1	−3.462072	4.870229	−3.597594	1.504401	−0.35109	0.037553

注：墙体材料由内至外为：20mm 水泥砂浆、240mm 黏土砖墙、70mm 挤塑聚苯保温板和 20mm 水泥砂浆，总的传热系数为 0.45W/(m^2·℃)。

于是，WIHP 的总传热量可根据下式确定。

$$q = q_1 + q_2 + q_3 \tag{2-68}$$

第3章

并联分离式重力热管传热

3.1 并联分离式重力热管的传热测试

并联分离式热管是WIHP的核心部分，其传热性能决定了WIHP的节能性和热调节性。WIHP所采用的热管内径仅数毫米，管内工质流动和换热过程极其复杂。如上一章所述，到目前为止，完全从理论上准确分析和评估其传热机理与传热量是十分困难的。因此，采用实验和数值模拟的方法来研究并联分离式热管的流动和传热特性，应该是行之有效的技术路径。

3.1.1 测试系统

(1) 并联分离式热管

在热管传热的实验研究中，可视化是十分必要的。工质在流动中的形态变化对传热起着决定性作用，通过可视化实验，可以观察到这一变化过程，这有助于对热管传热过程的定性理解与定量分析。

测试热管的蒸发段和冷凝段均采用石英玻璃制作，设计了汽-液逆向流（Z形）和汽-液同向流（H形）两种连接方式，如图3.1所示。冷凝段和蒸发段的管栅各由7根立管组成，内径均为4mm。绝热段为不锈钢软管，外贴保温棉绝热。详细结构参数参见表3.1。

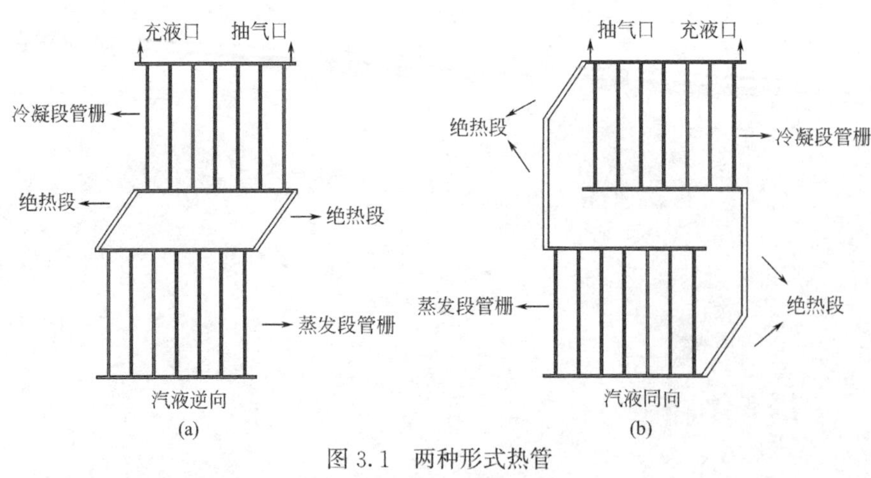

图3.1 两种形式热管

(a) Z形热管；(b) H形热管

热管尺寸参数和材料　　表 3.1

	立管数	管间距(mm)	管内径(mm)	管长(mm)
蒸发段	7	30	4	210
冷凝段	7	30	4	210
横管	—	—	10	210
绝热管	—	—	10	1500/1200

(2) 测试系统组成

测试系统由加热装置、冷却装置、充液及抽气装置、热管和测量装置 5 部分组成，如图 3.2 所示。

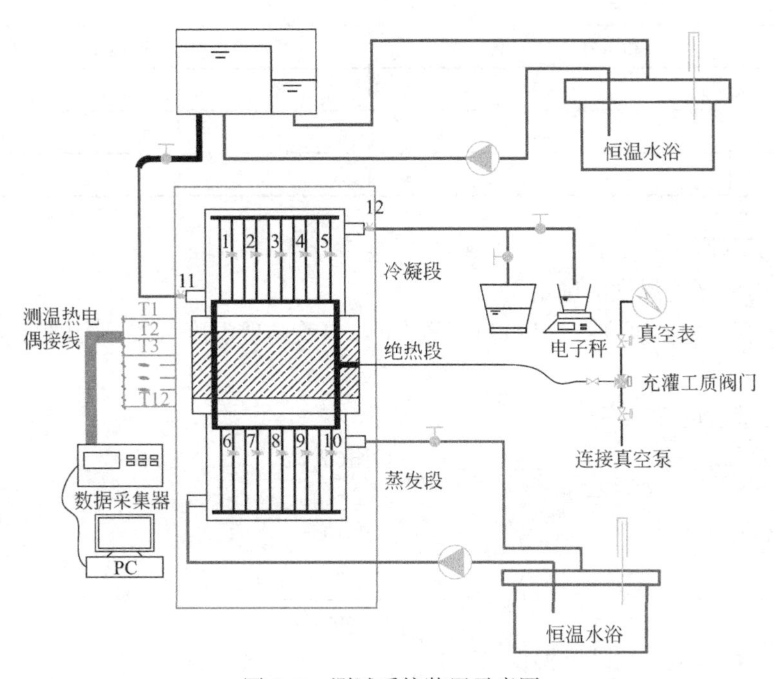

图 3.2　测试系统装置示意图

加热装置为恒温水箱，提供热管蒸发段所需热量。恒温水箱具有前后两个玻璃窗口，通过窗口可以观察到热管内工质在加热过程中的流动状态。

热管冷凝段采用室内空气冷却，室内温度维持在 18℃左右。

3.1.2　测试工况

(1) 工质选择

工质物性对热管的工作特性具有重要影响。选取工质时应考虑以下原则：

① 工质应适合热管的工作温度区间，并具有适当饱和蒸汽压；

② 工质与热管壳体材料应相容，且应具有良好的热稳定性；

③ 工质应具有良好的综合热物理性质；

④ 其他（包括经济型、毒性、环境污染等）。

根据以上原则，选定蒸馏水和制冷剂 R141b 为热管工质。表 3.2 列出了这两种工质在特定温度区间的饱和压力值。

蒸馏水、R141b各温度对应的饱和压力 **表3.2**

蒸馏水			
温度(℃)	饱和压力(MPa)(真空度)	温度(℃)	饱和压力(MPa)(真空度)
30	0.0955	55	0.084
35	0.0942	60	0.810
40	0.0930	65	0.074
45	0.0900	70	0.067
50	0.0870	—	—
R141b			
温度(℃)	饱和压力(MPa)(真空度)	温度(℃)	饱和压力(MPa)(真空度)
20	0.0320	35	0
25	0.0182	40	0
30	0.0045	—	—

(2) 测试工况

1) 热管内壁平均温度的确定

在已知热管外壁温度和传热量Q的情况下，热管内壁温度可按一维圆筒壁导热公式确定。

蒸发段内壁温度T_{ei}：

$$T_{ei}=T_{eo}-\frac{Q\ln(d_o/d_i)}{2\pi\lambda_h L_e} \tag{3-1}$$

冷凝段内壁温度T_{ci}：

$$T_{ci}=T_{co}+\frac{Q\ln(d_o/d_i)}{2\pi\lambda_h L_c} \tag{3-2}$$

式中，T_{eo}——热管蒸发段外壁温度（℃）；

T_{co}——热管冷凝段外壁温度（℃）；

d_o——热管外径（m）；

d_i——热管内径（m）；

L_e——蒸发段长度（m）；

L_c——冷凝段长度（m）；

λ_h——热管壁的导热系数［W/(m·K)］。

石英玻璃的导热系数为1.5W/(m·K)，管壁厚为2mm。

2) 蒸发段加热温度

综合考虑WIHP的工作温度区间、工质工作压力范围内对应的饱和温度，确定蒸馏水和R141b所对应的蒸发段加热温度区间分别为：30～70℃和20～40℃。

3) 充液率

充液率对热管的传热性能具有重要影响。充液率有两种定义，一种是工质充液量占热管总容积的比例，另一种是工质充液量占蒸发段容积的比例。本书中采用第二种定义，由于热管的形状较为规则，故将并联分离式热管的充液率 Fr 定义为：稳态时蒸发段液柱高度 H 与蒸发段立管长度 L_e 的比值，即

$$Fr=\frac{H}{L_e} \tag{3-3}$$

前期研究结果表明，充液率为 0.7 左右，并联分离式热管的传热性能达到最佳，故测试中充液率取值范围设定为：$Fr=0.5\sim0.8$。

4）传热量的确定

测试中，蒸发段采用恒温加热，当系统处于热平衡时，应有：

$$Q_h=Q_e+Q_s \tag{3-4}$$

式中，Q_h ——电加热输入热量（J）；

Q_e ——热管蒸发段输出热量（J）；

Q_s ——箱体及传输管路损失热量（J）。

测试处于稳定状态时，热管蒸发段输出的热量应等于冷凝段的放热量 Q_c，即

$$Q_c=Q_e \tag{3-5}$$

（3）测点的布置

两种形式热管对应温度测点布置如图 3.3 所示。Z 形热管具有左右对称性，故将冷凝段温度测点布置在中央立管和右半侧管栅上，此外，在蒸发段出口和冷凝段入口处，各布置了一个测点，共 12 个温度测点。H 形热管不具有几何对称性，故将温度测点均匀地布置在整个冷凝段，另在蒸汽上升管的入口处设置了一个测点，共计 10 个温度测点。

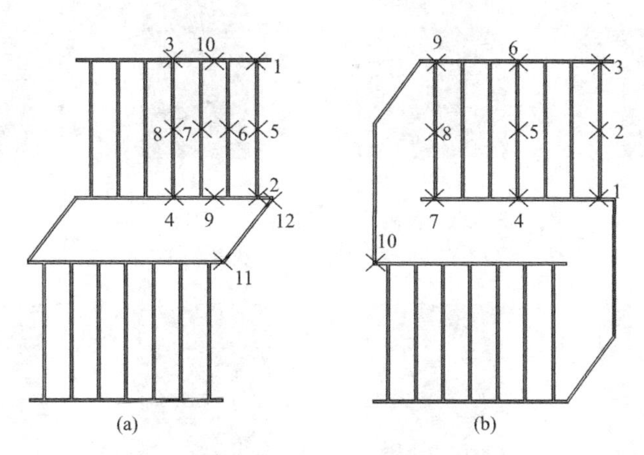

图 3.3　热管测点布置

（a）Z 形热管；（b）H 形热管

3.2　并联分离式重力热管传热测试分析

3.2.1　并联分离式热管的流型

多相流动中，相界面的空间分布形式称为流型。汽-液两相流动是多相流动中最常见

的流动形态。流型的确定和划分是所有两相流研究的前提，也是研究传热不稳定性的重要依据。当分离式热管内充注一定量的液相工质，在对热管蒸发段进行加热时，管内会出现各种不同的流型变化。由于 WIHP 中所用分离式热管是毫米级的热管，因此其管内流型变化特征不同于常规尺寸热管，也不同于脉动热管。

可视化测试中观察到了分离式热管内两种工质的流型，如图 3.4 和图 3.5 所示。大致可分为 4 种流型：波动流、弹状流、塞状流、振荡流。R141b 在加热温度 35℃左右开始呈现各种流型的演化，而蒸馏水则在加热温度 50℃左右时才开始呈现流型的变化，且其过程的剧烈程度弱于 R141b。

（1）蒸发段加热温度对流型的影响

当加热温度较低时，热管中长时间处于波动流状态，此时的换热系数很小，此种情况可视为热管的非启动状态（如图 3.4（a）、图 3.5（a）所示）。随着加热温度升高，热管内的流型开始出现由波动流依次向弹状流、塞状流和振荡流的转变，如图 3.4 和图 3.5 中（a）至（d）所示。热管加热温度达到 35℃（R141b）和 60℃（蒸馏水）左右时，出现振荡流态（如图 3.4（d）、图 3.5（d）所示）。

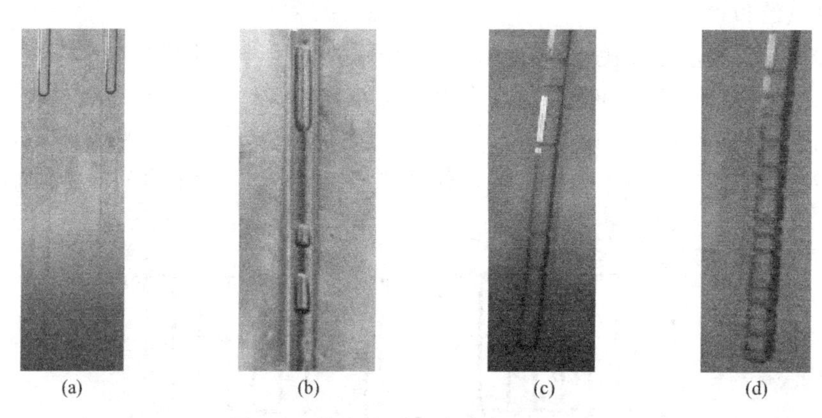

(a) (b) (c) (d)

图 3.4 管内流型实验照片（R141b）

（a）波动流；（b）弹状流；（c）塞状流；（d）振荡流

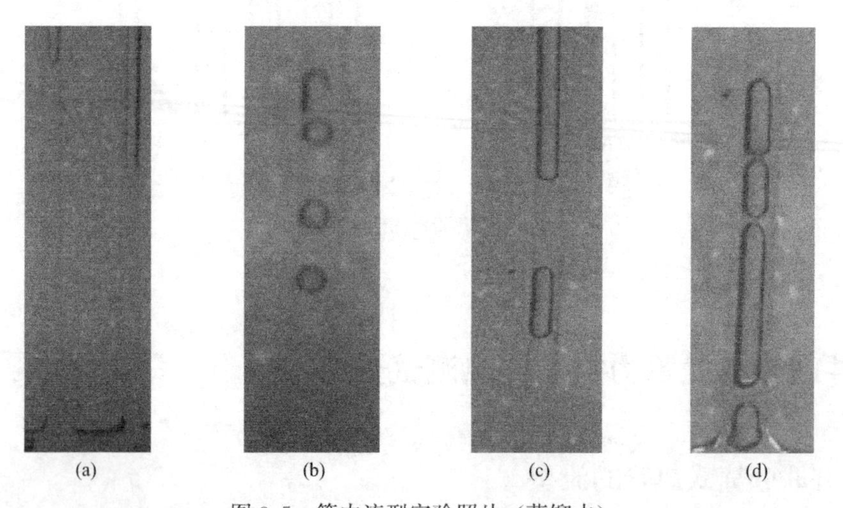

(a) (b) (c) (d)

图 3.5 管内流型实验照片（蒸馏水）

（a）波动流；（b）弹状流；（c）塞状流；（d）振荡流

（2）充液率对流型的影响

低充液率容易导致液池干涸，为了维持正常……发量，须保证热管实际充液率大于发生干涸极限时的临界充液率……充液率的增大会使管内工质沸腾所需过热度提高，充液率越……所需的时间越长。充液率过高时，汽-液混合物会进入蒸汽上……循环。在充液率为 0.7～0.8 时，最易出现振荡现象，此时……，这表明 $Fr=0.7\sim0.8$ 为最佳的充液率取值区间。

3.2.2 并联分离式热……

热管工作时，冷凝段温……管传热性能的重要指标之一。

工质为 R141b，$Fr=0.$……40℃时，Z 形热管和 H 形热管运行稳定后，各测点的温度……。

图 3.6　Z 形……度

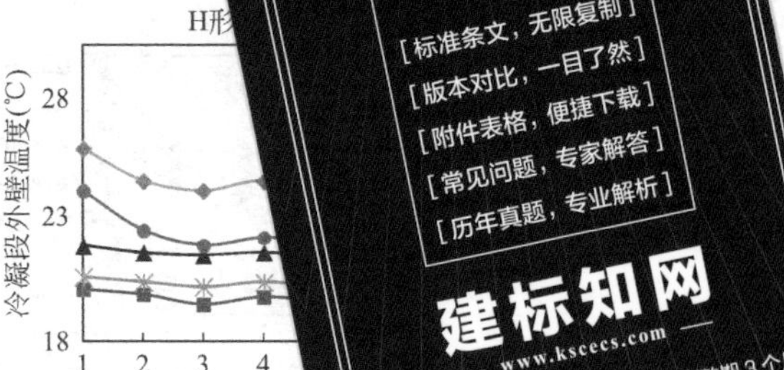

图 3.7　H 形热管在不……

从图 3.6 和图 3.7 中可以看出，热管冷凝段外壁温度随蒸发段加热温度的升高而升高。当蒸发段温度一定时，Z 形热管冷凝段除蒸发段出口测点 11 和冷凝段入口测点 12 温差较大，其他测点间温差均很小，最大温差不超过 1℃，这说明热管均温性良好。H 形热管在蒸发段出口（测点 10）和冷凝段出口（测点 1）温度较高，且随加热温度升高愈发明显，说明 H 形热管冷凝段下部的温度高于 Z 形热管。

表 3.3 中列出了两种形式热管冷凝段实测的平均温度。从中可看出，H 形热管的冷凝段平均温度总体上略高于 Z 形热管。这表明，当工质为 R141b 时，H 形热管的传热性能略优于 Z 形热管。

工质为 R141b 时不同加热温度下冷凝段的平均温度（单位：℃）　　表 3.3

加热温度	20	25	30	35	40
Z 形热管	19.90	20.43	20.71	21.14	21.48
H 形热管	19.89	20.43	21.59	22.44	24.26

工质为蒸馏水，$Fr=0.8$，蒸发段加热温度为 30～70℃时。Z 形热管和 H 形热管各测点的温度分别在图 3.8 和图 3.9 中给出。从两图中不难看出，Z 形热管和 H 形热管冷凝段外壁温度均随蒸发段加热温度的升高而升高。Z 形热管冷凝段测点 2、4 和 9 的温度相对较高，这是因为这三个测点在蒸发段入口和冷凝段出口位置。H 形热管冷凝段 1～9 测点温度波动均较小，其中加热温度为 30℃时，温度波动最小，基本呈水平直线；蒸发段加热温度在 50℃以上时，热管冷凝段各测点温度变化幅度更大。当工质为蒸馏水时，H 形热管的均温性更好些。

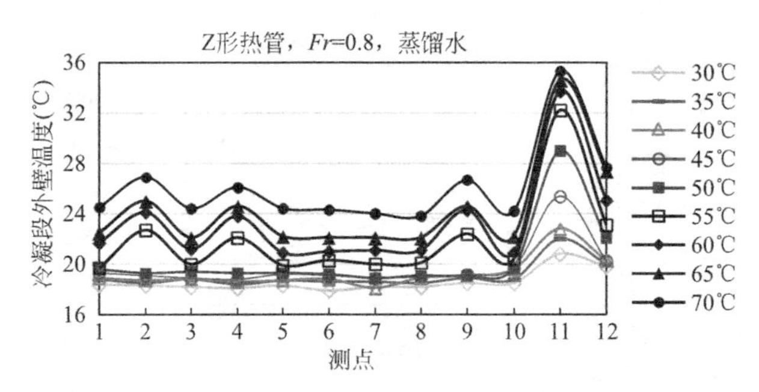

图 3.8　Z 形热管在不同加热温度下冷凝段外壁温度

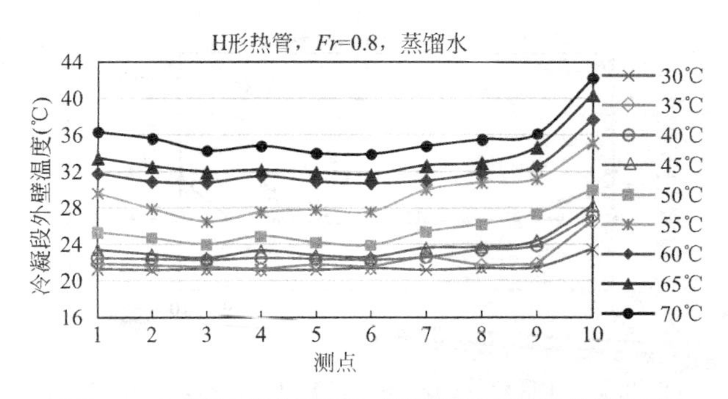

图 3.9　H 形热管在不同加热温度下冷凝段外壁温度

表 3.4 中列出了 $Fr=0.8$，加热温度为 30～40℃时，Z 形热管和 H 形热管两种工质的冷凝段平均温度。从中可以看出，在 WIHP 的主要工作温度区间，H 形热管的传热性能略优于 Z 形热管，R141b 略优于蒸馏水。

不同加热温度下的冷凝段平均温度（$Fr=0.8$，单位：℃）　　表 3.4

加热温度	30	35	40
Z 形管/R141b	20.71	21.14	21.48
H 形管/R141b	21.59	22.44	24.26

续表

加热温度	30	35	40
Z 形管/蒸馏水	18.26	18.66	18.82
H 形管/蒸馏水	21.31	21.77	22.70

图 3.10 和图 3.11 分别是 H 形热管冷凝段的温度分布和测试照片。从这两个图中可以清晰地看到，热管温度要略高于室内温度，在冷凝段有明显的冷凝液膜，且蒸馏水的液膜要厚于 R141b。

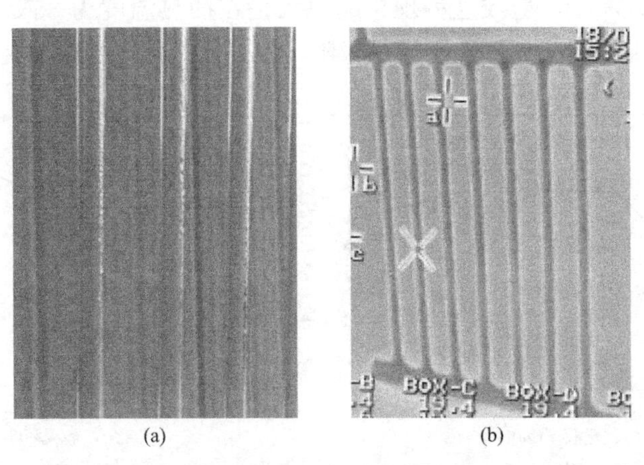

图 3.10　H 形热管的冷凝段温度与冷凝现象（R141b，Fr=0.8，加热温度为 40℃）

（a）冷凝现象；（b）冷凝段温度

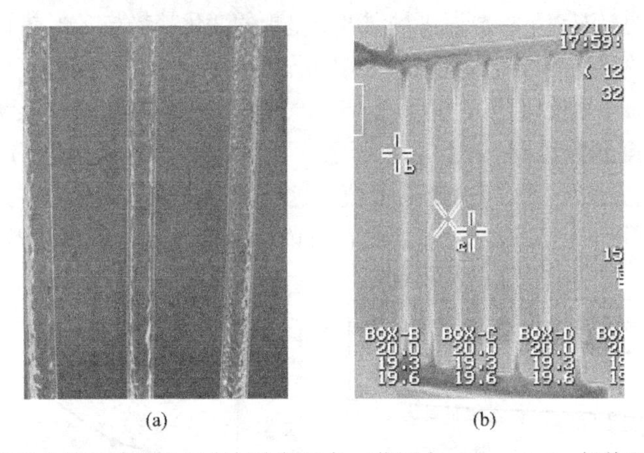

图 3.11　H 形热管的冷凝段温度与冷凝现象（蒸馏水，Fr=0.8，加热温度为 50℃）

（a）冷凝现象；（b）冷凝段温度

R141b 在 WIHP 的主要工作温度区间具有较高的饱和压力，汽化潜热在 300kJ/kg 左右；蒸馏水在此温度区间的饱和压力较低，且具有较高的汽化潜热，其值为 2500kJ/kg，大致是 R141b 的 9 倍。综上分析可知，当 WIHP 所用热管维持较低的压力时，以蒸馏水为工质的 H 形热管传热性能较优。

3.2.3 充液率对并联分离式热管性能的影响

（1）充液率对冷凝段平均温度的影响

工质 R141b，加热温度区间 30～40℃，Z 形热管和 H 形热管在不同充液率下的冷凝段平均温度（即图 3.3 中所有测点温度的平均值）如图 3.12 所示。由图 3.12 可知，Z 形热管在加热温度为 30℃时，热管冷凝段温度随着充液率的增大而升高，且增幅越来越小，从 *Fr* =0.7～0.8 时冷凝段温度几乎不变；而当加热温度为 35℃和 40℃时，热管冷凝段温度随着充液率的增大先升高后降低，在充液率为 0.7 时达到最大，当充液率为 0.5～0.7 时，冷凝段温度增幅减小，造成这种现象的原因是在加热温度为 35℃和 40℃时，在较高的充液率下，管内沸腾加剧，发生了携带极限，使热管的传热性能恶化。

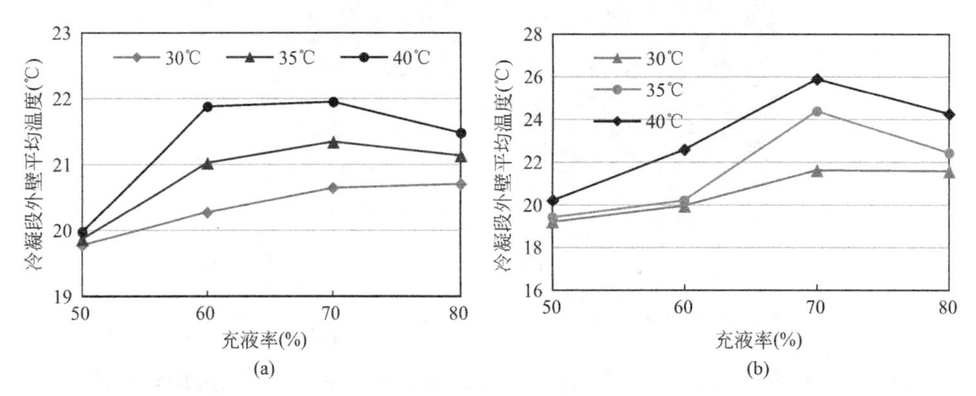

图 3.12 Z 形热管和 H 形热管在不同充液率下的冷凝段平均温度（R141b）

（a）Z 形热管；（b）H 形热管

H 形热管在不同充液率下冷凝段平均温度所呈现的变化趋势与 Z 形热管相同，在温度较高时（35～40℃），冷凝段平均温度随充液率的增加先增大后减小，充液率为 0.7 时达到最大。

对于蒸馏水工质，加热温度区间为 30～40℃时，Z 形热管和 H 形热管在不同充液率下的冷凝段平均温度测量结果如图 3.13 所示。可以看出，冷凝段平均温度随着充液率的增加而递增，在充液率为 0.8 时达到最大值，这与 R141b 所呈现的趋势有所不同，其原因在于，在 30～40℃的加热区间内，蒸馏水在管内并不会出现剧烈的沸腾现象。

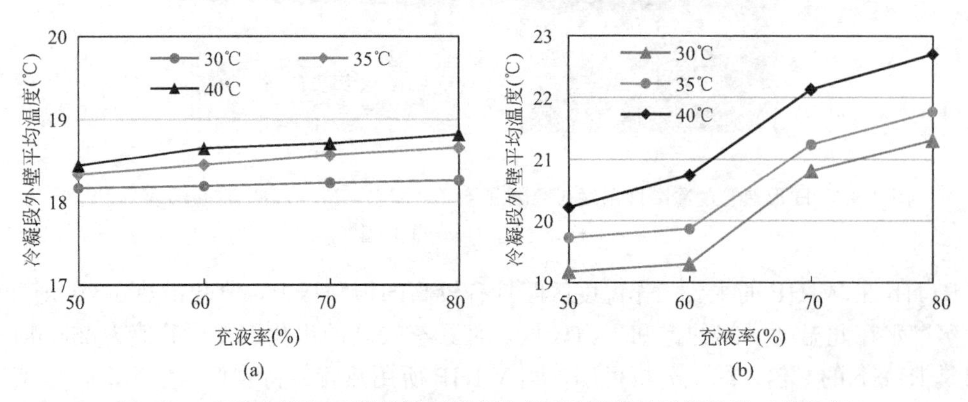

图 3.13 Z 形热管和 H 形热管不同充液率下冷凝段的平均温度（蒸馏水）

（a）Z 形热管；（b）H 形热管

随着充液率的增加，Z 形热管平均温度的增幅很小，而 H 形热管的增幅相对较大。

对于 WIHP 而言，运行温度一般低于 40℃，如果选用 R141b，则 H 形热管在 $Fr=0.7$ 时，传热性能最优；如果选用蒸馏水，则 $Fr=0.8$ 时更优。因此，在热管内压力较低的条件下，蒸馏水工质、$Fr=0.7\sim0.8$ 的 H 形热管有较好的传热性能。

(2) 充液率对热管熵产数的影响

图 3.14 给出了蒸馏水工质的热管熵产数随充液率的变化。图 3.15 显示了不同充液率下热管熵产数各项占比。可以看出，温差传热所造成的不可逆损失占系统总熵产 90%以上，是系统总熵产随加热功率增加的主导原因，相变熵产数占比为 8%～9%，对热管总熵产数贡献较小；热管内系统总熵产在 $Fr=0.6$ 处达到峰值，后降低再趋于平稳。

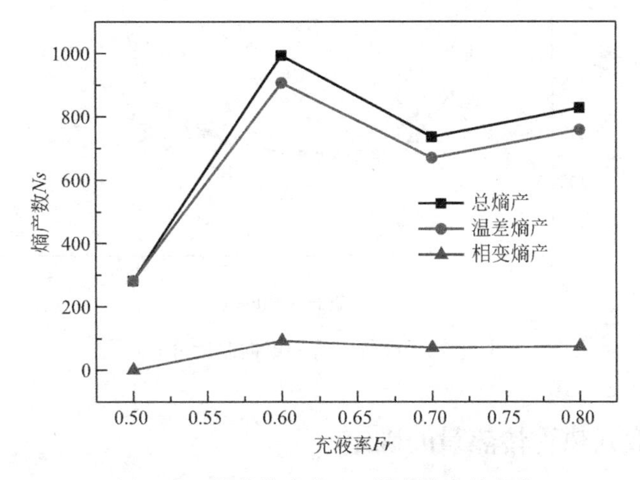

图 3.14　热管熵产数 Ns 随充液率的变化

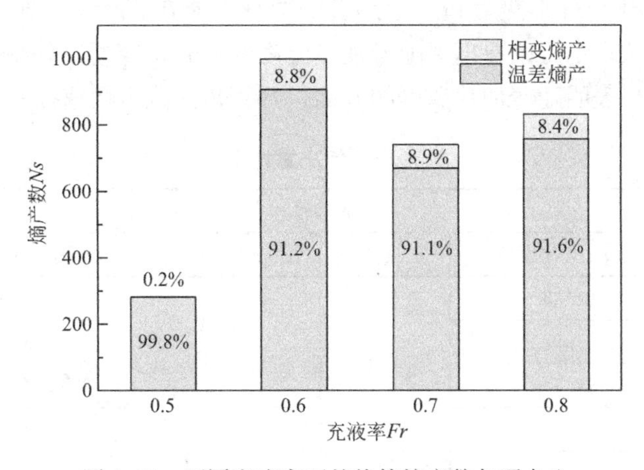

图 3.15　不同充液率下的热管熵产数各项占比

3.2.4　支管管径对 H 形并联分离式热管传热特性的影响

三种不同支管管径 D 下冷凝段管栅纵向温度分布如图 3.16 所示。当 $D=4$mm 时，冷凝段管栅纵向温度梯度最小，说明此时冷凝段管栅温度分布均匀性最好。在 $D=3$mm 时，冷凝段管栅纵向温度梯度次之，此时冷凝段管栅温度分布均匀性并未达到预期的效果，这是因为支管的阻力与管径相关。当 $D=2$mm 时，冷凝段管栅纵向温度梯度最大，这说明冷凝段管栅温度分布均匀性最差。冷凝段管栅顶端温度最高，底端温度次之，中间温度最低，究其本质，还是受支管内工质分配和工质流动综合影响。

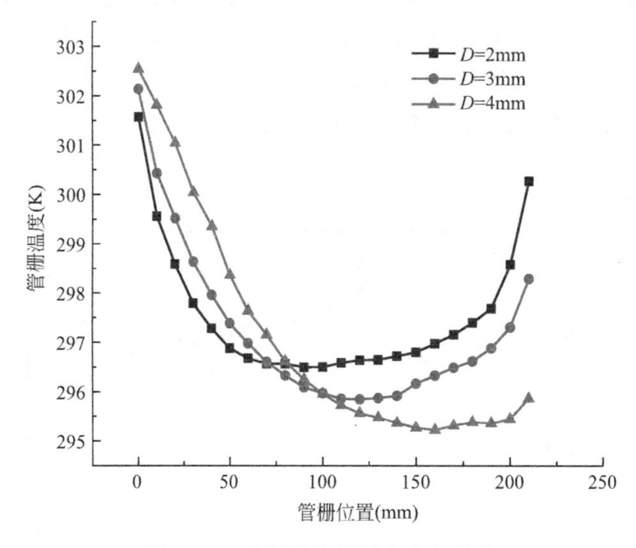

图 3.16　冷凝段管栅纵向温度分布

3.2.5　并联分离式热管传热量的确定

根据上一节测得的热管冷凝段平均温度，可以计算出相应的热管传热量。

表 3.5 分别给出了 H 形热管和 Z 形热管的两种工质在 $Fr=0.8$ 时，不同加热温度下所对应的传热量。从表中可以看出，随着加热温度的提升，冷凝段外壁温度随之升高，热管传热量随之增加，表明随着加热温度的升高，热管传热能力快速提升。

H 形热管传热量计算值　　　　**表 3.5**

蒸馏水					
加热温度(℃)	冷凝段平均温度(℃)	室温(℃)	冷凝段面积(m^2)	传热量(W)	热流密度(W/m^2)
30	21.30	18	横管 0.011	3.03	63.18
35	21.77			3.46	72.17
40	22.70			4.32	89.98
45	23.24		竖管 0.037	4.82	100.31
50	25.11			6.53	136.11
55	28.77			9.90	206.18
60	31.33			12.25	255.19
65	32.70			13.51	281.42
70	35.03			15.65	326.02

续表

R141b					
加热温度(℃)	冷凝段平均温度(℃)	室温(℃)	冷凝段面积(m^2)	传热量(W)	热流密度(W/m^2)
20	19.89	18	横管 0.011	1.74	36.18
25	20.43			2.23	46.52
30	21.59		竖管 0.037	3.30	68.73
35	22.44			4.08	85.00
40	24.26			5.75	119.84

3.3　并联分离式重力热管的流动与数值模拟

3.3.1　并联分离式重力热管物理模型

对上节中所述两种型式的并联分离式热管进行数值模拟。图 3.17 为两种并联分离式热管的物理模型，蒸发段和冷凝段中的 7 根立管高度均为 210mm，间距为 30mm，内径为 4mm，蒸发段和冷凝段上下横管长度均为 210mm，内径为 10mm。绝热段管段的内径为 10mm，长度为 100mm。

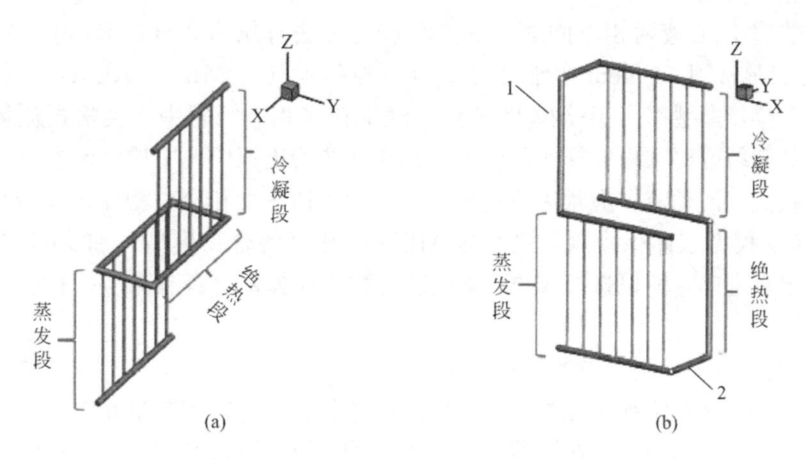

图 3.17　热管物理模型

(a) Z 形热管物理模型；(b) H 形热管物理模型

毫米级并联分离式热管内部属于二相流动，涉及流体力学及热力学，其物理过程相当复杂。数值模拟中对毫米级微小管径并联分离式热管，做出如下假设[74,95,96]：

(1) 热管内部汽、液界面上温度梯度为 0，界面处的液膜温度等于工质的饱和温度；

(2) 管内不存在不凝性气体；

(3) 蒸汽及凝结液的热物性是常数；

(4) 热管内液膜温度呈线性分布，即只考虑液膜内的导热传热而忽略对流传热。

3.3.2 并联分离式热管数值模拟

（1）网格划分

对于 CFD 数值模拟求解，物理模型建好后，最关键的是网格划分。网格质量的好坏将直接关系到数值模拟输出结果的精确性和可靠性。

针对网格形状的选取，要根据划分网格的时间、计算量和精确度 3 个方面进行选择：①对于简单的几何体，使用四边形或六面体网格；②对于中等复杂的几何体，使用非结构化四边形或六面体网格；③对于相对复杂的几何体，使用三角形或四面体网格，并配合棱柱形边界层网格；④对于特别复杂的几何体，使用纯三角形或四面体网格。

图 3.18 分别给出了几个局部网格划分图示。

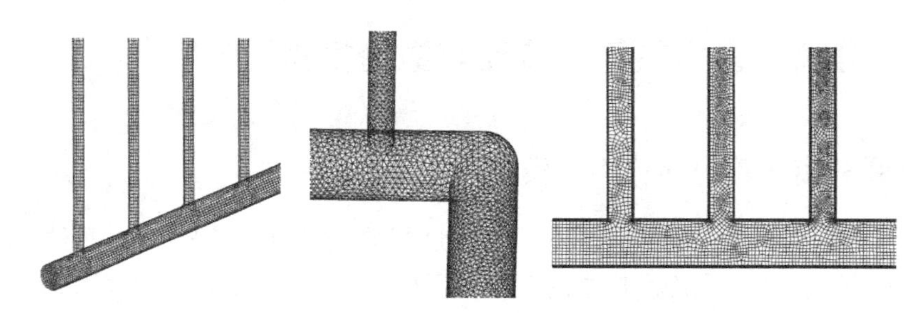

图 3.18　并联分离式热管网格局部放大图示

（2）多相流模型

热管传热属于汽-液两相流问题，其主要研究方法有拉格朗日法和欧拉法[84]，其中，欧拉-欧拉法又最常用，Fluent 中常见的 VOF（控制体积）、MIXTURE（混合物）和 EULERIAN（欧拉）模型都属于欧拉-欧拉法。通常在多相流问题中，会根据流体流态、流动机理、相数和精度要求来选择所用模型。由于在热管模拟中，工质的流态会发生不断变化，呈现环状流、波动流、泡状流等现象，这其中包括蒸发和冷凝相变，经研究者模拟发现，使用 VOF 模型（体积控制模型）较 MIXTURE（混合物模型）和 EULERIAN（欧拉模型）结果更准确，所以选择 VOF 模型进行数值计算，它具有分层、自由流和泡状流的综合特征。

VOF 模型中每个控制体内各相的体积分数之和为 1，两相或者多相流体之间不存在相互的穿插和渗透，其每增加一相都要计算相应的体积分数。在控制单元中，用 α_k 表示第 k 相流体的体积分数，依据 α_k 值的不同，会有三种不同的情况出现在控制体中，即：当 $\alpha_k=0$ 时，表示在单元中没有第 k 相流体；当 $\alpha_k=1$ 时，表示在单元中充满第 k 相流体；当 $0<\alpha_k<1$ 时，表示第 k 相流体和一相或者其他多相的流体界面同时存在于控制单元体中。在 CFD 建模时，可用 Navier-Stokes 方程解决问题。

VOF 模型[97] 是通过求解一相或多相体积分数的连续方程来实现跟踪相与相之间的界面，其连续性方程为：

$$\frac{\partial}{\partial t}+\sum_{j=1}^{3}\frac{\partial}{\partial x_j}(\rho u_j)=S_{\mathrm{M}} \tag{3-6}$$

式中，t——时间（s）；

ρ——密度（kg/m^3）；

u_j —— x_j 方向速度分量（m/s）；

S_M ——质量源项 [$kg/(m^3 \cdot s)$]。

动量方程为：

$$\frac{\partial}{\partial t}(u_j)+\sum_{j=1}^{3}\frac{\partial}{\partial x_j}(\rho u_i u_j)=-\frac{\partial p}{\partial x_i}+\sum_{j=1}^{3}\frac{\partial}{\partial x_j}\left[\mu\left(\frac{\partial u_i}{\partial x_j}+\frac{\partial u_j}{\partial x_i}-\frac{2}{3}\delta_{ij}\sum_{j=1}^{3}\frac{\partial u_i}{\partial x_i}\right)\right]+S_{F,i} \tag{3-7}$$

式中，u_i —— x_i 方向速度分量（m/s）；

δ_{ij} ——克罗内克函数；

$S_{F,i}$ —— x_i 方向动力源项 [$kg/(m^2 \cdot s^2)$]。

同样，能量方程也是各相共享的，能量方程为：

$$\frac{\partial}{\partial t}+\sum_{j=1}^{3}\frac{\partial}{\partial x_j}(\rho E u_j)=\sum_{i=1}^{3}\sum_{j=1}^{3}\left(\frac{\partial}{\partial x_j}(t_{ij})u_i\right)-\sum_{j=1}^{3}\frac{\partial}{\partial x_j}q_j+S_E \tag{3-8}$$

式中，E——每单位质量的总能量（J/kg）；

q_j —— x_j 的方向传导热通量 [$J/(m^2 \cdot s)$]；

S_E ——能量源项 [$J/(m^3 \cdot s)$]。

在这些方程中，流体的密度 ρ 和黏度 μ 取决于每相的体积分数 α_k，计算如式（3.9）所示。

$$\rho=\sum_{k=1}^{2}\alpha_k\rho_k \tag{3-9}$$

式中，α_k ——第 k 相的体积分数；

ρ_k ——第 k 相的密度（kg/m^3）。

$$\mu=\sum_{k=1}^{2}\alpha_k\mu_k \tag{3-10}$$

式中，μ_k ——第 k 相的动力黏度（Pa・s）。

能量 E 和温度 T 在 VOF 模型中被作为质量平均变量，于是：

$$E=\frac{\sum_{k=1}^{2}\alpha_k\rho_k E_k}{\sum_{k=1}^{2}\alpha_k\rho_k} \tag{3-11}$$

每一相的 E_k 都是基于该相的比热和它们共同的温度而得到的，两相间的界面跟踪由体积分数来跟踪实现，α 可以表示为界面质量平衡，并满足如下方程：

$$\frac{\partial \alpha}{\partial t}+\boldsymbol{u}\cdot\nabla\alpha=0 \tag{3-12}$$

当只有一个单元相时，$\alpha=1$，而当 $\alpha=0$ 时，表示整个体积被液体占据。可以得出结论认为，汽-液界面存在的区域，α 介于 0 和 1 之间。当液相温度超过饱和温度（T_{sat}），S_M 从液相转移到汽相，同时吸收总能量 E。

（3）蒸发冷凝模型

建立完整的汽-液流动与热质传递数学模型，借以分析汽-液相界面特性和相变演化过程。热管内的主要传热形式是汽-液相变，在两相界面处存在着强烈的质量传递，因此，有关汽-液相界面分布与运动特性的理论模型是数学模型的核心内容之一。蒸发过程的计算源项[73] 表达式如下：

液相：

$$S_M = -0.1\alpha_{liq}\rho_{liq}\left|\frac{T_{liq}-T_{sat}}{T_{sat}}\right| \tag{3-13}$$

汽相：

$$S_M = 0.1\alpha_{liq}\rho_{liq}\left|\frac{T_{liq}-T_{sat}}{T_{sat}}\right| \tag{3-14}$$

能量：

$$S_E = -0.1\alpha_{liq}\rho_{liq}\left|\frac{T_{liq}-T_{sat}}{T_{sat}}\right|\Delta H \tag{3-15}$$

式中，α_{liq}——液相体积分数；

ρ_{liq}——液相密度（kg/m^3）；

T_{liq}——液相温度（K）；

T_{sat}——饱和温度（K）；

ΔH——蒸发焓（J/kg）。

冷凝过程的计算源项表达式如下：

液相：

$$S_M = 0.1x_{vap}\alpha_{vap}\rho_{vap}\left|\frac{T_{vap}-T_{sat}}{T_{sat}}\right| \tag{3-16}$$

汽相：

$$S_M = -0.1x_{vap}\alpha_{vap}\rho_{vap}\left|\frac{T_{vap}-T_{sat}}{T_{sat}}\right| \tag{3-17}$$

能量：

$$S_E = 0.1x_{vap}\alpha_{vap}\rho_{vap}\left|\frac{T_{vap}-T_{sat}}{T_{sat}}\right|\Delta H \tag{3-18}$$

式中，α_{vap}——汽相体积分数；

ρ_{vap}——汽相密度（kg/m^3）；

T_{vap}——汽相温度（K）；

x_{vap}——汽相中蒸气的体积（摩尔）分数。

以上蒸发冷凝模型理论被综合运用于蒸发和冷凝现象的数值模拟中。

3.4 并联分离式重力热管流动特性的模拟分析

3.4.1 并联分离式重力热管的汽-液分布与流动模拟

（1）并联分离式重力热管的汽-液分布

热管内部的汽-液相变现象反映了热管内部的换热特点，图 3.19 为 Z 形并联分离式热管内部随时间变化的汽-液相变云图，从图 3.19（a）～（d）中可以清楚地看出，Z 形热管整个汽-液流动过程及其三维内部流动过程。图 3.19（a）中可以看出，当 $t=20.2$s 时，在冷凝段产生冷凝液膜，可以看出液膜非均匀地附着在冷凝段管段的内壁面。当 $t=52.3$s 时，从图 3.19（b）中可以看出，冷凝段的液膜在形成过程中，会沿着管壁不断向下流动，在冷凝段横管中形成一部分冷凝积液。当 $t=75.7$s 时，从图 3.19（c）可以看出，在冷凝段底部横管中的冷凝积液越来越多，几乎充满整个冷凝横管。图 3.19（d）中给出了 $t=104.9$s 时，Z 形热管整体汽-液相变云图，从图中可以看出，液膜在不断向下流动过程中，冷凝积液基本聚集在冷凝段横管和绝热段横管，导致蒸发段产生的蒸汽难以上升至绝热段。一方面，导致了热管在换热过程中的局限性，使得冷凝段不能充分换热，降低了热管的整体换热性能；另一方面，随着蒸发段相变现象的不断进行，蒸发段内的液相工质不断减少，由于绝热管积液的存在，使得冷凝液回流受到阻碍，进而造成蒸发段出现干涸现象。

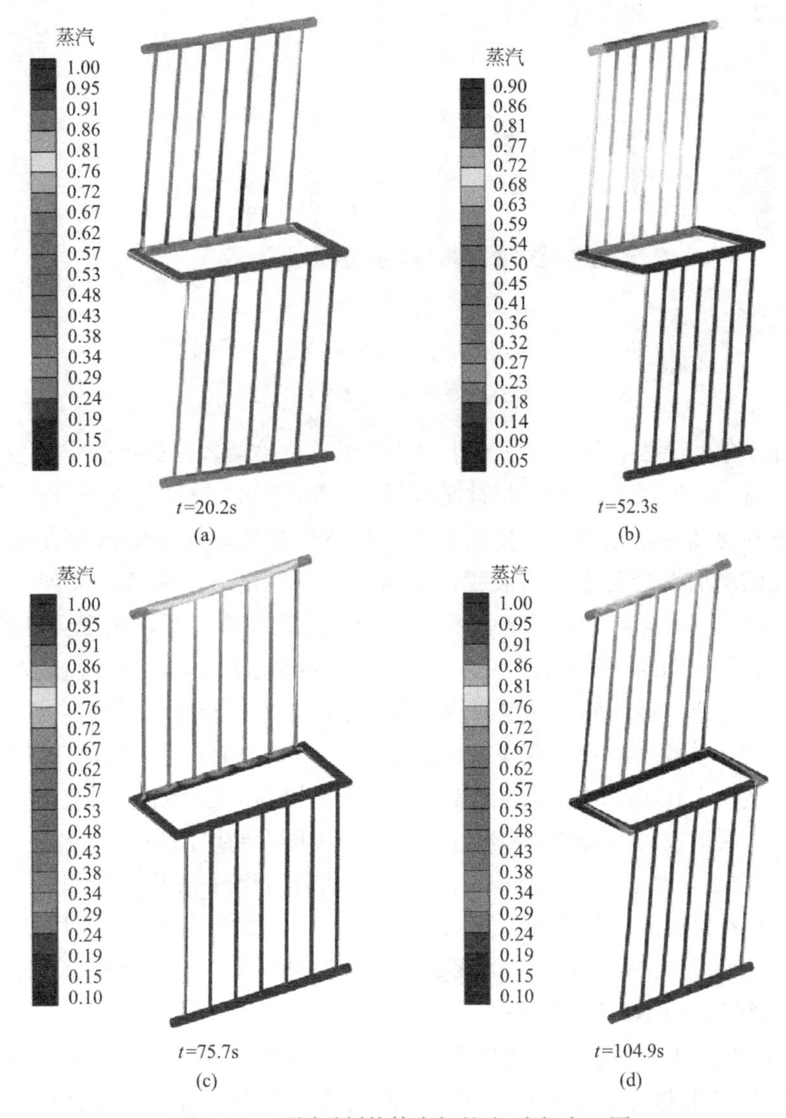

图 3.19　不同时刻热管内部的汽-液相变云图

冷凝段液膜的形成特点将为热管换热研究提供依据，图 3.20（a）中给出了 $t=52.3$s 时，Z 形热管冷凝段轴向切片汽-液相变云图，从图中可以清楚地看出冷凝段底部横管的冷凝积液。对冷凝段右侧管的汽-液云图进行局部放大，如图 3.20（b）所示，从中可以看出，沿着冷凝段管壁自上而下，液膜厚度逐渐增加，当在管段 1/3 至 2/3 处时，冷凝段液膜厚度基本维持不变。

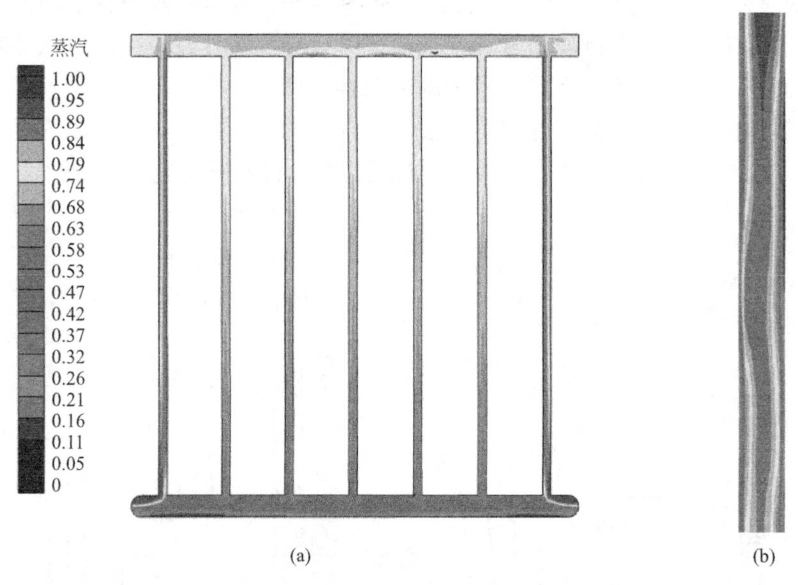

图 3.20　冷凝段切片汽-液相变云图（$t=52.3$s）

（a）冷凝段；（b）局部放大

出现上述现象的原因有两个：①对于 Z 形热管，在冷凝段顶部横管中形成的冷凝液沿着各立管向下流动，冷凝液向下流动时速度很小，但当冷凝液到达立管顶部分流管口时，冷凝液膜的下降速度会迅速增加，使得液膜厚度逐渐增大，而下降液膜在向下流动过程中，液膜速度的增加率会变小，当液膜向下流动一定距离后，液膜流动速度基本保持不变，液膜的厚度也基本保持均匀。当液膜到达冷凝段底部管口时，速度会继续突然增加，因而会影响沿管壁流动的液膜厚度。②对于热管的内部流动而言，向上流动的蒸汽在流动过程中速度逐渐减小，遇到低于其饱和温度的冷壁面，会不断冷凝，冷凝液在重力作用下沿管壁向下流动，在液膜沿管壁向下流动过程中，与管中心向上流动的蒸汽进行热质交换，蒸汽的温度基本高于此时液膜的温度，但其温差很小，因而相对于蒸汽直接与管壁热质交换的情形，所形成的冷凝液速率减小，从而液膜厚度的增加相对缓慢。

图 3.21 给出了 Z 形热管 $t=104.9$s 时冷凝段轴向切片汽-液相变云图，可以看出，冷凝积液基本汇集在冷凝段底部横管。图 3.21（b）为立管的局部液膜云图，从图中可以看出当冷凝积液几乎充满绝热段横管，冷凝段管壁在与外界的热量交换时，由于热管蒸汽热流量的减少，液膜表面不断形成雾状。

图 3.22 给出了 H 形并联分离式热管冷凝段及绝热回流管的轴向切片汽-液相变云图，从图中可以看出 H 形热管冷凝段底部横管及回流管中冷凝液沿管壁的分布，冷凝液经冷凝段底部横管回流至绝热立管，从而完成热管整个汽-液相变循环。

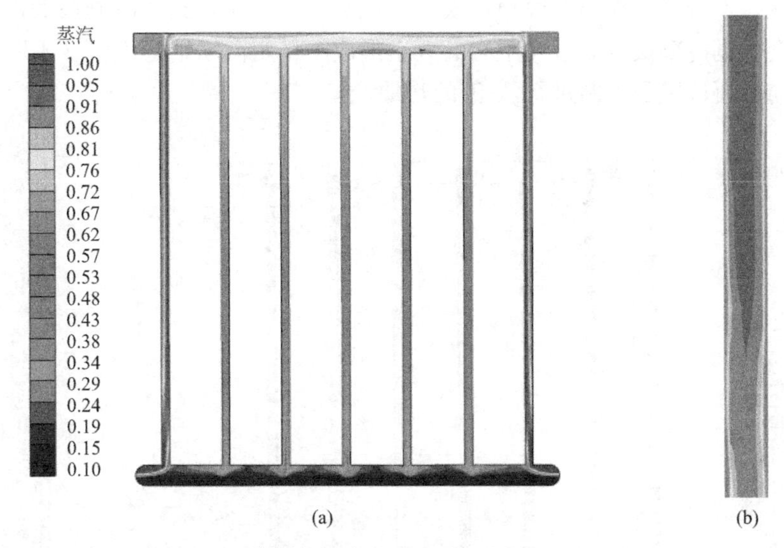

图 3.21　冷凝段切片汽-液相变云图（t=104.9s）
（a）冷凝段；（b）局部放大

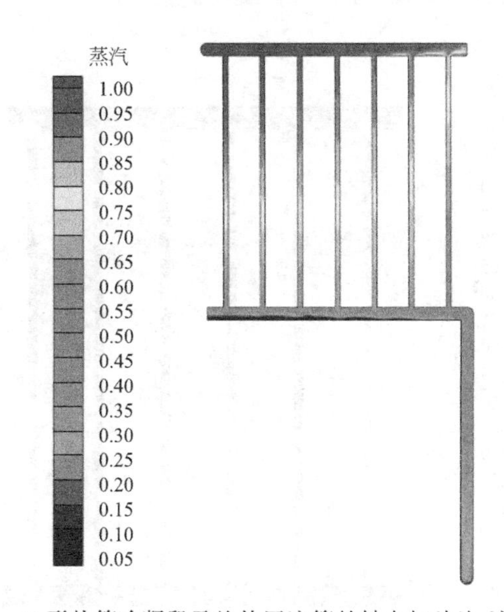

图 3.22　H 形热管冷凝段及绝热回流管的轴向切片汽-液相变云图

（2）并联分离式热管的汽-液流动

图 3.23（a）给出了 Z 形热管在启动过程中的管轴向速度矢量图，从图中可以看出 Z 形热管中绝热段汇合形成的蒸汽流在到达冷凝段的过程中，随着立管高度的增加蒸汽流动速度逐渐减小，速度由冷凝段底部横管的 3.4m/s 减小到管顶部的 0.2m/s，同时从图 3.23（b）中速度矢量放大图中可以看出蒸汽在管中心处的速度大于近壁处的速度。

图 3.23（c）给出了 Z 形热管稳定后的速度矢量云图，在热管冷凝段的动态汽-液相变过程中，蒸发段内的工质受热，产生大量的蒸汽，蒸汽经过绝热段到达冷凝段，由于绝热

段横管的存在，上升气流在蒸发段顶部横管形成蒸汽的合流，到达冷凝段底部横管，而上升的蒸汽流会根据冷凝段各立管内阻力的大小形成不稳定流动，蒸汽流在不断到达冷凝段的过程中，与冷凝段壁面不断进行汽-液的热质交换。

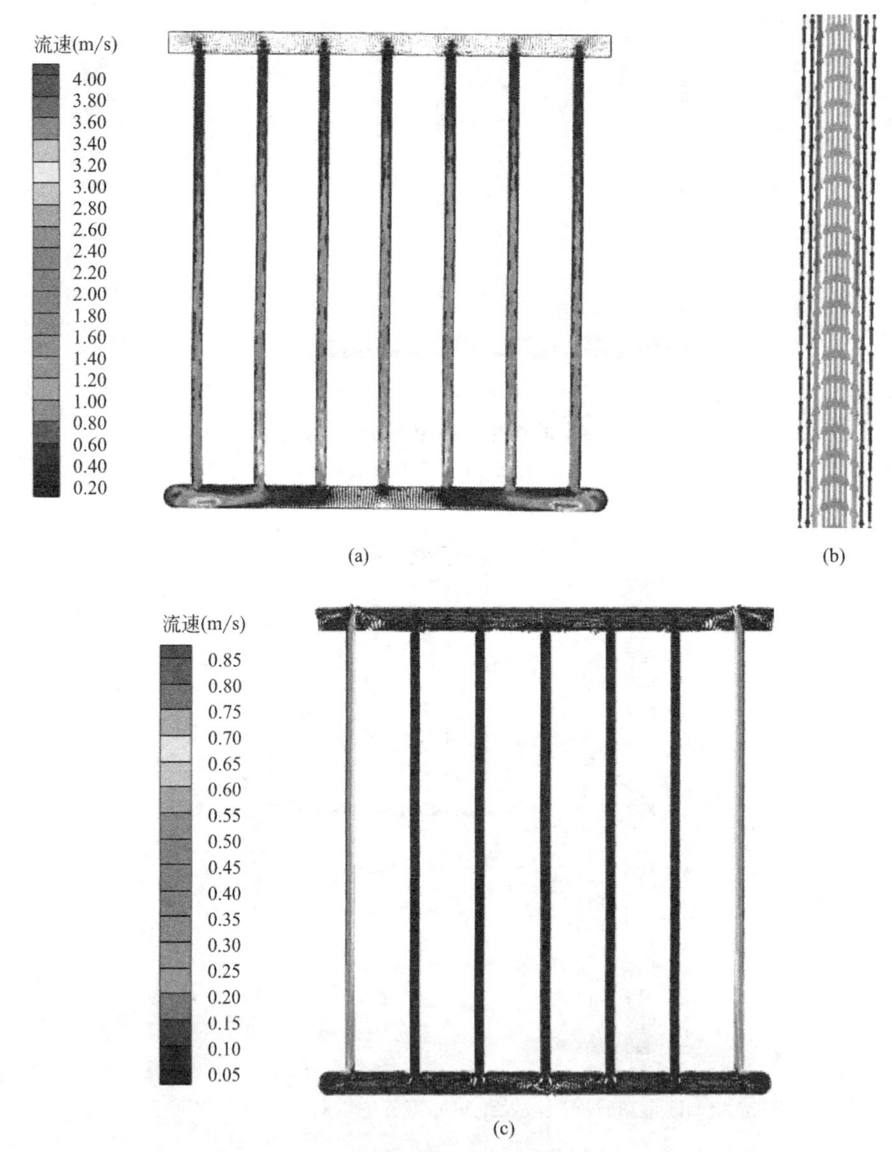

图 3.23　Z 形热管冷凝段管轴向速度矢量云图

(a) Z 形热管轴向速度矢量云图；(b) 局部放大图；(c) 稳定态的速度矢量云图

图 3.24 为 H 形并联分离式热管的整体速度矢量云图，从图中可以看出，热管在运行过程中，蒸发段内的工质受热产生大量蒸汽，上升的蒸汽不仅向左侧绝热管流动，同时也向右侧绝热管流动。图 3.25（a）为 H 形热管蒸汽流右侧管的上升流速度矢量图，在 H 形热管的动态汽-液流动过程中，右边上升的蒸汽先流向冷凝段，随着相变的不断进行，右边上升的蒸汽首先充满整个冷凝段，左边的上升蒸汽在不断上升的过程中与右边的气流交汇，产生气流旋涡区，使得来自右侧的上升流被迫向下流动，在不断与周围环境换热过

程中，在热管内壁面产生冷凝液向右侧绝热管回流，图 3.25（b）为冷凝液的回流速度矢量图。

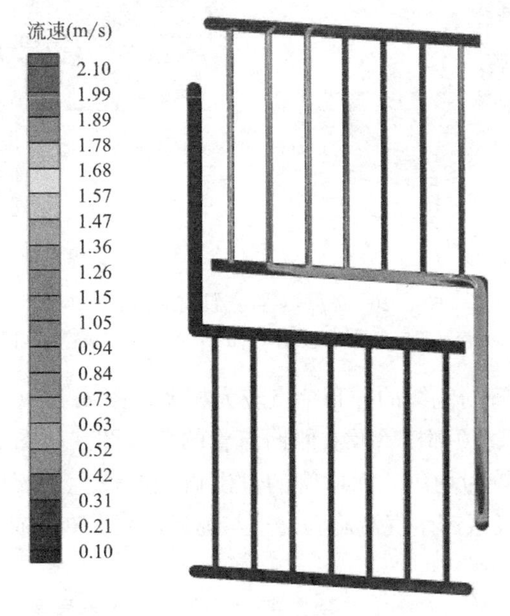

图 3.24　H 形热管内流速云图

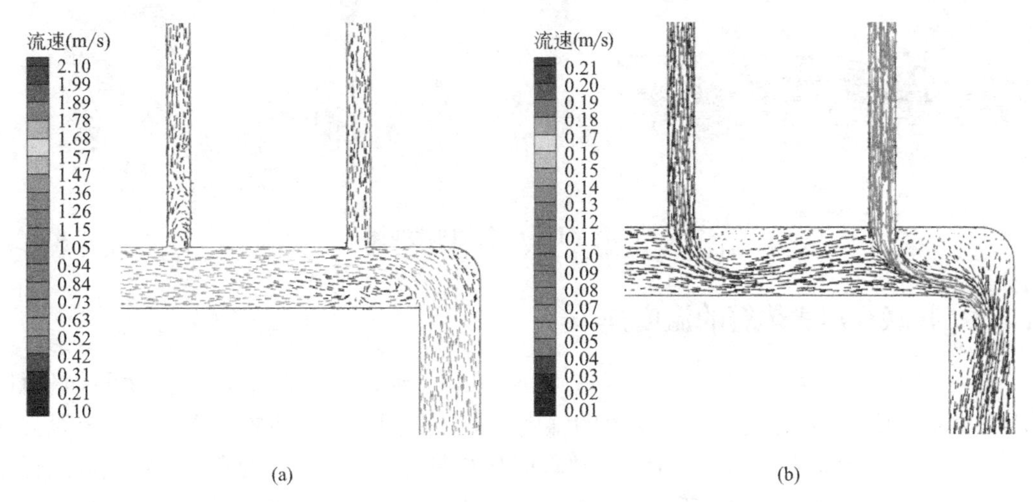

图 3.25　H 形热管右侧管上升及回流速度矢量云图

（a）右侧管上升流速度矢量图；（b）右侧管回流速度矢量图

流线图反映了热管内部某一时刻的流动轨迹，在非稳态流动时，不同时刻的流线图是不同的，流线的疏密程度是速度大小的一个衡量指标。图 3.26 给出了热管在流动过程中某一时刻的流线图，图 3.26（a）为 Z 形热管冷凝段底部横管流线图，其反映了上升蒸汽流在底部横管的合流特征，图 3.26（b）为 Z 形热管冷凝段顶部横管的气流分流流线图。从图 3.26（a）、（b）中可以看出在横管出现合流和分流时都会产生旋涡，这是由于蒸汽流在遇到流动结构突变时，会使蒸汽流速度发生变化，进而使得变形结构处的气流压差不同，故而在分流和合流时产生气流旋涡。

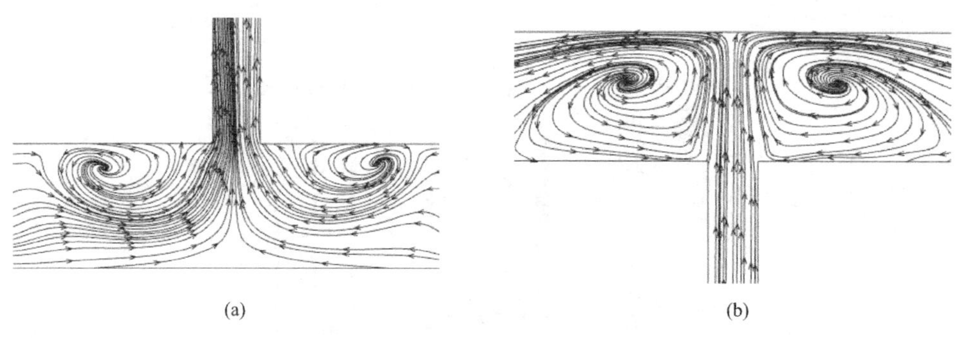

(a) (b)

图 3.26 Z形热管冷凝段横管流型图

(a) 冷凝段底部横管流线图；(b) 冷凝段顶部横管流线图

H形热管与Z形热管的流线的分布特点较为相似，图 3.27 (a)、(b) 和 (c) 分别给出了H形热管底部横管、顶部横管及右侧回流管的流线图。从图 3.27 (a)、(b) 中可以看出气流在立管的流线较为均匀，而横管的进出口处会产生气流旋涡区。从图 3.27 (c) 中可以看出热管回流变径区产生气流旋涡。这与前述流线分布特征相似。

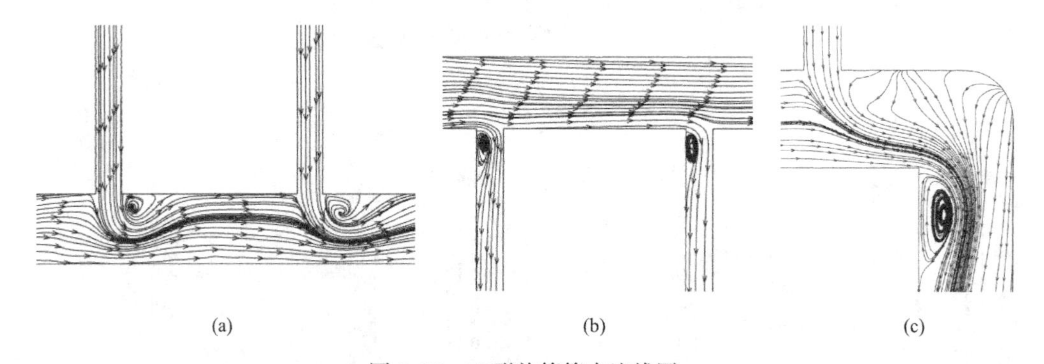

(a) (b) (c)

图 3.27 H形热管管内流线图

3.4.2 并联分离式热管的温度分布

在Z形热管稳定运行后，冷凝段的温度基本一致，其体现了热管温度的均匀性。图 3.28 为Z形热管稳定运行后冷凝段的温度云图，从图中可以清晰地看出，冷凝段温度达到稳定后，温度均匀性良好，由于绝热段横管有回流的冷凝积液的存在，使其温度低于绝热段顶部横管。从图中可以看出，温度基本维持在 303～305K 之间。

热管内温度的传递方向反映了热管的传热特点，图 3.29 给出了H形并联分离式热管不同时刻的温度云图，从图 3.29 (a) 中可以看出，当 $t=1$s 时，蒸发段受热，管内工质产生大量蒸汽，蒸汽在流动过程中，其先由右侧管上升至冷凝段，与冷凝段管壁进行热量交换；从图 3.29 (b) 中可以看出蒸汽的热量先传递给冷凝段全部管段，在左右侧管栅中上升的蒸汽流发生交汇的过程中，开始冷凝 ($t=7$s)；图 3.29 (c) 为热管逐步冷凝时 ($t=50$s) 的温度云图；图 3.29 (d) 为热管稳定运行时 ($t=100$s) 的温度云图，结合图 3.29 (c)、(d)，可以看出热管在管内进行相变换热的过程中，冷凝段不断与外界进行热量交换，当达到平衡状态时，冷凝段温度基本恒定。

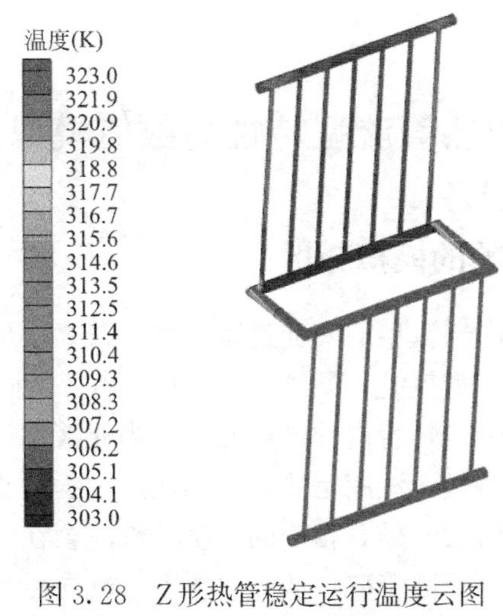

图 3.28　Z 形热管稳定运行温度云图

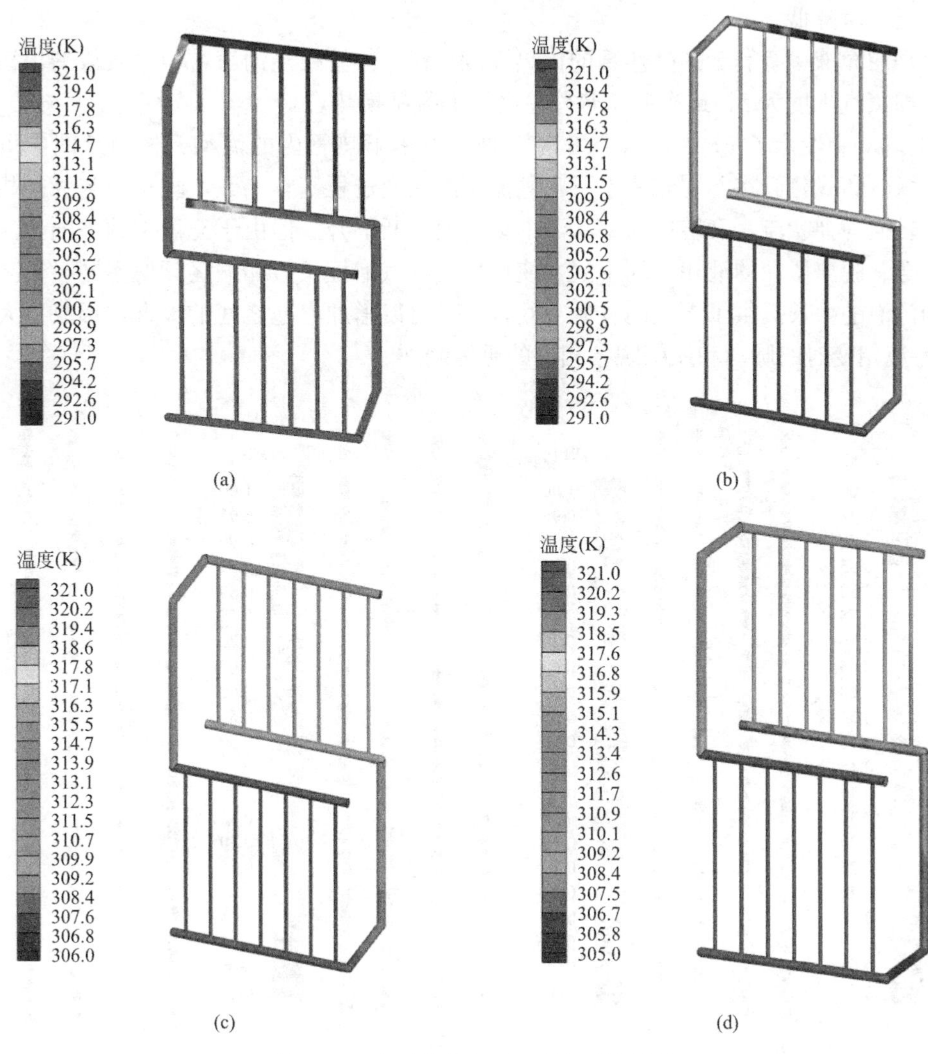

图 3.29　H 形热管不同时刻的温度云图

(a) $t=1$s；(b) $t=7$s；(c) $t=50$s；(d) $t=100$s

3.5 并联分离式重力热管流型特性的数值模拟分析

3.5.1 充液率对流型影响的模拟分析

并联分离式热管各立管内部流型的演变过程基本一致，故可选其中一根立管作为研究对象，观察不同充液率下的流型变化。图 3.30 给出了热管不同充液率下流型演变的动态过程。充液率的大小会直接影响热管内的流动沸腾，当充液率过低时，会导致热管内的工质产生局部干涸，蒸汽的补给量无法满足热管整体换热过程的正常运行；而当充液率过高时，蒸发段内汽泡流动阻力增大，随着相变的发生，汽泡会在压差作用下推动大量的液态工质到达冷凝段，并附着在冷凝段管壁，从而弱化了蒸汽向冷凝段的对流换热，导致热管传热性能有所降低。

合理的充液率有利于提高热管的传热性能，仅就热管换热而言，当蒸发段的出口为蒸汽时，即蒸汽干度为 1，最有利于热管冷凝段的凝结换热。

图 3.30 中给出了 Fr=0.4～0.8 时 5 种充液率下热管内的流型云图。从图中可以看出，并联分离式热管在不同充液率下，其流型的演变过程基本一致，均是由与管径相当的泡状流转换为弹状流，又转换为塞状流推动液面不断上升。但由于充液率的不同，汽泡生长、聚合、脱离所在的液相空间不同，使得生成的汽泡柱长短和振荡频率不同。较高的充液率为汽泡的生长提供了更大的发展空间，同时可以增加汽泡之间的聚合，形成更大的汽泡，汽-液相变时的脉动和振荡现象相应的更为剧烈。

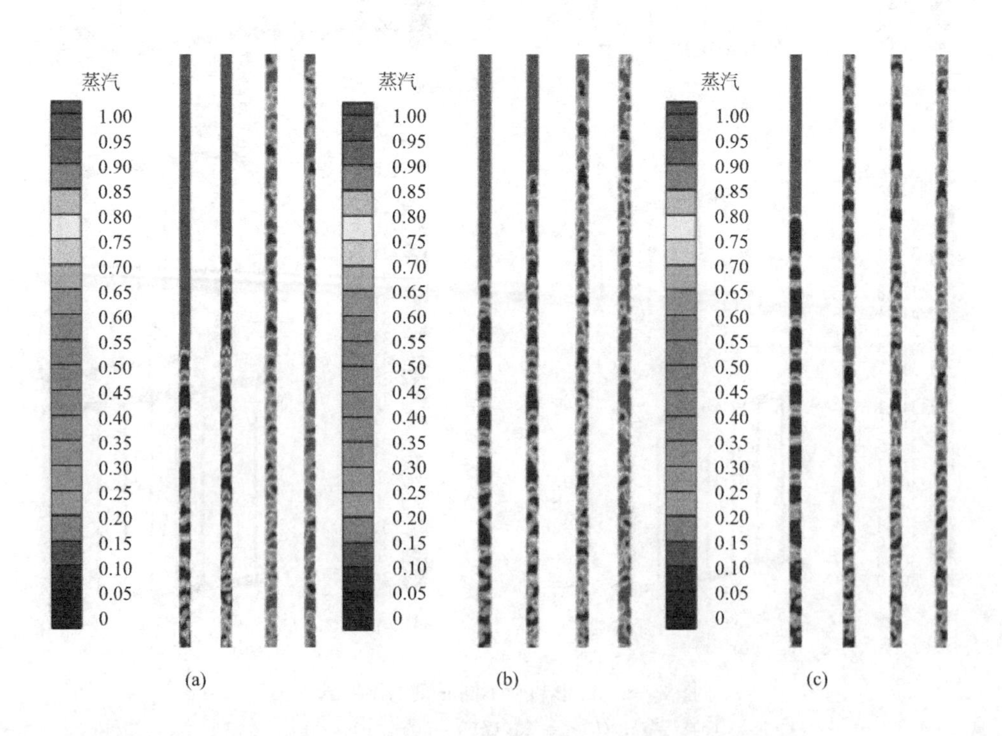

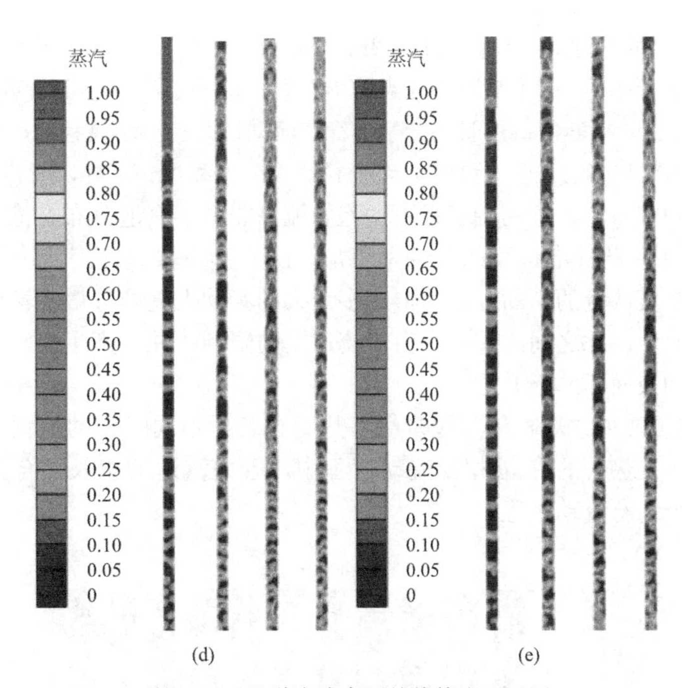

图 3.30　几种充液率下的热管流型云图

(a) $Fr=0.4$；(b) $Fr=0.5$；(c) $Fr=0.6$；(d) $Fr=0.7$；(e) $Fr=0.8$

3.5.2　管径对流型影响的模拟分析

(1) 流型

管径对热管内沸腾换热有着重要的影响，不同管径下的沸腾流动将会产生不同的换热特性。对 2mm、4mm、8mm、12mm、16mm 和 20mm 共 6 种管径热管内的流型进行 CFD 模拟分析。蒸发段加热温度保持为 50℃，蒸发段长度均为 210mm。

图 3.31 给出了 3 种微小管径（毫米级）热管在不同时刻的流型。

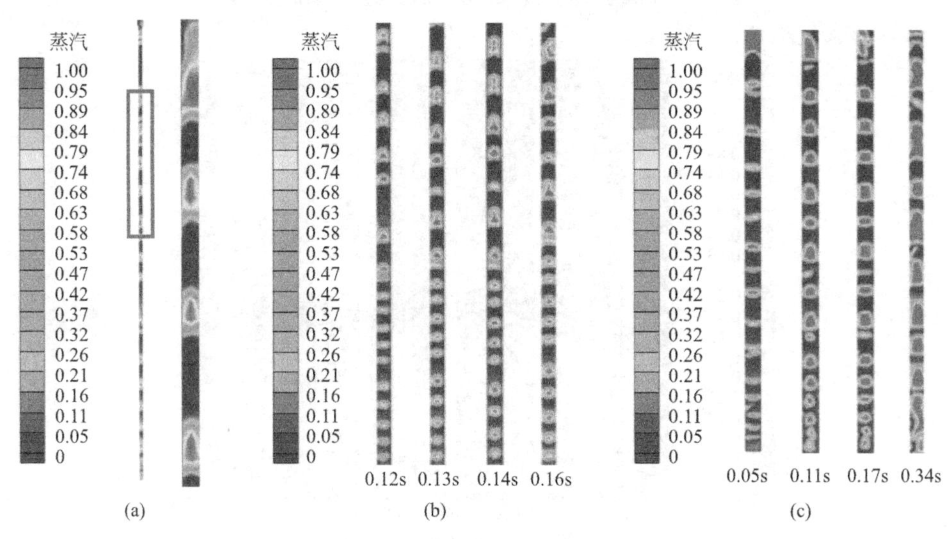

图 3.31　小管径下的流型分布

(a) $D=2$mm；(b) $D=4$mm；(c) $D=8$mm

从图 3.31（a）可以看出，当管径 $D=2\text{mm}$ 时，仅产生塞状流，由于管径很小，汽泡的发展空间受到限制，因而仅产生与管径相当的小汽塞，这些小汽塞会不断聚集形成不均匀的汽柱分布在液相之中，不断使得热管内产生非稳定流动，并在流动过程中产生间歇性振荡。

从图 3.31（b）和（c）可以看出，当管径为 4mm 和 8mm 时，管内产生了泡状流、帽状流、弹状流和塞状流。这两种管径下的泡状流并非是小汽泡分布在液相当中，由于汽-液表面张力的作用，此种泡状流的头部呈伞形，随着蒸发段壁面对管内工质不断输入热量，伞形泡状流在蒸汽流的不断冲击下形成多个大的泰勒大气弹分散在液相当中，同时此两种流型会迅速发生彼此之间的转换。由于流道空间限制，并未产生搅混流，而是直接过渡到塞状流，推动液面不断上升。

图 3.32 给出了 3 种常规管径（厘米级）热管在若干不同时刻的流型。从图中可以看出，不同管径下，在热管的汽-液相变流动过程中，管内汽泡的生长、合并和脱离以及形成不同流型的整个动态流动过程。

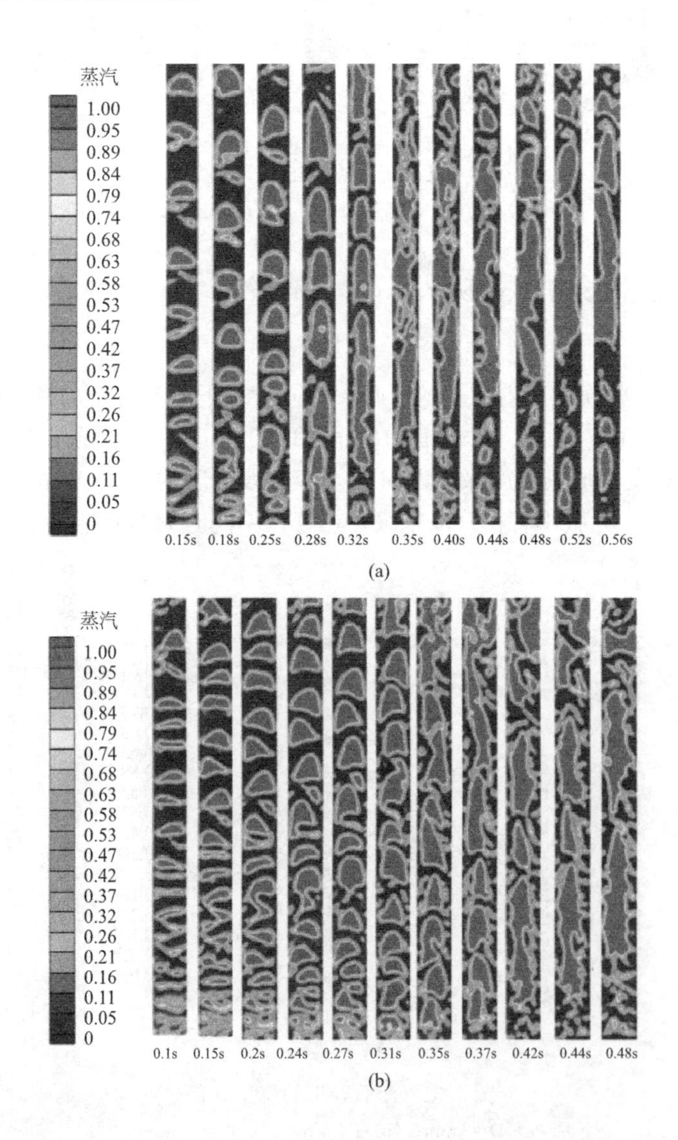

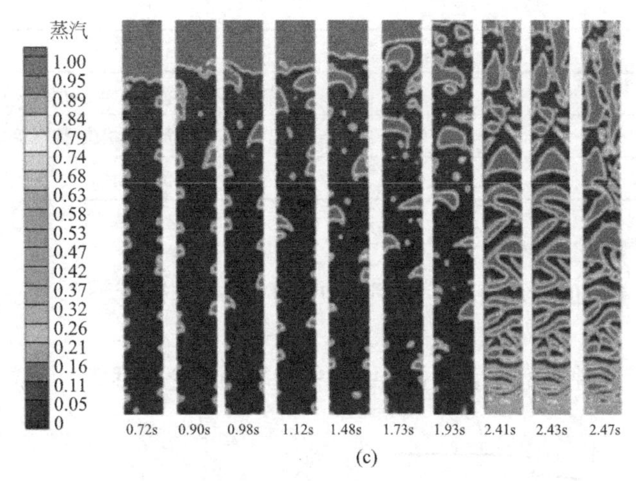

图 3.32　常规管径下管内的流型变化

(a) D=12mm；(b) D=16mm；(c) D=20mm

由图 3.32（a）和（b）中可以看出，当管径为 12mm 和 16mm 时，均产生了泡状流、帽状流、弹状流和环状流等几种流型。从图 3.32（c）中可以看出，在管径为 20mm 时管内产生了泡状流、帽状流和搅混流，但未观察到弹状流，这可能是因为管径较大而不易形成大的弹状汽泡。

除此之外，从图 3.32（a）和（b）还可以看出，对于管径为 12mm 和 16mm 的热管，当管内弹状汽泡形成以后，会出现蒸发段液池液面逐渐上升的情况，这是由于在热管中产生了降膜流并使得液池液面逐渐升高。此外，在热管的汽-液相变过程中，产生的蒸汽流会携带并卷吸一些液滴飞溅到热管管壁上，形成一层较薄的液膜，并在重力作用下沿着管壁回流至液池内，使得液池液面上升，在此过程中产生液膜的对流换热沸腾，在一定程度上增强了沸腾换热，这也和间歇沸腾的流动特征基本一致。如图 3.32（a）所示，管径为 12mm、t=0.28s 时在管内产生与管径相当的弹状汽泡，随之当 t=0.32s 时，下部的弹状汽泡聚集在一起，在流道内形成蒸汽区，主流蒸汽排除液相工质的阻力，使得液相工质沿管壁两端流动，沿着管壁回流至下部液池内，液池液面上升，随着相变的进一步进行，弹状汽泡不断聚集形成搅混流，破碎的汽泡形状不规则，有许多小汽泡夹杂在液相中，贴壁液膜发生上下交替运动，从而使得流动具有震荡性，随后产生环状流，回流的液体逐渐增加，使得液池逐步上升，进行下一次沸腾换热。管径为 16mm 的沸腾流动过程较为相似，不再赘述。

综上分析，在不同管径尺寸的热管中，汽泡的产生、合并、脱离和演变的特征存在着一定的差异性。表 3.6 给出了不同管径热管中所出现的流型，由此可为微小管径流型和常规管径流型的分析提供一定的参考。

不同管径下的流型　　**表 3.6**

热管分类	管径	流型
小管径	D=2mm	塞状流
	D=4mm	泡状流，帽状流，弹状流，塞状流
	D=8mm	泡状流，帽状流，弹状流，塞状流

续表

热管分类	管径	流型
常规管径	D=12mm	泡状流,帽状流,弹状流,搅混流,环状流
	D=16mm	泡状流,帽状流,弹状流,搅混流,环状流
	D=20mm	泡状流,帽状流,搅混流

(2) 各种流型下的运动特性

不同流型具有不同的运动特性。以管径 D 为 12mm 热管为例，模拟分析不同流型的流动特征。

图 3.33 给出了几种典型流型下立管中心速度轴向变化曲线。

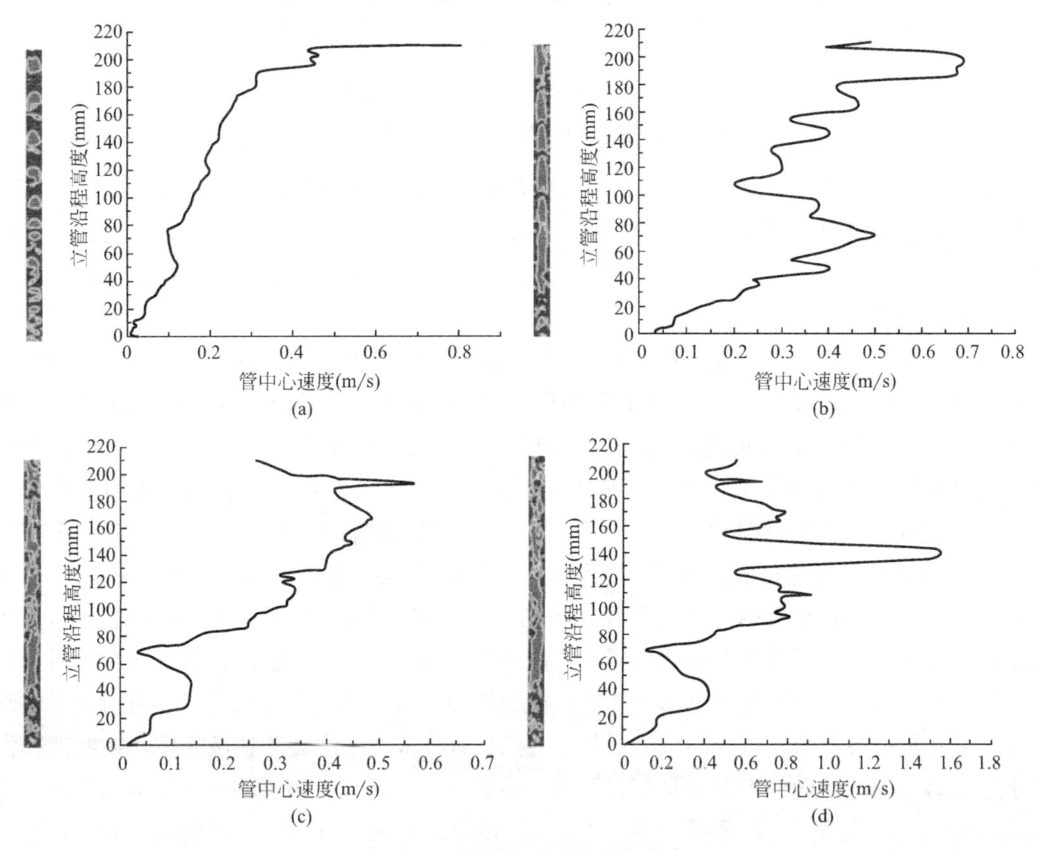

图 3.33 不同流型下的速度分布

(a) 泡状流-帽状流；(b) 弹状流-块状流；(c) 块状流-搅混流；(d) 搅混流-环状流

从图 3.33 (a) 中可以看出，在立管内沿轴向依次出现了泡状流和帽状流。同时从管中心速度轴向变化曲线可以看出，工质的流动速度沿立管高度波动上升。在泡状流的流动区域，管中心工质流动速度为 0～0.2m/s，当工质流动速度为 0.2～0.8m/s 时出现帽状流，其较泡状流而言，截面含汽率较高。

图 3.33 (b) 给出了弹状流转为块状流的管内速度分布。从图中可以看出，在热管汽-液相变过程中，工质流速会逐渐增大，此时弹状汽泡因速度的增大聚集成为狭长而不规则的长汽泡，分布在管内流道中心。从速度分布可以看出，长汽泡在流动过程中，由于没有

液相工质在管中心分布，使其流动阻力减小，流动速度逐渐增加，在速度为0.2～0.5m/s时出现弹状流，在工质流速为0.25～0.5m/s时出现块状流。

图3.33（c）和（d）分别给出了块状流转换为搅混流、搅混流转换为环状流的速度分布，从图中可以看出，其在流动过程中转换的界限不是很明显。其差异在于流动速度的不同，当工质速度为0.3～0.6m/s时出现搅混流，当工质流速为0.6～1m/s时出现环状流。块状流—搅混流—环状流之间的流型转换并没有明确的分界线，至此汽-液交界面汽-液相转移形成流型的转换。

当管内出现环状流后，沿管壁的液膜会不断回流，使得蒸发段内的液相工质逐渐增多，形成降膜流，其流动特征和传热特征将有所不同。图3.34给出了降膜流的速度分布和局部传热系数分布。从图中可以看出，随着热管内汽—液相变的进一步进行，在管段40%～70%之间会出现降膜流，管内压力也出现显著变化，在热管的核态沸腾过程中，热管工质的流速逐渐增大，使得管内压力沿管中心逐渐降低，在降膜流过程中，由于降膜流动使得上升的蒸汽流受到阻碍，迫使主流速度降低，使得管内压力出现升高。为了便于分析降膜流动特征，图3.34给出了降膜流的速度矢量图及流线图，从图3.34（b）中可以看出，沿管壁处降膜的回流，其回流速度为0.05～0.17m/s。在图3.34（c）中可以看出，回流过程汽-液相界面的汽-液交换剧烈，使得沿壁流动的扰动增强，继而呈现出不同的流动形态。

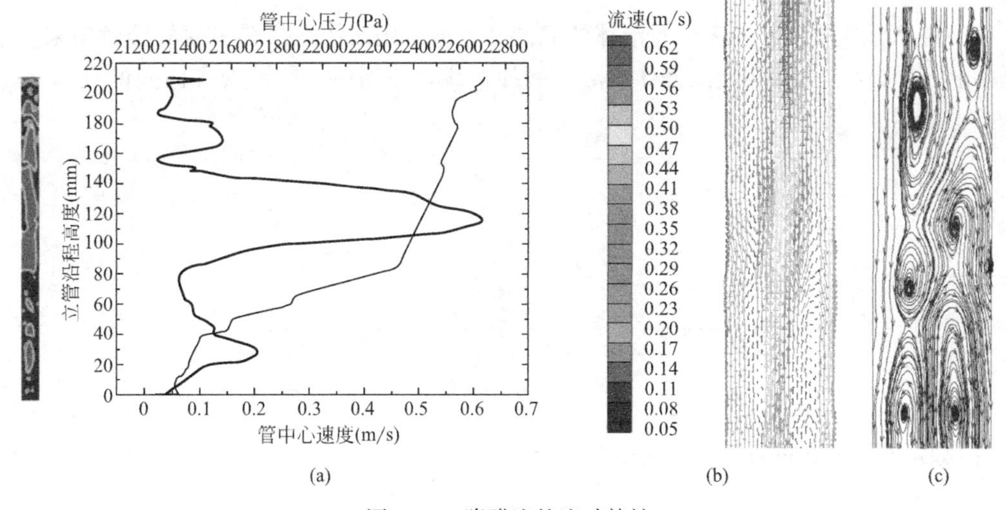

图3.34 降膜流的流动特性

（a）降膜流的管中心速度分布；（b）降膜流局部速度矢量图；（c）局部流线图

3.5.3 加热温度对流型影响的模拟分析

不同加热温度下，管内可能会产生不同的流型过渡，即加热温度的增加会加速流型的过渡。图3.35给出了管径$D=16$mm、$Fr=0.7$时，一组不同加热温度下管内瞬态流型的模拟结果。由图3.35可以看出，在相同管内压力（管内真空度）下，提高加热温度相当于提高了管内工质沸腾换热的过热度，加速了管内汽泡的产生、聚合和生长，使得管内的沸腾换热增强。当加热温度为40～50℃时会在管内产生泡状流、帽状流、弹状流和搅混流，当加热温度为 60～70℃时会出现直接由帽状流合并成块状流，即长汽泡，然后很快会形成环状流。

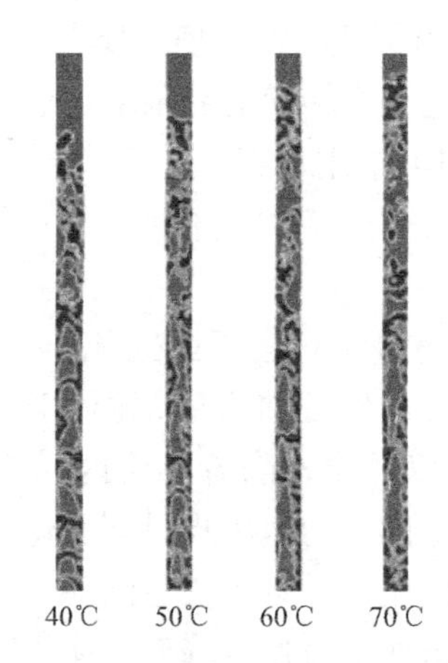

图 3.35　不同加热温度下管内的流型

3.6　并联分离式重力热管亲/疏水性分析

亲/疏水性主要指材料表面对液体的润湿性，通常用液体在材料表面的接触角来表示，接触角为固、液、汽三相交点处作汽液界面的切线，该切线与固液交界面间的夹角 θ，如图 3.36 所示。

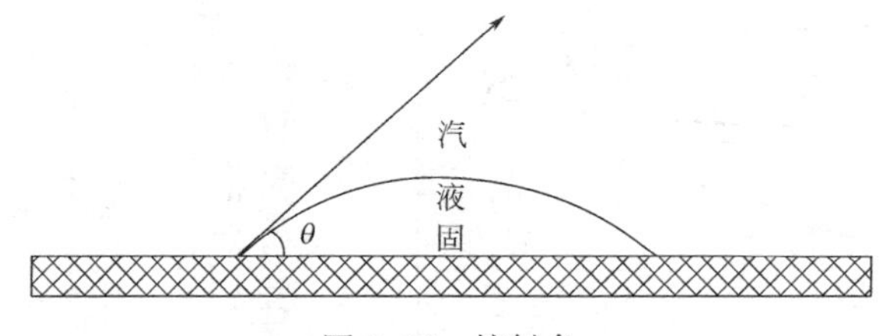

图 3.36　接触角

接触角 θ 由经典的 Yong's 公式[98] 得到：

$$\cos\theta = \frac{\gamma_{sg} - \gamma_{sl}}{\gamma_{gl}} \tag{3-19}$$

式中，γ_{sg}、γ_{sl}、γ_{gl} 分别为固-气、固-液、汽-液之间的表面张力，表面亲疏水性主要划分为 4 种情况，即：$\theta<10°$为超亲水表面；$10°<\theta<90°$为亲水表面；$90°<\theta<150°$为疏水表面；$\theta>150°$为超疏水表面。

以下分析常规热管（E90°，C90°）、亲水热管（E25°，C25°）、疏水热管（E105°，C105°）、亲疏水结合热管即蒸发段亲水，冷凝段疏水（E25°，C105°）4 种热管的流动特性及传热性能。

建立采用并联分离式热管 1∶1 尺寸的 WIHP 物理模型，如图 3.37 所示。

模拟条件：管材为 PPR，工质为蒸馏水，蒸发段为恒温加热，冷凝段对流换热系数为

10W/(m^2·K)，温度为 291.15K（18℃）。

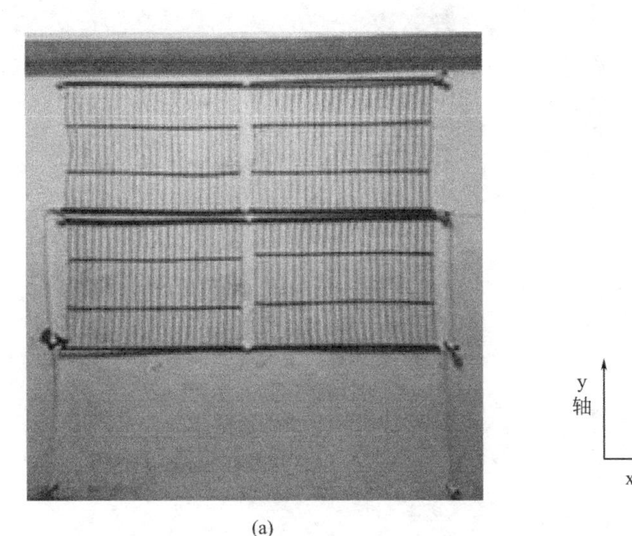

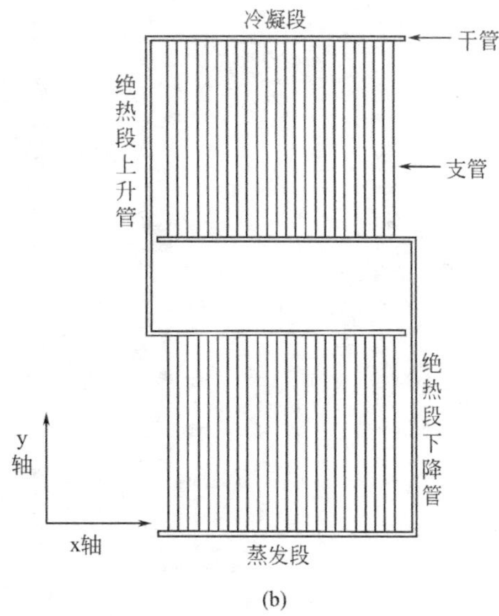

(a)　　(b)

图 3.37　热管物理模型

(a) WIHP 内置热管实物照片；(b) WIHP 内置热管二维模型示意图

3.6.1　亲/疏水热性对热管流动特性的影响

热管内的汽泡类型主要有泡状流、弹状流、塞状流及搅拌流等。亲/疏水性是通过改变热管壁面表面张力来改变管壁对工质的浸润性，进而造成热管内汽泡形态的变化。利用 CFD 方法分别探究亲/疏水热管内的流动特性。

(1) 亲/疏水热管内流型

在汽液两相流的流型中，泡弹状流也被称为 Taylor 流[99]（slug flow），汽泡的轴向长度一般大于管道直径或者管道的横截面宽度，而且随着流动的不断进行，相邻汽泡之前不会合并，而易被液弹分隔，在汽泡与管壁间产生一层液膜。此种流型被认为是最适合汽液相反应的两相流型。

亲/疏水热管蒸发段流态如图 3.38 所示。从图中可以清晰地看出，亲/疏水热管蒸发段内流型有很大差别。

亲水热管先在壁面形成核，之后在浮力的作用下从壁面脱离向上运动形成汽泡。汽泡呈椭圆形，界面相对稳定，整体流型为泡状流。在液柱两侧出现的汽-液界面为向液侧凹陷的弯月面，汽泡与管壁之间存在液膜。

疏水热管在加热开始阶段，小汽泡也主要在疏水表面成核，但在浮力和较强的粘附力作用下，汽泡难以脱离壁面，倾向于沿疏水表面滑动。汽泡呈现形态为不规则的矩形，破坏了周围流动的稳定性，而且所生成汽泡的直径约等于管径。随着加热继续，汽泡之间会碰撞在一起形成汽塞，整体流型为塞状流，在液柱的两侧出现几乎与汽侧齐平的凸液面，且汽塞与管壁直接接触，造成了蒸发段的局部干点，加热功率较高时还可能会造成局部干涸现象，甚至损坏热管。

对比亲/疏水热管的工质流态可以发现，亲水热管中，汽泡与壁面的接触面积较小，

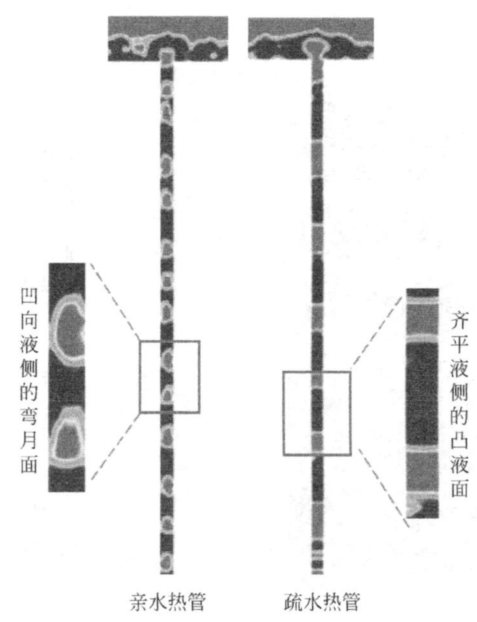

图 3.38 亲、疏水热管蒸发段流态

注：浅色表示汽态工质，深色表示液态工质

有效防止了壁面因干涸而过热；疏水热管中汽泡主要附着在表面上，与热管的接触面积较大，可能会造成局部干涸。而且亲水热管中的核化点明显多于疏水热管，显然亲水热管中的流型更有利于汽液相反应。

(2) 热管内的汽-液运动特征

根据亲疏水性的特点，探究蒸发段亲水、绝热段常规、冷凝段疏水的热管内汽-液的运动情况，进而分析亲/疏水性对热管内流型的影响。

蒸发段亲水汽泡运动如图 3.39 所示。当 $t=1s$ 时，由于加热时间较短，没有产生汽泡，随着热管蒸发段的持续加热，液体逐渐被加热到饱和温度，管壁开始出现细小的核化点；$t=2s$ 时逐渐生成小汽泡，此时管内流型为泡状流，汽液界面也上升了一定高度，由于壁面附近液体不断加热，汽泡受到浮力的作用，部分生成的汽泡脱离壁面，随着工质向上运动，与其他小汽泡相互融合成为较大的汽泡，液池高度也有所增高；$t=3s$ 时出现大小汽泡相互混杂的状态，同时，由于热量持续输入，管内汽泡不断沿高度方向生长，大大增加汽泡合并的几率；$t=4s$ 时汽泡变成头部呈半球形的子弹状，此时流型为弹状流，随着相邻汽泡的合并和生长；$t=5s$ 时变成狭长的弹状流尾部夹杂着离散的小汽泡，汽泡受到浮力和表面张力的作用会进一步加速运动，在蒸发段出口处汽泡之间会发生合并，流入绝热段上升管。

热管内反复发生汽泡生成、生长和合并的现象，且汽泡的产生与运动特征时刻都发生改变。关于热管内沸腾机理的细节，尚需进行更加深入的研究。

绝热段常规汽泡运动如图 3.40 所示。蒸发段产生的气体聚集到上升管中发生汽-液间的交互作用，出现了搅拌流，搅拌流是在弹状流的流动下，随着含气量的增加以及汽-液两相剪切力的相互作用，发生汽泡的破裂，在较大流道中会出现液相以不稳定的形态上下振荡，呈搅拌状态，在大管径中常见，小流道不一定发生这种现象。

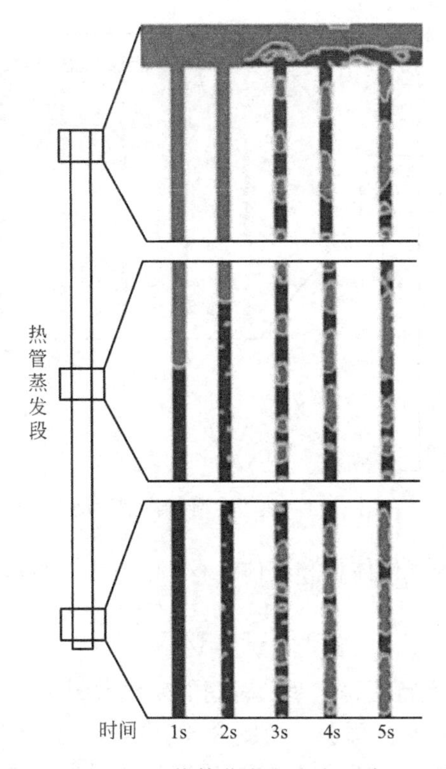

图 3.39　热管蒸发段汽泡运动

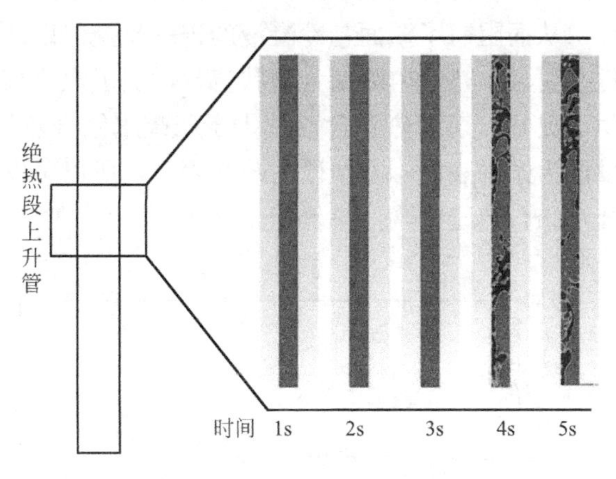

图 3.40　热管绝热段汽泡运动

冷凝段疏水汽-液运动如图 3.41 所示。热管冷凝段出现气体冷凝为液体的现象，$t=4s$ 时壁面开始出现冷凝液附着在管壁，随着时间的推移，冷凝液逐渐增大并聚集在一起，通过绝热管向蒸发段回流，来补充蒸发段液池中的工质。

（3）含汽率

含汽率主要有 3 种定义，即容积含汽率、体积含汽率和截面含汽率。本书中采用体积含汽率定义。

体积含汽率[100]是指在汽-液两相达到充分发展后，气体体积与管内总体积的比值，假

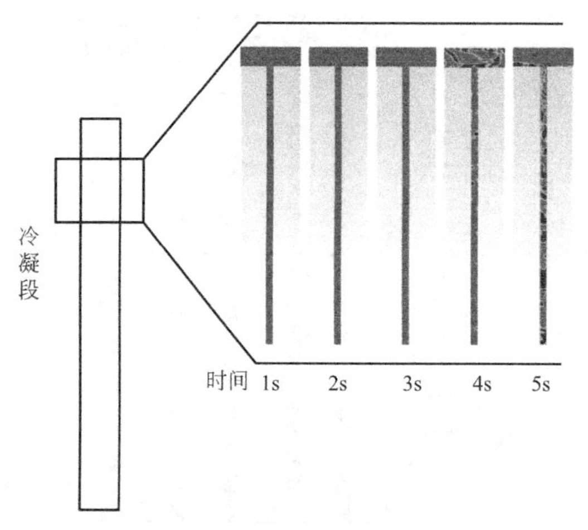

图 3.41　热管冷凝段汽泡运动

设 V_g 和 V_l 分别表示热管内气体体积和液体体积，V 为热管的总体积，体积含汽率 ϕ_{vol} 为：

$$\phi_{vol}=\frac{V_g}{V}=\frac{V_g}{V_l+V_g} \tag{3-20}$$

不同亲/疏水热管稳定运行后含汽率随时间的变化如图 3.42 所示。含汽率也在一定程度上代表了管内汽-液两相换热的强弱，由图 3.42 可知，由于汽泡在疏水点阵上成核、脱附的过程，形成了一个稳定的循环，亲/疏水热管的含汽率只有轻微波动，可以看出疏水热管的含汽量最低，而亲水热管的含汽量最高。究其原因，疏水热管内流型为塞状流，使得汽泡更难以脱离壁面，从而阻碍了壁面与冷凝液的进一步换热以及后续的相变过程，故疏水热管的含汽率最低；而亲水热管内流型为泡状流，增加了汽化核心、汽泡数量以及汽泡长度，含汽率得到明显提升。亲水热管含汽率大于亲疏水结合热管的含汽率的原因是，亲疏水结合热管的蒸发段为亲水表面，冷凝段为疏水表面，所以蒸发段效率相当，但冷凝效率得到提升，故亲疏水结合热管的含汽率低于亲水热管。

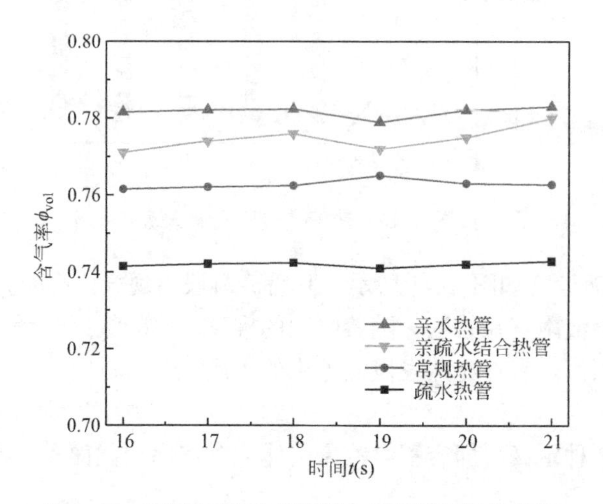

图 3.42　不同亲/疏水型热管含汽率随时间的变化

（4）汽、液相流速

根据刘和 Warnie 等[101] 的研究成果，流态的转变和汽、液相速度有很大关系。这里用符号 U_G 表示汽相绝对速度，U_L 表示液相绝对速度，则汽液速度比 γ 表示汽相速度和液相速度的比值。

图 3.43 中给出了流型与汽、液相速度的对应关系。从图 3.43 可以看出，当 $t=2s$ 和 $t=3s$ 时，流态为椭圆形泡状流，此时气体流速较小而液体流速大；随着气体流速增大，当 $t=4s$ 和 $t=5s$ 时，汽泡变成了头部呈子弹状、尾部呈扁平状的弹状流；当 $t=6s$ 时，汽泡进入上升管变成了搅拌流。

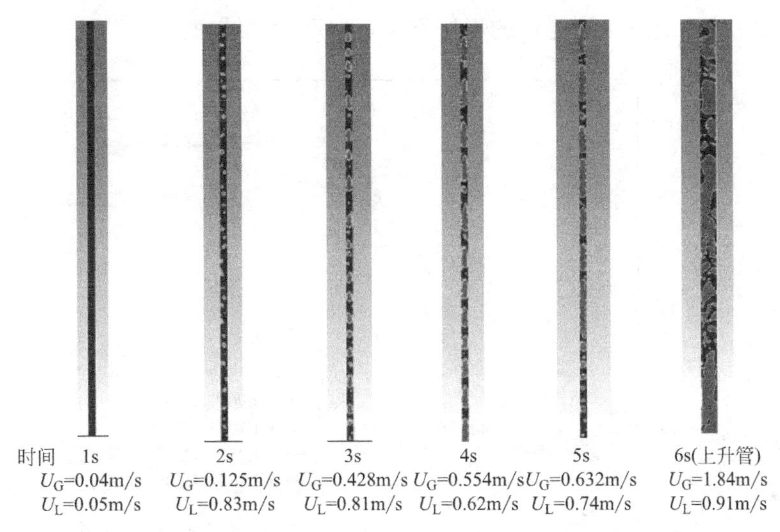

图 3.43　流型与汽、液相速度的对应关系

选取 $t=3s$、5s 和 6s 时，管中流型分别为泡状流、弹状流和搅拌流，3 种流态对应的汽相速度分别为：$U_G=0.428m/s$、$U_G=0.632m/s$、$U_G=1.84m/s$；液相速度分别为：$U_L=0.81m/s$、$U_L=0.74m/s$、$U_L=0.91m/s$；汽液速度比 γ 分别为：0.528、0.854、2.02。当 $U_G<U_L$ 时，即汽液速度比 $\gamma<1$，管中汽泡状态为泡状流，随着 U_G 的增加，汽泡长度增加，汽泡形态转变为弹状流。当 $U_G>U_L$ 时，即汽液速度比 $\gamma>1$，汽泡在上升管汇合，汽泡之间相互作用增强，气体与液体搅混在一起，形成搅拌流。可知，流型的变化与汽液流速比有很大关系，不同流型有不同范围的汽液流速比，三种流型的不同是由于汽液流速比的变化而产生的。搅拌流的汽液流速比较大，主要是因为工质到达上升管，管径突然变大，汽—液间的相互作用增强所致。

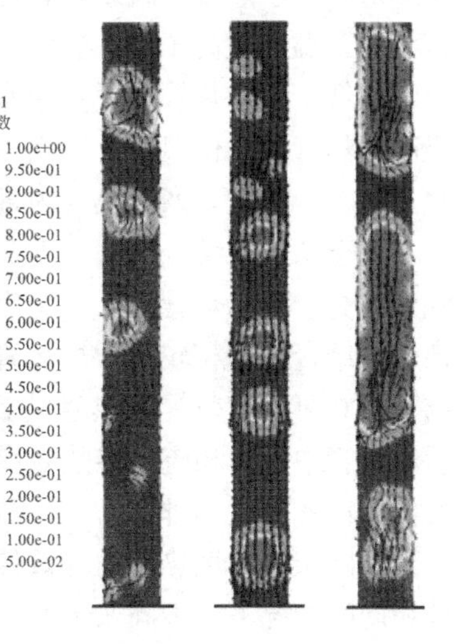

图 3.44　不同汽泡尺寸下热管中瞬态流线矢量图

液体的汽化分蒸发和沸腾两种，蒸发是发生在液体表面的汽化过程，沸腾是在液体内部以汽泡的形式发生。当 $t=2.5s$、3.5s 和 4.5s 时，瞬态情况下管内工质的流线矢量如图 3.44 所示。可观察到管

内的汽化是以沸腾形式发生的，在汽泡的周围流线更加密集，呈现漩涡状，流线越密集处意味着汽泡对周围流体扰动作用越大。观察可以发现，汽泡直径较大时，对周围流体扰动作用更加明显。分析流场分布结果发现，当汽泡增加1倍时，流场平均流速增大12%，含汽率也明显增加，进而提高显热换热效率。

3.6.2 亲/疏水特性对热管传热性能的影响

不同热管的工作温度变化如图3.45所示，在前6s热管处于启动运行阶段，由于热蒸汽还没有到达冷凝段，温度还在逐步增加，之后热蒸汽经过绝热段到达冷凝段，使得冷凝段的温度急剧上升，最终达到稳定的工作温度，启动阶段结束。

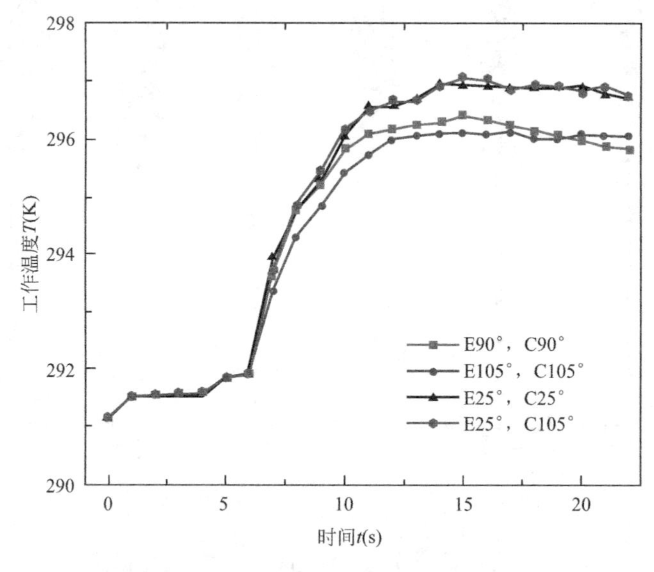

图3.45 工作温度 T 随时间的变化

对比亲水热管和疏水热管可以明显看出，亲水热管的工作温度明显高于疏水热管的工作温度，温度提高了9%左右。对比常规热管可以知道，常规热管的工作温度略高于疏水热管但低于亲水热管，说明亲水性对热管传热性能的增加具有积极作用，亲水热管可以明显改善热管的工作温度，原因是亲水热管内部核态沸腾核化点以及产生的汽泡数量都比疏水热管多，因此，亲水热管内部核态沸腾更加剧烈，传热效果更好。

对于亲疏水结合热管，即蒸发段做亲水处理，冷凝段做疏水处理，热管稳定运行工作温度略高于亲水热管的工作温度，说明冷凝段的疏水处理对热管工作温度的影响不大。但亲疏水结合热管相较于常规热管，传热性能得到明显提升，温度提升9.5%左右，亲疏水结合热管可以有效提升热管的换热性能。原因是蒸发段和冷凝段分别做亲水、疏水处理后，热管中的两相流的传热效率达到最大，从而有效提高热管的传热性能。4种型式热管的传热性能按大小排序为：亲疏水结合热管>亲水热管>常规热管>疏水热管。

不同亲疏水性热管的等效传热系数 K 如图3.46所示。从图中可以观察到，在边界条件相同的情况下，不同亲疏水性热管的等效传热系数 K 有很大差别，按大小排序为：亲疏水结合热管>亲水热管>常规热管>疏水热管。由此可知，随着亲水性向疏水性转变，热管的蒸发段/冷凝段等效传热系数均呈现一种逐步下降的趋势。

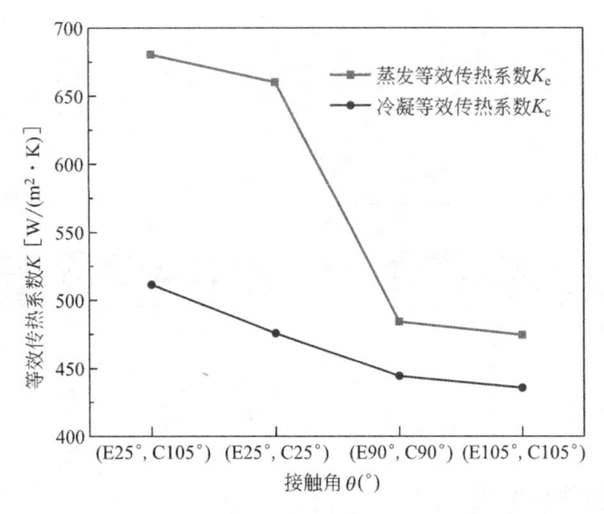

图 3.46　不同亲疏水性热管的等效传热系数

首先分析蒸发段。亲水热管和亲疏水结合热管蒸发段接触角均为 $\theta=25°$，常规热管蒸发段接触角 $\theta=90°$，疏水热管蒸发段接触角 $\theta=105°$，从蒸发段等效传热系数来看，亲水热管和亲疏水结合热管 > 常规热管 > 疏水热管。由此可知，采用接触角小的亲水表面相较于接触角大的疏水表面更有利于提高热管蒸发段等效传热系数。原因是亲水表面具有较为复杂的微观结构，相较于疏水表面，亲水表面上气孔与水之间的表面张力更大，并且对于具有较小直径的汽泡更加有助于其从加热表面快速脱离，该现象也进一步促进了热管的核态沸腾，而疏水表面产生的汽泡不容易脱离表面，反而容易形成汽塞，也可从流型角度得到此结论。

分析冷凝段可知，亲水热管和亲疏水结合热管冷凝段接触角均为 $\theta=25°$，常规热管冷凝段接触角 $\theta=90°$，亲疏水结合热管和疏水热管冷凝段接触角均为 $\theta=105°$。从冷凝段等效传热系数来看，虽然亲疏水结合热管和疏水热管冷凝段接触角相同，但疏水热管的等效传热系数小于亲疏水结合热管，原因是亲疏水结合热管蒸发段具有亲水性，有利于热管的核态沸腾，提高蒸汽含量以及汽泡数量，从而间接提高冷凝段的传热效果，故等效传热系数变大。随着热管冷凝段由亲水性向疏水性转变，冷凝液与管壁的相互作用减弱，使得冷凝液以液滴的形式脱落，但是蒸汽在冷凝过程中潜热和显热并不能完全在冷凝段进行释放。

总之，对于亲疏水结合热管来说，不管是蒸发等效传热系数还是冷凝等效传热系数，相较于其他类型热管都是最大的，所以在热管的表面进行亲疏水结合的处理方式可以有效提高热管的传热能力。相比于常规热管，经过亲疏水结合处理的热管的平均传热性能提高了 27.5%。

第4章

热管置入式墙体（WIHP）传热特性

4.1 WIHP的传热过程

在我国北方供暖地区，建筑的全年能耗中供暖能耗占据了相当大的比重，所以这些地区的建筑节能方向是尽可能地减少供暖能耗。为了减少供暖能耗，提高外墙、屋面和门窗等围护结构的热阻是常规的做法。然而高热阻的墙体虽然阻止了冬季热量从室内传向室外，但同时也阻碍了太阳辐射热量传入室内，这使得高热阻围护结构与太阳能利用两者间相互冲突。此外，在夏季夜间，高热阻的墙体也阻止了热量从室内传出到室外。WIHP可有效解决这一问题，实现在一定条件下快速、定向传递热量。

常规建筑墙体构造一旦确定，其热阻基本上可看作是常数，但“墙体热阻基本不变”未必有利于节能。冬季，在太阳辐射作用下，墙体外表面温度会高于周围空气温度，甚至高于墙体内表面温度。如果此时墙体具有较低的热阻，热量会由墙体的外表面传向墙体的内表面，从而提高内表面温度，降低供暖负荷，同时改善室内的热舒适度。在供暖期开始前和结束后相当长的一段时间（过渡季），上述传热过程可有效地改善室内热环境。同样，在夏季的夜晚，外墙外表面温度低于内表面温度的情况下，墙体具有较低的热阻会有利于向外散热，从而降低空调负荷并改善热环境。

目前，我国北方建筑墙体的常规构造为200～250mm厚的混凝土剪力墙或轻质砌块填充墙，内表面为20mm水泥砂浆层，外表面粘贴数十毫米厚的保温板。WIHP将毫米级的微小管径重力热管的蒸发段（或冷凝段）置于保温板外的抗裂抹面胶浆内，冷凝段（或蒸发段）置于内表面的水泥砂浆内。由于所选用的微小管径重力热管的直径与保温板和墙体的厚度相比非常小，可实现重力热管与墙体的良好耦合而不会影响墙体结构，更不会对墙体在强度方面的性能产生不利影响。WIHP形成了被动式热环境体系，可最大限度地利用自然能维持室内舒适的热环境。

4.1.1 WIHP外表面传热过程

以南向墙体为例，介绍WIHP外表面的传热过程。南向墙体外表面的热平衡关系可表示为：

$$q_s + q_r + q_b + q_g = q_{in} + q_{ca} + q_{ra} \tag{4-1}$$

式中，q_s——南向墙体外表面接收到的太阳辐射热量（W/m²）；

q_r——南向墙体外表面接收到的地面反射辐射热量（W/m²）；

q_b——南向墙体外表面接收到的大气长波辐射热量（W/m²）；

q_g——南向墙体外表面接收的地面长波辐射热量（W/m²）；

q_{in}——南向墙体外表面向墙体内部的传热量（W/m²）；

q_{ca}——南向墙体外表面与周围环境的对流换热量（W/m²）；

q_{ra}——南向墙体外表面与周围环境的辐射换热量（W/m²）。

墙体外表面吸收的太阳辐射热量 q_s 包括太阳直射辐射热量和天空散射辐射热量，即

$$q_s = \alpha_{D\theta} I_{D\theta} + \alpha_{d\theta} I_{d\theta} \tag{4-2}$$

式中，$\alpha_{D\theta}$——南向墙体外表面对太阳直射辐射的吸收率；

$I_{D\theta}$——太阳直射辐射照度（W/m²）；

$\alpha_{d\theta}$——南向墙体外表面对天空散射辐射的吸收率；

$I_{d\theta}$——天空散射辐射照度（W/m²）。

墙体外表面吸收的地面反射辐射热量 q_R：

$$q_r = \alpha_{d\theta} I_{r\theta} = \alpha_{d\theta} \rho_g I_{SH}\left(1 - \cos^2\frac{\theta}{2}\right) \tag{4-3}$$

式中，$I_{r\theta}$——地面反射辐射到达与水平面成 θ 倾角斜面的照度（W/m²）；

ρ_g——地面对太阳辐射的反射率；

I_{SH}——到达地面的太阳辐射照度（W/m²）。

墙体外表面吸收的大气长波辐射热量 q_B 为：

$$q_b = \alpha'_{sd} I_b \varphi_b = \alpha'_{sd} \varphi_b C_b \left(\frac{T_a}{100}\right)^4 (0.51 + 0.208\sqrt{e_a}) \tag{4-4}$$

式中，α'_{sd}——热辐射材料所对应的吸收率（或辐射率）；

I_b——大气长波辐射照度（W/m²）；

φ_b——南侧墙体外表面对天空的角系数；

C_b——黑体的辐射常数［W/(m²·K⁴)］；

T_a——室外空气温度（℃）；

e_a——空气中的水蒸气分压力（Pa）。

墙体外表面所吸收的地面长波辐射热量 q_g 为：

$$q_g = C_b \varepsilon_g \varphi_g \left(\frac{T_g}{100}\right)^4 \tag{4-5}$$

式中，ε_g——地面黑度；

φ_g——南侧墙体外表面对地面角系数；

T_g——地面温度（K）。

外墙外表面与周围环境的对流换热量为 q_{ca} 为：

$$q_{ca} = h_o (T_o - T_a) \tag{4-6}$$

式中，T_o——墙体外表面温度（℃）。

墙体向周围环境辐射的换热量 q_{ra} 为：

$$q_{ra}=C_b\varepsilon_o\left(\frac{T_o}{100}\right)^4 \tag{4-7}$$

式中，ε_o——南侧墙体外表面黑度。

4.1.2 WIHP 内部传热过程

严格地讲，WIHP 内部传热至少涉及两个空间维度。这里为简化起见，不考虑墙体沿高度方向的传热，将墙体视为仅存在厚度方向的一维传热。墙体内部传热包括热管传热和墙体传热，将热管与墙体的综合传热能力定义为等效传热系数。

后续分析基于以下对 WIHP 传热过程的基本假设：

(1) 墙体和热管均维持稳定传热状态；

(2) 热管中蒸汽流动的雷诺数 Re 相对较小（小于当地音速下的雷诺数）；

(3) 忽略热管中由于工质黏性耗散引起的温度变化；

(4) 由于墙体外表面设有较厚的保温层，忽略热管蒸发段与墙体间的热量交换。

WIHP 的传热是墙体传热与热管传热的叠加，热管可被看作一根尺寸与穿墙热管（绝热段）相同的实心圆杆，其作用相当于热桥。热管的传热热阻为[21]：

$$R_h=\frac{\ln(d_o/d_i)}{2\pi\lambda_h L_e}+\frac{1}{h_e\pi d_i L_e}+\frac{1}{h_c\pi d_i L_c}+\frac{\ln(d_o/d_i)}{2\pi\lambda_h L_c} \tag{4-8}$$

式中，λ_h——热管壁导热系数 [W/(m・℃)]；

L_e——蒸发段长度（m）；

L_c——冷凝段长度（m）；

h_e——蒸发段沸腾换热系数 [W/(m²・℃)]；

h_c——冷凝段冷凝换热系数 [W/(m²・℃)]。

其等效导热系数为：

$$\lambda_{eff}=\frac{L}{R_h A_h}=\frac{4L^2\lambda_h}{d_o^2}\left\{1/\left[\frac{\ln(d_o/d_i)}{2e}+\frac{\lambda_h}{h_e d_i e}+\frac{\lambda_h}{h_c d_i c}+\frac{\ln(d_o/d_i)}{2c}\right]\right\} \tag{4-9}$$

式中，L——热管总长度（m）；

A_h——热管横截面面积（m²）；

$e=L_e/L$；

$c=L_c/L$。

则热管等效传热系数为：

$$K_h=\frac{\lambda_{eff}}{L}=\frac{4L\lambda_h}{d_o^2}\left\{1/\left[\frac{\ln(d_o/d_i)}{2e}+\frac{\lambda_h}{\alpha_e d_i e}+\frac{\lambda_h}{\alpha_c d_i c}+\frac{\ln(d_o/d_i)}{2c}\right]\right\} \tag{4-10}$$

由于 WIHP 的外抹灰为 20mm 的水泥砂浆，其温度梯度很小，因此，整个 WIHP 外表面的平均温度 T_{av} 可取为外抹灰内、外表面温度的平均值[36]，即

$$T_{av}=(T_{wo}+T_{wi})/2 \tag{4-11}$$

式中，T_{wo} ——外抹灰外表面温度（℃）；

T_{wi} ——外抹灰内表面温度（℃）。

热管吸热段的热流密度为：

$$q_e = \frac{(T_{av} - T_{sat})}{\frac{1}{2\pi\lambda_h}\ln\frac{d_o}{d_i}} \tag{4-12}$$

按照面积加权算法，WIHP 的等效传热系数为：

$$K_{eff} = \frac{K_w A_w + K_h A_n}{A} \tag{4-13}$$

式中，A_w ——常规墙体面积（m^2）；

A_n ——热管穿墙面积（m^2）；

K_w ——常规墙体传热系数 [W/(m^2 · ℃)]；

A ——墙体总面积（m^2），$A = A_w + A_n$ 。

综上，WIHP 在热管工作时向室内侧传递的热量：

$$Q_{in} = K_{eff} \times (T_a - T_{in}) A \tag{4-14}$$

式中，T_a ——室内空气温度（℃）；

T_{in} ——墙体内表面温度（℃）。

4.1.3　WIHP 内表面传热过程

WIHP 中热管的蒸发段和冷凝段均采用管栅，将其分别作为面状热源处理，蒸发段可视为一个吸热面，冷凝段可视为一个散热面。

WIHP 蒸发段部分由于管栅置于墙体外保温外侧，因此其对蒸发段内侧表面的影响甚微，而冷凝段部分管栅置于墙体内表面水泥砂浆抹灰中，因此其传热对墙体内表面影响显著，是研究的重点。

太阳辐射热量通过热管传递到墙体内表面后，其中的一部分以对流和辐射的方式传递给室内空气和其他物体表面，另一部分则以蓄热的形式储存在墙体内部。WIHP 内表面与室内空间的传热包括：①墙体内表面与室内其他表面的辐射换热 Q_{ra} ；②墙体内表面与室内空气的对流换热 Q_{ah} 。

墙体内表面与室内其他表面的辐射换热量 Q_{ra} 为：

$$Q_{ra} = \sigma \sum_{j=1}^{m} x_j \varepsilon_j [T_i^4 - T_j^4] A \tag{4-15}$$

式中，m ——室内表面个数；

x_j ——墙体内表面与第 j 个室内表面的角系数；

ε_j ——墙体内表面与第 j 个室内表面之间的系统黑度；

T_i ——墙体内表面温度（K）；

T_j ——第 j 个室内表面的温度（K）；

σ——斯蒂芬波尔兹曼常数，5.67×10^8W/(m^2 · K^4)；

A——墙体内表面面积（m^2）。

墙体内表面与室内空气的对流换热量 Q_{ah} 为：

$$Q_{ah}=h_i(T_i-T_a)A \tag{4-16}$$

式中，h_i——墙体内表面与室内空气的对流换热系数［W/(m^2·℃)］，其值可取8.72W/(m^2·℃)。

则墙体向室内传递的热量Q_{in}为：

$$Q_{in}=Q_{ra}+Q_{ah} \tag{4-17}$$

4.2 WIHP稳态传热测试与分析

4.2.1 墙体构造

为测定WIHP在室外综合温度条件下向室内侧的传热能力，进行了WIHP传热实验测试，热管按南向WIHP布置，其结构如图4.1所示。

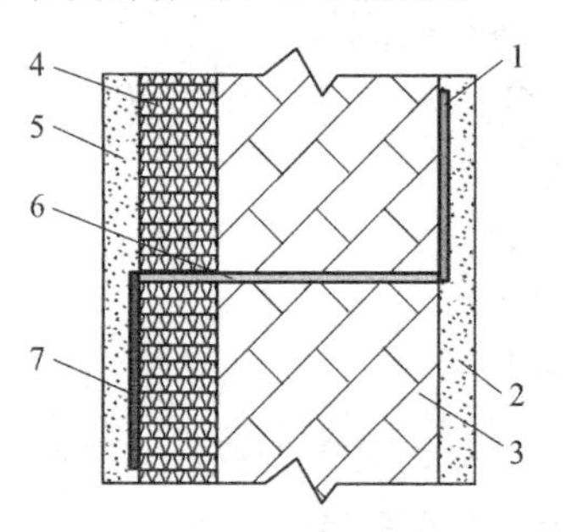

图4.1 WIHP结构示意图

1—热管冷凝段；2—水泥砂浆（内抹灰）；3—砂加气砌块；4—保温板；5—水泥砂浆（外抹灰）；6—热管绝热段；7—热管蒸发段

墙体结构由外向内依次为：水泥砂浆、模塑聚苯保温板、砂加气砌块、水泥砂浆。其各项物性参数在表4.1中给出。

墙体材料参数　　表4.1

材料	厚度L(mm)	导热系数 λ[W/(m·K)]	密度 ρ(kg/m^3)	比热 c_p[J/(kg·K)]	热阻 R[(m^2·K)/W]
外侧水泥砂浆	20	0.93	1800	1050	0.0215
模塑聚苯保温板	50	0.042	30	1380	1.1905
砂加气砌块	250	0.16	625	1050	1.5625
内侧水泥砂浆	20	0.93	1800	1050	0.0215

4.2.2 热管设计

1. 热管管材

WIHP是由并联分离式重力热管和常规墙体结合而成的，热管传热能力的强弱将直接影响WIHP的节能效果。除了热管自身的传热性能以外，还要考虑热管能否与墙体良好的耦合，另外还要考虑热管能否在建筑的生命周期内保持强度。因此，WIHP中所选用的热管应该满足以下条件：

（1）工作压力：所选用的热管管材的工作压力应满足管内工质的工作压力要求。

（2）传热性能：应选择热阻值小、传热系数大的热管管材。

（3）耐久度：建筑墙体本身的耐久性很强，一般都可使用 50 年或者更长。而 WIHP 是将热管置入到墙体中，变为墙体不可分割的一部分，所以其耐久度应尽量达到建筑墙体的耐久度。

（4）安全性：考虑到建筑本身的安全性，所选用的热管管材应无毒无害，并且耐热、耐高温、耐腐蚀。

（5）可操作性：因为要将热管置入到墙体内外表面，因此所选用的热管管材应具有良好的可操作性，便于改变其形状来与建筑墙体贴合。

（6）耦合性：所选用的热管管材应该能够与水泥砂浆、混凝土墙体和砂加气砌块等围护结构良好结合而不对它们的强度或结构产生影响。因为绝热段要穿透墙体主体结构，所以管径应尽量小。

（7）经济性：所选用的热管管材应经济适用，具有良好的投资回收期。

根据上述条件，试验测试中选择了 PPR 管栅作为制作热管的材料。PPR 是耐高温、耐高压、耐腐蚀的可热塑性塑料。它还具有优越的稳定性、环保性，其韧性好、强度高、加工性能优异，在较高温度下抗蠕变性能好，使用寿命可达 50 年之久。用 PPR 制作而成的毛细管栅可通过热熔变形来适应各种安装样式，且其覆盖层薄，便于敷设在建筑墙体内外表面内。

如图 4.2 所示，PPR 毛细管组成的间隔为 20mm 的管栅，其各项参数为：主管 Φ20×2.0mm；毛细管 Φ4.3×0.8mm；长度 1000mm；宽度 600mm；耐温 80℃；工作压力 0.4～0.6MPa；最大工作压力 1MPa；爆破压力 6.5MPa。鉴于对工质泄漏方面的控制要求，工质在可能达到的温度下的饱和压力不应超过其正常工作压力的最大值。

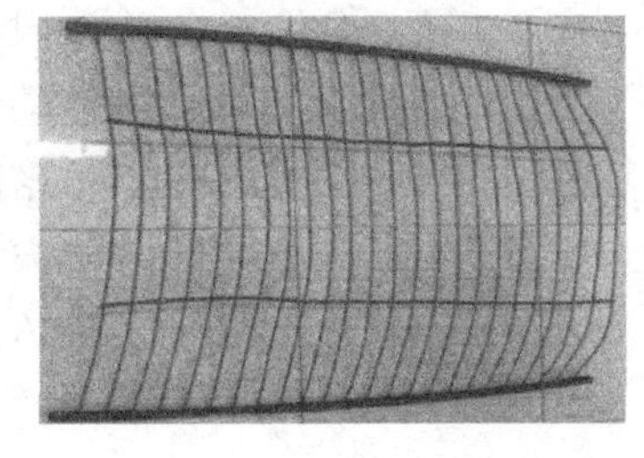

图 4.2　PPR 管栅

2. 热管工质

热管通过管内工质的相态变化传递热量，因此，工质的物性参数及性质对热管的传热能力产生极大的影响。选用的工质应满足以下条件：

（1）WIHP 的工作压力区间、温度区间。热管工质的工作温度区间是 15～50℃。工质应具有合适的饱和压力。

（2）相容性：所选用的热管工质不能与热管管材发生反应。

（3）热稳定性：热管工质应具有良好的热稳定性以及相对大的汽化潜热。

（4）经济性：热管工质应经济适用，具有良好的投资回收期。

（5）安全性：考虑到建筑本身的安全性，热管工质应无毒无害且具有不可燃性。

（6）环境友好性：热管工质应尽量不对环境造成污染。

综上考虑，在对数十种工质进行对比分析后，筛选出 R141b 和蒸馏水作为热管工质，这两种工质的主要物性参数在表 4.2 中列出。

R141b 和蒸馏水的物性参数 表 4.2

物性参数	R141b	蒸馏水
液体密度 $\rho_l(kg/m^3)$	1239.579	1002.856
气体密度 $\rho_v(kg/m^3)$	3.451	0.019
导热系数 $\lambda_l[w/(m\cdot K)]$	0.092	0.592
定压比热容 $C_{pl}[kJ/(kg\cdot K)]$	1.15	4.174
汽化潜热 $h_{fg}(kJ/kg)$	227.486	2472.567
黏滞系数 $\mu_l[kg/(m\cdot s)]$	0.000423	0.000961

将 R141b 和蒸馏水对比来看，蒸馏水的汽化潜热远高于 R141b 的汽化潜热，这意味着在温度一定的情况下，单位质量的蒸馏水比单位质量的 R141b 在汽化过程中能够吸收更多的热量，且蒸馏水和 PPR 管栅均无兼容性问题。

3. 充液量

充液量对热管传热性能的影响很大。一般在热管设计的时候，充液量是根据传热极限来考虑的，但是在 WIHP 的热管中，其实际传递的热功率与常规热管的传递极限相去甚远，因此，可不必根据极限功率来考虑，只需确保热管在最大功率下不发生干涸即可。最佳的充液量 M（kg）可根据以下公式确定[6]。

$$M=(0.8L_c+L_a+0.8L_e)\left(\frac{3\mu_l\rho_l\pi^2d_i^2Q_{max}}{h_{fg}g}\right)^{1/3} \tag{4-18}$$

式中，L_c、L_a 和 L_e——冷凝段、绝热段和蒸发段的长度（m）；

μ_l——液体动力年度［kg/(s·m)］；

ρ_l——液体密度（kg/m^3）；

d_i——热管内径（m）；

Q_{max}——最大传热功率（W）；

h_{fg}——蒸汽的汽化潜热（kJ/kg）。

4. 热管布置形式

在并联分离式热管测试研究中，对 Z 形、H 形两种热管形式进行实验测试分析，如图 4.3 所示，Z 形热管布置形式是在整个墙体的水平中轴线处，横穿两根热管绝热段（Φ20×2.0mm），将热管蒸发段和冷凝段的两端连接。这种布置形式是重力热管中最基本的一种布置形式。工质在蒸发段由液态变为气态，上升经过绝热段到达冷凝段，通过冷凝由气态变为液态，依附于热管管壁流回蒸发段。H 形热管布置形式是在整个墙体的最顶端和最底端的水平线处，分别横穿两根绝热段（Φ20×2.0mm），然后通过两根垂直布置的上升管和下降管（Φ20×2.0mm）将热管蒸发段和冷凝段的两端连接。这种分离式热管布置形式是重力热管的一种改进。蒸发段产生的蒸汽通过上部竖直管流动至冷凝段，在冷凝段变为液态，依附于管壁通过下部竖管下降流回蒸发段。这种布置形式可以避免热管内上升的气态工质与回流的液态工质逆向流动相互干扰，使管内气、液工质两相同向流动，从而提高了热管内工质的流速以及热管的传热性能。

5. 热管管径

墙体中热管管径受到墙体外表面抗裂砂浆厚度和性能的限制，不能过大。为分析热管

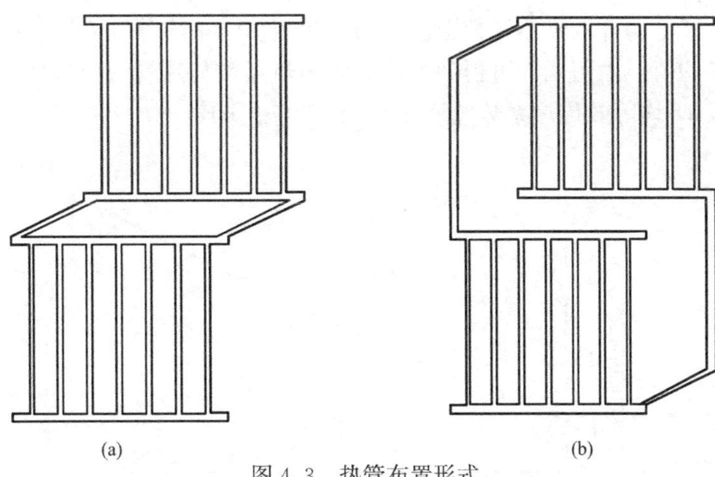

图 4.3 热管布置形式

（a）Z 形热管布置形式；（b）H 形热管布置形式

管径对 WIHP 等效传热系数的影响，假设不同管径热管的壁厚 δ 均相同，则 $d_i = d_o - \delta$。代入公式（4-13）中，对 d_o 求导可得：

$$\frac{\partial K_{eff}}{\partial d_o} = \frac{2\alpha_e^2\alpha_c^2 ec\delta(d_o-\delta)(e+c)+4\alpha_e\alpha_c ecd_o[\alpha_e e+\alpha_c c]}{\{\alpha_e\alpha_c(e+c)(d_o-\delta)\ln[d_o/(d_o-\delta)]+2\lambda_h(\alpha_e e+\alpha_c c)\}^2}\times\frac{\pi L}{d_o A}-\frac{1}{2}\times\frac{\pi K_w d_o}{A} \tag{4-19}$$

由公式（4-19）可知，当工质参数和管壁厚度确定后，$\frac{\partial K_{eff}}{\partial d_o}$ 的值受外墙外表面温度 T_o 和热管管径 d_o 的影响。

图 4.4 为具有不同热管管径的 WIHP 等效传热系数随室外综合温度的变化规律。可以看出，在 24～40℃内，随温度的增加，管径 d_o 越大，等效传热系数 K_{eff} 的变化幅度越大。当 d_o=3.2mm 时，K_{eff} 从 24℃时的 0.580W/(m^2·K）增加到 40℃时的 0.832W/(m^2·K)，变化幅度为 0.252W/(m^2·K)；而当 d_o=7.2mm 时，K_{eff} 的变化幅度达到 1.067W/(m^2·K)。这是由于热管管径的增大，不仅增加了热管本身的换热系数，同时也增加了热管的传热横截面面积。

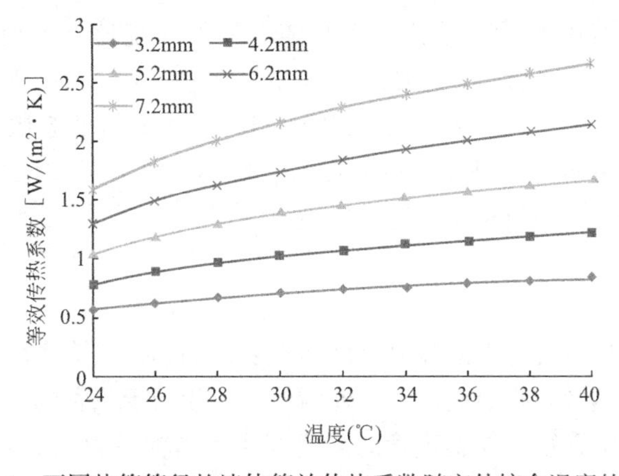

图 4.4 不同热管管径的墙体等效传热系数随室外综合温度的变化

图 4.5 显示了平均等效传热系数随管径的变化规律。平均等效传热系数为 24～40℃等效传热系数的平均值。由图 4.5 可得到平均等效传热系数与热管管径近似呈线性关系，管径每增加 1mm，平均等效传热系数约增加 0.39W/(m^2 · K)。

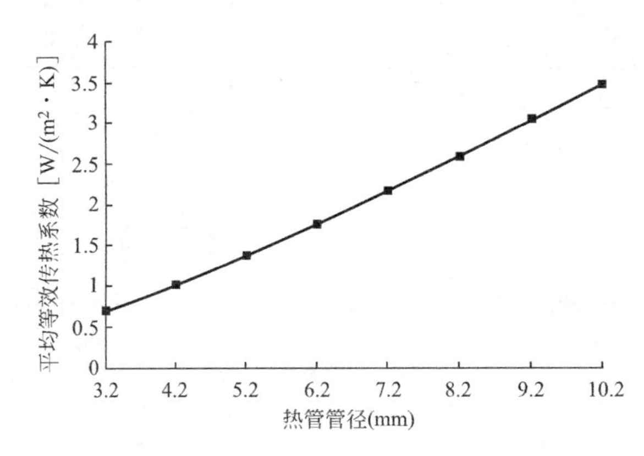

图 4.5　平均等效传热系数随热管管径的变化

由图 4.4 和图 4.5 可知，热管的管径越大，WIHP 的传热性能越好。因此，在不影响墙体结构性能的条件下，WIHP 宜选用较大管径热管。

6. 蒸发段长度比

假设热管总管长和绝热段长度皆保持不变，则可将蒸发段长度与热管换热段长度（蒸发段与冷凝段长度之和）之比定义为蒸发段长度比，用符号 β 表示，即

$$\beta=\frac{L_e}{L_e+L_c}\times 100 \tag{4-20}$$

对 β 求导，可得：

$$\frac{\partial K_{eff}}{\partial \beta}=\frac{[2\ln(d_o/d_i)\alpha_c\alpha_e d_i(1-2\beta)+4\lambda_h\alpha_c(1-\beta)^2-3\lambda_h\alpha_e\beta^2]}{[\alpha_c\alpha_e d_i\ln(d_o/d_i)+2\lambda_h\alpha_c(1-\beta)+2\lambda_h\alpha_e\beta]^2}\times\frac{4L^2\lambda_h A_n\alpha_c\alpha_e d_i}{d_o^2(L_e+L_c)A} \tag{4-21}$$

根据式（4-19）、式（4-20）可知，当工质参数确定后，$\frac{\partial K_{eff}}{\partial \beta}$ 的值仅与外墙外表面温度 T_o 和蒸发段长度比 β 有关。

图 4.6 给出了 WIHP 平均等效传热系数随蒸发段长度比 β 的变化曲线。可以看出，随 β 的增加，平均等效传热系数先增大后减小。在 $\beta=0.75$ 时，$\overline{K_{eff}}=1.237$W/(m^2 · K) 达到最大值。当热管平均等效传热系数相同时，等效传热系数的变化幅度越大，传递的热量越多。因此由图 4.6 可知，热管置入式墙体最佳的蒸发段长度比范围为 67%～80%，此时 24～40℃等效传热系数变化幅度和平均等效传热系数均相对较大，传热性能较好。

7. 管间距

热管管间距的影响主要与太阳辐射对外墙外表面的辐射热流密度有关。WIHP 所敷设的热管是由多个毛细热管并联而成，由于外墙外表面相当于热管的热源，为热管提供热量的墙面面积决定了一定管径下并联热管的最优间距。当管径为 3.2mm 时，热管所敷设的面积为蒸发段和冷凝段各 0.6m^2，在平均敷设时其热管的根数就决定了其管间距，并排热

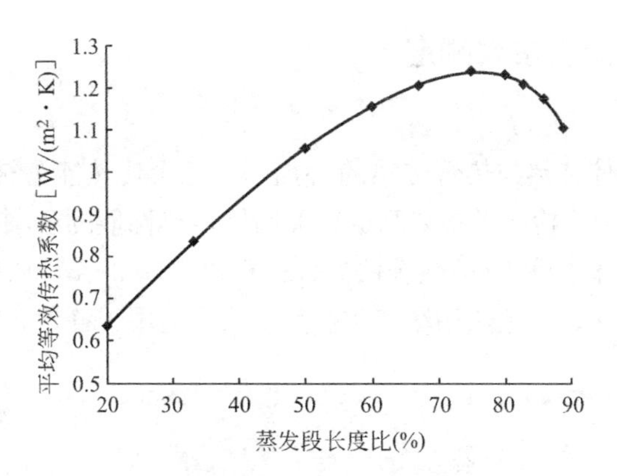

图 4.6　平均等效传热系数随蒸发段长度比的变化

管的敷设长度为 1m，采用等距敷设。结果如表 4.3 所示。

管间距与等效传热系数之间的关系　　**表 4.3**

管间距(mm)	等效传热系数[W/(m^2·K)]
100.00	0.57
83.33	0.60
71.43	0.64
62.50	0.67
50.00	0.74
41.67	0.81
33.33	0.92
27.78	1.02

由图 4.7 可知，WIHP 的等效传热系数随热管管间距增加而减小，在敷设面积相同时，敷设越密集其传热量越大，由于热管铺设的管间距最优解涉及工质和热管传热系数的共同作用，跟敷设建筑物所处的条件也有关系。WIHP 中同管径、管长情况下热管的间距越小，等效传热系数越大，但是不会无限增大，由图 4.7 可看出在管间距为 8.0mm 左右时，等效传热系数随管间距减小而增大的趋势变缓。

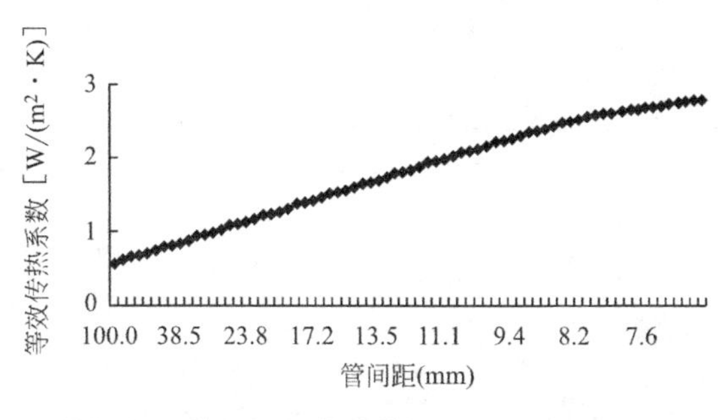

图 4.7　管间距与等效传热系数之间的关系

4.2.3 WIHP 等效传热系数测定

1. 测试系统

WIHP 的传热是墙体传热与热管传热的叠加，其综合传热能力被定义为等效传热系数。采用 JW 建筑墙体保温性能检测设备来测定有关墙体传热性能的各项参数，执行标准《绝热稳态热传递性质的测定 标定和防护热箱法》GB/T 13475—2008，试验台如图 4.8 所示。该检测设备综合了热流计法、标定热箱法和防护热箱法，适用于各种墙体传热系数的检测。

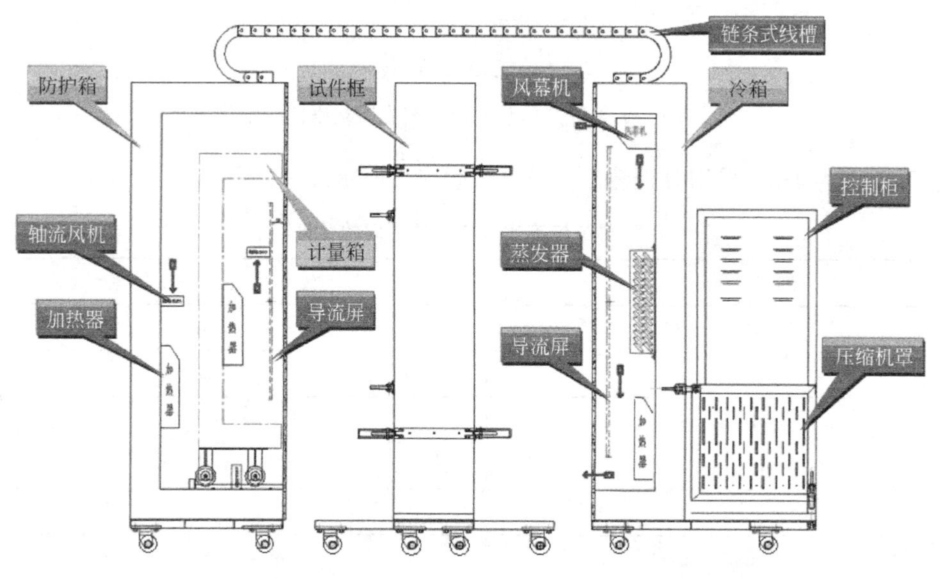

图 4.8 JW 建筑墙体保温性能检测设备

整个检测设备由防护箱、计量箱、试件框、冷箱、控制柜和压缩机 6 个部分组成。控制柜负责控制整个设备，内部计算机能够完成试验台的自动控制、检测、数据采集及处理等功能。软件界面如图 4.9～图 4.11 所示。

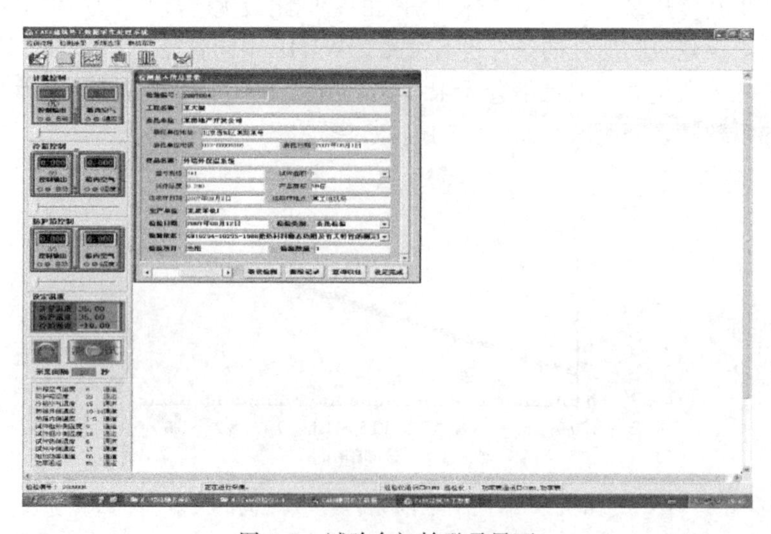

图 4.9 试验台初始登录界面

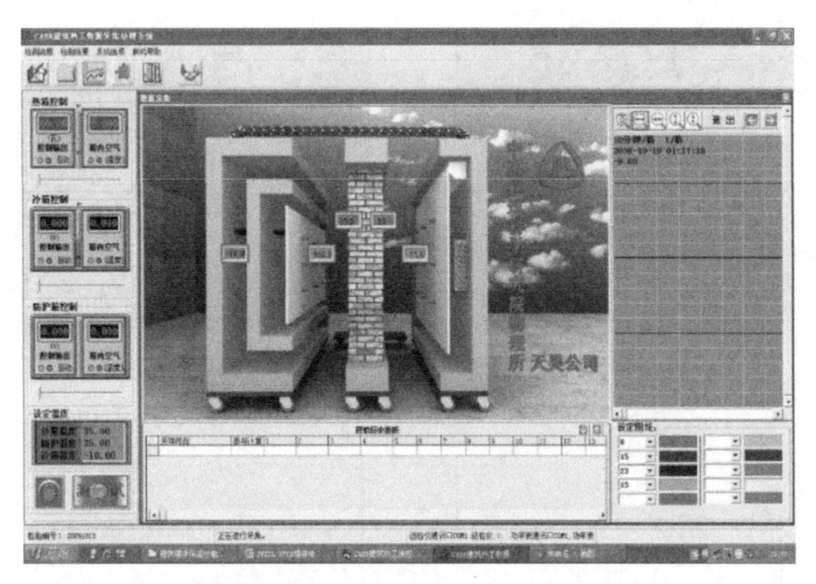

图 4.10　试验台实时监测界面

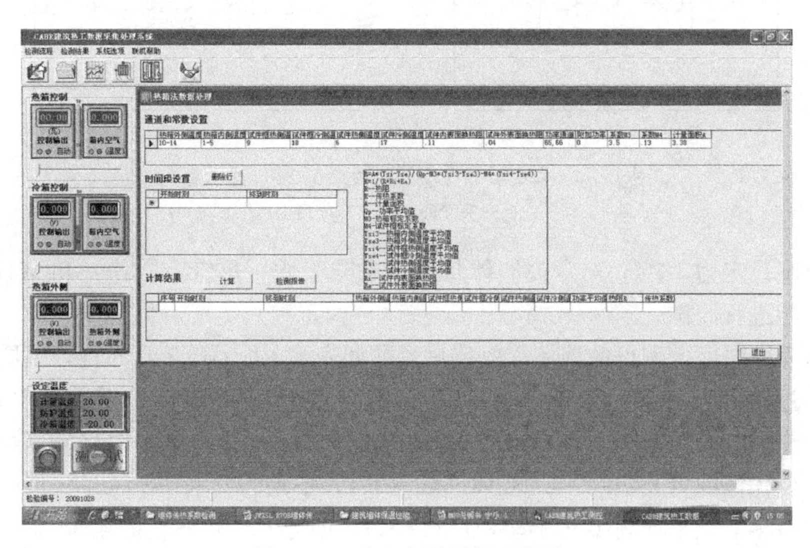

图 4.11　试验台数据处理界面

WIHP 砌筑在试件架内，墙体面积为 1720mm×1720mm。如图 4.12 所示，在常规墙体内侧上半部分和外侧下半部分的水泥砂浆中分别埋设长度为 600mm 的热管管栅（由 24 根 Φ4.3×0.8mm 的毛细管组成），两侧管栅相对于整个墙体的水平中轴线对称。整个管栅铺设的面积等于计量框的面积，借此模拟热管满铺于墙体表面的工况。

在 WIHP 两侧表面各布置 9 个温度传感器，并使其均匀分布于整个 WIHP 表面（图 4.13）。其中，3 个温度传感器布置在热管吸热段管栅的横向轴线上，3 个温度传感器布置在热管放热段管栅的横向轴线上，3 个温度传感器布置在整个墙体的横向轴线上。图 4.14 (a) 和 (b) 分别是蒸发段和冷凝段温度传感器布置的示意图。

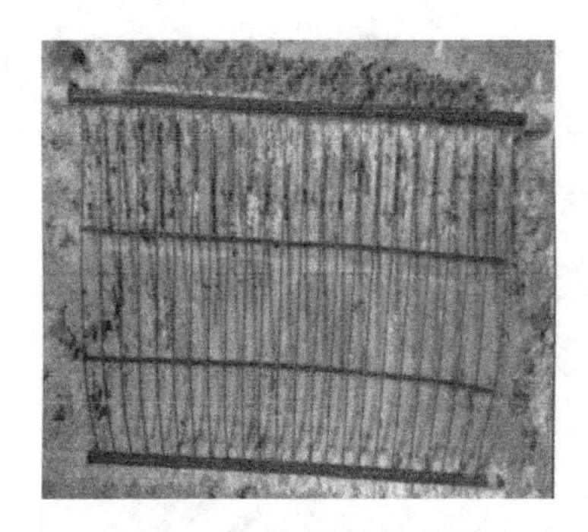
图 4.12　热管管栅布置

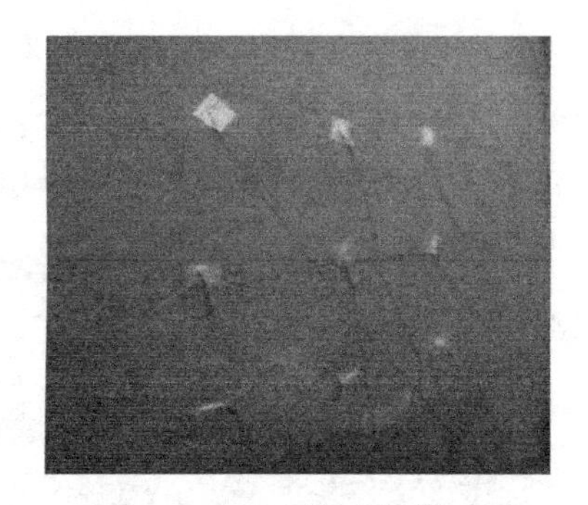
图 4.13　温度传感器布置图

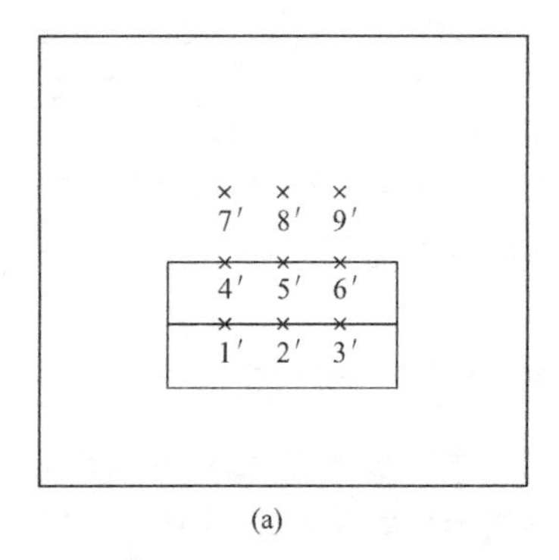

(a)

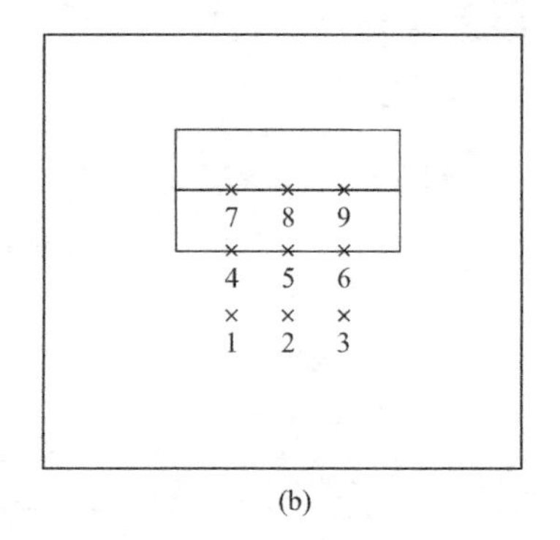

(b)

图 4.14　蒸发段和冷凝段温度传感器布置示意图

(a) 蒸发段；(b) 冷凝段

冷箱温度设定为18℃，对常规墙体状态（未充工质，热管不工作）和 WIHP 状态下墙体传热性能进行测试。

不同外表面温度下测得的墙体等效传热系数如表 4.4 所示（Z 形布置，工质为 R141b，充液率 0.56）。由表可知：①当 T_w＝24～28℃，WIHP 等效传热系数上升趋势明显；②当 T_w＝28～40℃，WIHP 等效传热系数变化趋于平缓；③当 T_w＝24～40℃，WIHP 等效传热系数变化范围为 0.760～0.987W/(m^2·K)，平均为 0.901W/(m^2·K)。WIHP 比常规墙体的传热系数平均高出 0.248W/(m^2·K)，即等效传热系数提高 38%左右。

不同热箱温度条件下的墙体等效传热系数　　表 4.4

外表面温度(℃)	WIHP [W/(m^2·K)]	常规墙体 [W/(m^2·K)]	外表面温度(℃)	WIHP [W/(m^2·K)]	常规墙体 [W/(m^2·K)]
24	0.760	0.647	34	0.924	0.644
26	0.835	0.651	36	0.930	0.646
28	0.892	0.655	38	0.967	0.663
30	0.901	0.662	40	0.987	0.671
32	0.912	0.637	—	—	—

图 4.15 给出了不同热箱温度条件下墙体内表面温度的变化情况。可以看出，随着外墙外表面温度的升高，墙体内表面温度逐渐提高。外墙外表面温度为 24～40℃时，WIHP 内表面温度变化范围为 19.24～20.01℃，平均温度为 19.66℃。常规墙体内表面温度变化范围为 18.22～18.56℃，平均温度为 18.38℃。二者平均温度差为 1.28℃，即 WIHP 内表面平均温度提高了 1.28℃。

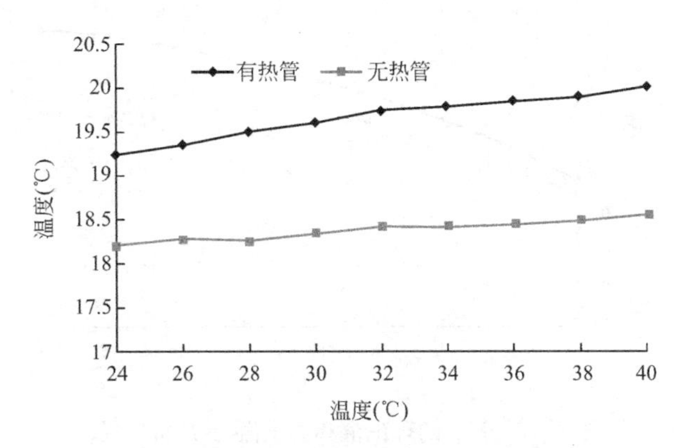

图 4.15 不同温度下墙体内表面温度

图 4.16 为不同温度下单位面积传热量的变化情况。WIHP 传热量明显高于常规墙体。随着外墙外表面温度的升高，墙体传热量逐渐增加。外墙外表面温度为 24～40℃时，WIHP 传热量为 4.560～21.714W/m²，平均为 12.924W/m²。常规墙体传热量为 3.882～14.762W/m²，平均为 9.161W/m²。二者平均差为 3.763W/m²。

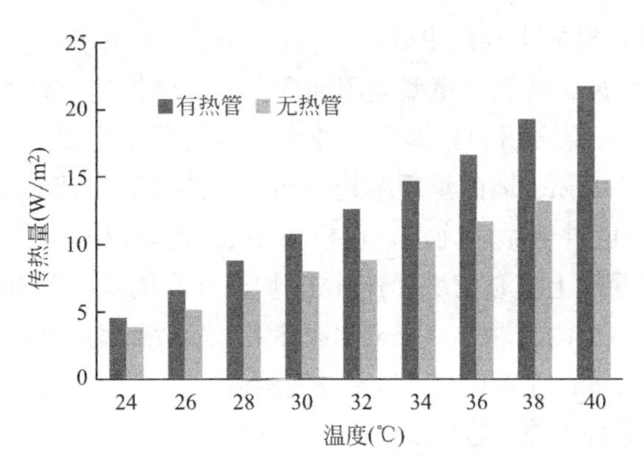

图 4.16 不同温度下墙体传热量

墙体等效传热系数、墙体内表面温度和单位面积传热量随外墙外表面温度升高的变化规律基本一致。

2. 误差分析

将等效传热系数的实测值与理论计算数据进行比较，两者相对误差 φ 可由下式确定。

$$\varphi = \left| \frac{K_h - K_e}{K_h} \right| \times 100\% \tag{4-22}$$

式中，K_h ——理论计算值（可由式（4-10）求得）[W/(m²·K)]；

K_e ——测试值 [W/(m²·K)]。

图 4.17 为 WIHP 等效传热系数的理论值和试验值以及两者相对误差随 WIHP 外表面温度 T_o 的变化情况。由图 4.17 为可知，随 T_o 的升高，理论计算值和测试值均逐渐增加，测试值增加幅度小于理论值增加幅度。整个测定温度区间内测试值与理论值的相对误差在 20%以内，吻合较好，可借助理论分析对 WIHP 传热性能进行进一步优化。

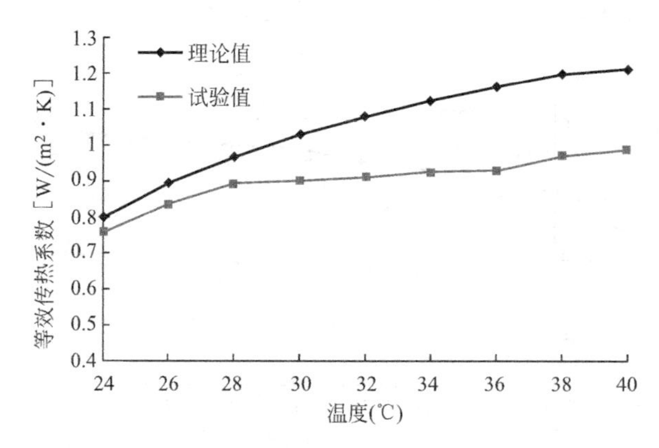

图 4.17 K_{eff} 的理论值和测试值与 T_o 的关系

3. 多种构造的 WIHP 等效传热系数

WIHP 由均质多层材料的平壁结构与并联分离式热管耦合而成，其等效传热系数可在公式（4-13）基础上修正得到：

$$K_{eff}=\kappa\frac{K_wA_w+K_hA_n}{A} \tag{4-23}$$

式中，κ ——修正系数，根据实验结果确定。

可将等效传热系数 K_{eff} 的数学模型应用到更多的外墙构造中，所涉及的外墙构造是具有相同厚度的水泥砂浆和保温材料，即内、外水泥砂浆厚度为 20mm，保温材料为模塑聚苯板（EPS），厚度为 50mm。墙的承重结构按照《天津市居住建筑节能设计标准》DB 29-1—2010 的附录 G 中一般外墙做法确定，包括 200mm 钢筋混凝土、190mm 承重混凝土空心砌块、240mm 陶粒混凝土空心砌块、190mm 炉渣空心砌块、200mm 加气混凝土砌块。

如钢筋混凝土墙体（由内及外）：20mm 水泥砂浆＋200mm 钢筋混凝土＋50mm 模塑聚苯板（EPS）＋双层网格布＋20mm 水泥砂浆。这种外墙构造较为普遍，其热工特性及其导热热阻如表 4.5 所示，其内、外表面换热热阻均按 0.11（m²·K)/W 和 0.04（m²·K)/W 处理。

钢筋混凝土墙体热工参数 **表 4.5**

材料	厚度(m)	导热系数[W/(m·K)]	修正系数	热阻[(m²·K)/W]
水泥砂浆	0.02	0.72	1	0.028
钢筋混凝土	0.2	1.74	1	0.115
模塑聚苯板	0.05	0.039	1.05	1.221
水泥砂浆	0.02	0.72	1	0.028

按照前面所得数学模型，求得钢筋混凝土 WIHP 等效传热系数 K_{eff} ，结果见表 4.6，平均等效传热系数为 1.258W/(m²·K)。

钢筋混凝土 WIHP 等效传热系数 K_{eff}［单位：W/(m² · K)］ 表 4.6

T_z(℃)	24	26	28	30	32	34	36	38	40
等效传热系数	1.173	1.211	1.236	1.255	1.269	1.281	1.291	1.300	1.307

无热管时，原墙体平均传热系数 K 为 0.649W/(m² · K)。

其他墙体构造情况见表 4.7～表 4.10。

承重混凝土空心砌块 WIHP 等效传热系数 K_{eff}［单位：W/(m² · K)］ 表 4.7

T_z(℃)	24	26	28	30	32	34	36	38	40
等效传热系数	1.148	1.186	1.211	1.230	1.244	1.255	1.265	1.274	1.282

无热管时，原墙体平均传热系数 K 为 0.629W/(m² · K)。

陶粒混凝土空心砌块 WIHP 等效传热系数 K_{eff}［单位：W/(m² · K)］ 表 4.8

T_z(℃)	24	26	28	30	32	34	36	38	40
等效传热系数	1.029	1.068	1.094	1.111	1.125	1.138	1.147	1.156	1.163

无热管时，原墙体平均传热系数 K 为 0.535W/(m² · K)。

炉渣空心砌块 WIHP 等效传热系数 K_{eff}［单位：W/(m² · K)］ 表 4.9

T_z(℃)	24	26	28	30	32	34	36	38	40
等效传热系数	1.103	1.140	1.166	1.172	1.198	1.210	1.220	1.229	1.236

无热管时，原墙体平均传热系数 K 为 0.593W/(m² · K)。

加气混凝土砌块 WIHP 等效传热系数 K_{eff}［单位：W/(m² · K)］ 表 4.10

T_z(℃)	24	26	28	30	32	34	36	38	40
等效传热系数	1.103	1.140	1.166	1.172	1.198	1.210	1.220	1.229	1.236

无热管时，原墙体平均传热系数 K 为 0.441W/(m² · K)。

不同墙体构造与其对应的 WIHP 等效传热系数的定量关系见图 4.18。

由图 4.18 可知，WIHP 等效传热系数与原常规墙体的传热系数之间存在定量关系。采用钢筋混凝土、混凝土砌块、陶粒混凝土砌块、炉渣混凝土砌块和加气混凝土砌块构造的 WIHP 墙体等效传热系数分别较原常规墙体提高了 93.84%、96.03%、108.41%、100.00%、125.85%。

一般情况下，原常规墙体传热系数 K 越大，其对应的 WIHP 等效传热系数 K_{eff} 也就越大，原常规墙体传热系数越小，WIHP 传热性能的提升作用就越显著。

4.2.4 工质对传热性能的影响

热管为 Z 形，冷箱温度设定为 18℃，防护箱和计量箱的温度从 24℃变化到 40℃，模拟在不同室外空气综合温度下，采用 R141b 与蒸馏水为工质 WIHP 等效传热系数的变化情况，如图 4.19 所示。

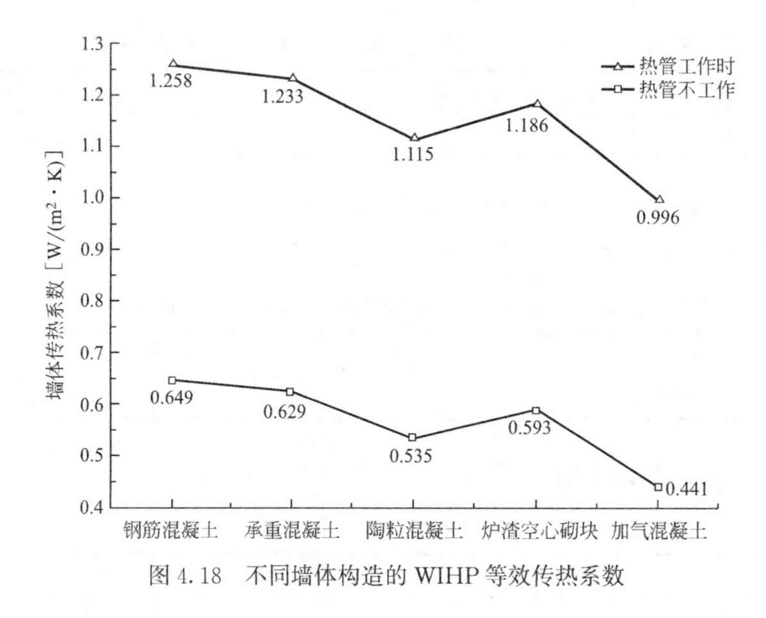

图 4.18　不同墙体构造的 WIHP 等效传热系数

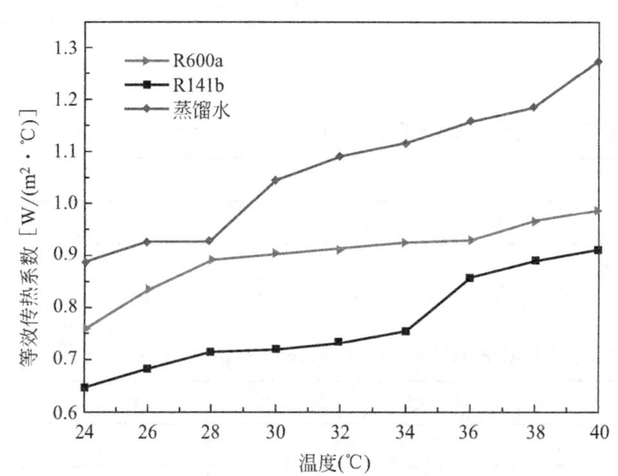

图 4.19　Z 形热管形式下，不同工质对等效传热系数的影响

从测试数据可以看出，随着墙体外表面温度的提高，两种工质的 WIHP 等效传热系数随之提高。相比之下，蒸馏水 WIHP 等效传热系数高于 R141b WIHP，这主要是因为蒸馏水的汽化潜热大于 R141b。在测定温度区间内，蒸馏水 WIHP 的等效传热系数变化范围为 0.889～1.272W/(m^2·K)，平均为 1.069W/(m^2·K)；R141bWIHP 的等效传热系数变化范围为 0.760～0.987W/(m^2·K)，平均为 0.901W/(m^2·K)。相同温度条件下常规墙体的传热系数变化范围为 0.647～0.671W/(m^2·K)，平均为 0.652W/(m^2·K)。可以看出，蒸馏水 WIHP 的等效传热系数比常规墙体高 63.96%，R141bWIHP 的等效传热系数比常规墙体高 38.19%。

4.2.5　充液率对传热性能的影响

工质为 R141b，实验防护箱和计量箱的温度设定为 35℃，冷箱温度设定为 18℃。不同充液率下，Z 形和 H 形 WIHP 等效传热系数的测量结果分别在图 4.20 中给出。

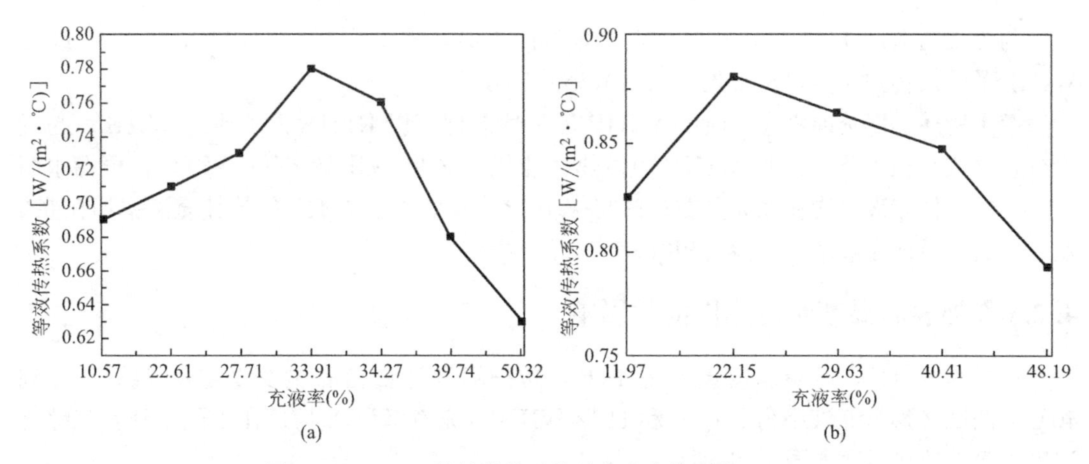

图 4.20 WIHP 等效传热系数随充液率的变化（R141b）

（a）Z 形；（b）H 形

测试数据表明，随着充液率的增加，Z 形和 H 形 WIHP 的等效传热系数均先增大后减小。

充液率在 0.21～0.66 之间变化时，Z 形 WIHP 等效传热系数的变化相对较小，这是因为当充液率较小时，热管容易达到干涸极限。随着充液率的增加，管内工质将会在热管蒸发段形成液池，在这一过程中等效传热系数会随着充液率的增加而增加。

Z 形 WIHP 的等效传热系数最大值出现在充液率为 0.68 时，等效传热系数为 0.78W/(m^2·℃)。当充液率大于 0.68 后，随着充液率的增加，等效传热系数急剧减小。这是因为当充液量过大时，热管更容易达到携带极限，热管中的蒸汽和回流液体间的相互作用过大影响热量传递。

H 形 WIHP 的等效传热系数最大值出现在充液率为 0.44 时，等效传热系数为 0.881W/(m^2·℃)。H 形比 Z 形 WIHP 的最大等效传热系数高了 0.13 左右。这是因为 H 形热管可以避免蒸汽和回流液体间的相互作用，上升的蒸气与回流液体分离开来形成一个环路，从而增加了热管内工质的流速，提高了热管的传热性能。

类似的，工质为蒸馏水时，Z 形和 H 形 WIHP 的等效传热系数实测结果分别在图 4.21 中给出。

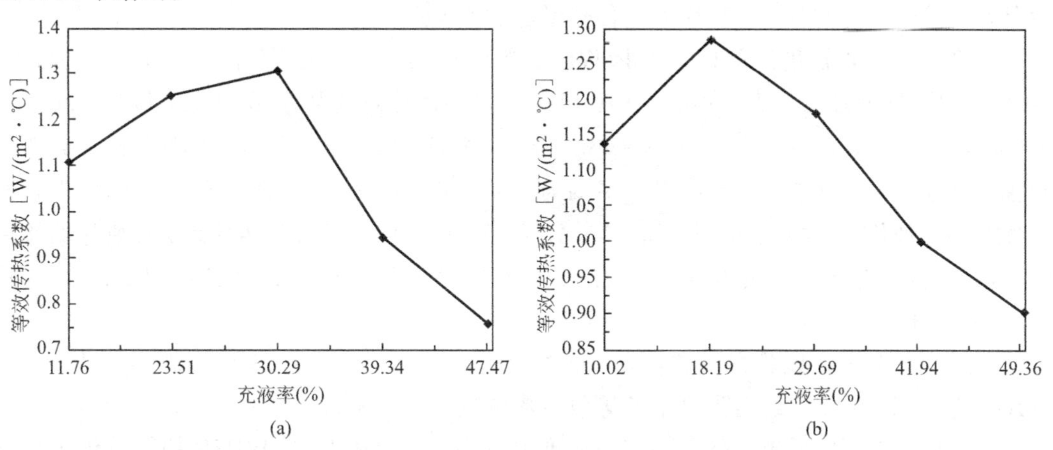

图 4.21 WIHP 等效传热系数随充液率的变化（蒸馏水）

（a）Z 形；（b）H 形

与工质为R141b的变化相似，工质为蒸馏水时，随着充液率的增加，Z形和H形WIHP的等效传热系数也呈现先增大后减小的趋势。

综上所述，以蒸馏水为工质的WIHP传热性能优于以R141b为工质的WIHP，与理论分析（式）相一致。H形WIHP的传热性能优于Z形WIHP。Z形WIHP，蒸馏水与R141b的最佳充液率均在0.6左右；H形WIHP，蒸馏水与R141b的最佳充液率均在0.4左右。这与最佳充液率的经验值相符。

4.2.6 外表面温度对传热性能的影响

工质为R141b，冷箱温度设定为18℃，防护箱和计量箱的温度设定从24℃变化到40℃。测试Z形（充液率为0.66）和H形WIHP（充液率为0.44）在不同室外空气综合温度下等效传热系数如图4.22所示。

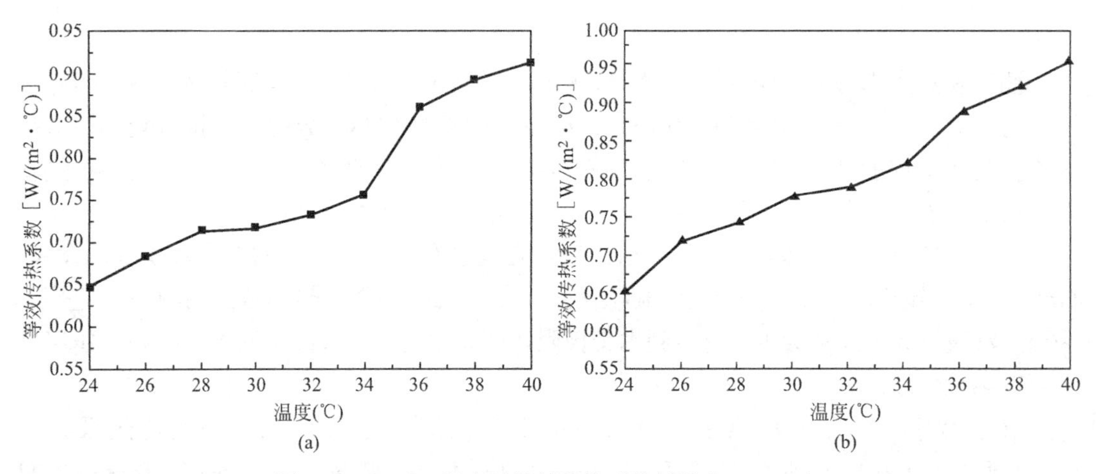

图4.22 WIHP温度对等效传热系数的影响（R141b）
(a) Z形；(b) H形

从测试数据可以看出，随着外表面温度的升高，Z形和H形WIHP的等效传热系数不断增大。这是因为随着外表面温度的升高，热管内工质的蒸发强度也随之增强，即随着室外空气综合温度的升高，WIHP的传热量随之增大。

在24～40℃的温度区间内，Z形WIHP等效传热系数变化范围为0.648～0.911W/(m^2·K)，平均为0.767W/(m^2·K)；H形WIHP等效传热系数变化范围为0.652～0.958W/(m^2·K)，平均为0.807W/(m^2·K)。相同温度条件下常规墙体的传热系数变化范围为0.647～0.671W/(m^2·K)，平均为0.652W/(m^2·K)，即工质为R141b的Z形WIHP的等效传热系数比常规墙体高17.64%，H形WIHP的等效传热系数比常规墙体高23.77%。相比之下，工质为R141b的H形WIHP等效传热系数比Z形WIHP平均高5.22%，如图4.23所示。

工质为蒸馏水，试验台设置同前。Z形（充液率为0.6）和H形（充液率为0.36）WIHP在不同室外空气综合温度下的等效传热系数变化情况如图4.24所示。

从测试数据可以看出，随着外表面温度的升高，Z形和H形WIHP的等效传热系数不断增大。

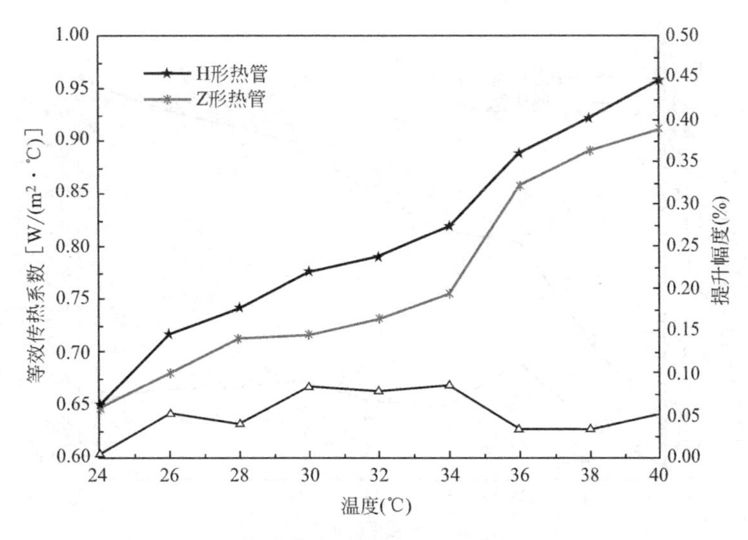

图 4.23　等效传热系数随温度的变化（R141b）

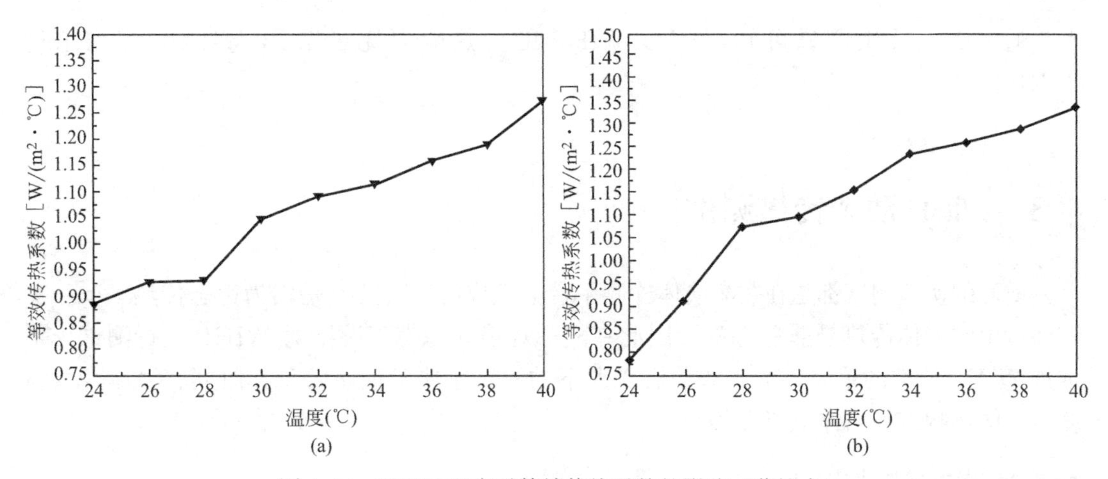

图 4.24　WIHP 温度对等效传热系数的影响（蒸馏水）

（a）Z 形；（b）H 形

在 24~40℃的温度区间内，Z 形 WIHP 的等效传热系数变化范围为 0.889～1.272W/(m²·K)，平均为 1.069W/(m²·K)；H 形 WIHP 为 0.782～1.333W/(m²·K)，平均为 1.12W/(m²·K)。Z 形和 H 形 WIHP 的等效传热系数分别比常规墙体的传热系数高 63.96%和 71.78%。工质为蒸馏水的 Z 形和 H 形 WIHP 比工质为 R141b 的 WIHP 平均高出 39.37%和 47.8%，具体如图 4.25 所示。

图 4.25 显示在 24～26℃的温度测定区间内，采用 H 形热管形式的 WIHP 传热能力相对较低，这是因为 H 形热管存在热管上升管，这增加了工质在热管吸热段的流动距离，当温度较低的情况下，H 形热管除了要克服热管本身存在的启动极限外，还要额外克服这一段增加的流动距离做功，因此导致传热能力受限。在 28～40℃的温度测定区间内，同样采用蒸馏水作为热管工质，H 形 WIHP 等效传热系数比 Z 形 WIHP 等效传热系数要高，表明采用 H 形 WIHP 传热能力更强。

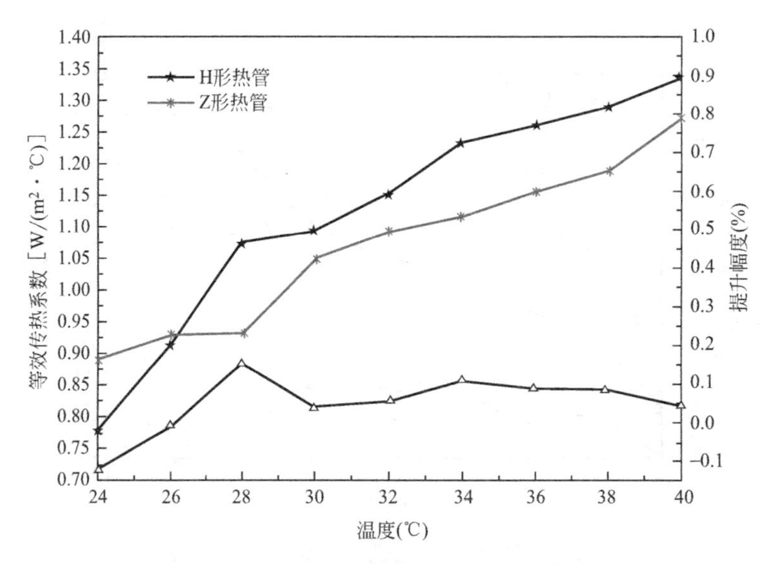

图 4.25 等效传热系数随温度的变化（蒸馏水）

通过以上几组测试可知，H 形 WIHP 的传热能力优于 Z 形 WIHP；蒸馏水优于 R141b。

4.3 WIHP 动态传热测试

前面的实验测试都是在 JW 墙体检测平台上完成的，其特点是均为稳态传热工况。实际环境中的墙体传热是非稳态的，因此在实际环境非稳态工况下对 WIHP 进行测试，是推进 WIHP 研究的重要环节。非稳态工况下的测试主要关注热管工作时间、墙体表面温度、墙体热响应和墙体节能性等。

4.3.1 实验测试房间

天津属于寒冷地区，近十年冬季室外空气平均温度为 1.6℃，冬季北风最多。构建了结构尺寸完全相同的作为对照试验的两个房间，如图 4.26 所示。为突出 WIHP 的作用并尽量减少其他因素的干扰，两房间南向外墙上没有设置外窗。东侧房间的南外墙置入热管，西侧房间则保留常规墙体。南墙铺设 70mm 厚挤塑聚苯板做外保温。两房间除南墙外，其余墙体均为内墙且处于同一室内大空间内，内墙均铺设 50mm 厚挤塑聚苯板做内保温。

图 4.27 为南外墙结构和热管结构示意图。南墙宽 3.2m、高 3.4m，表面面积为 10.88m^2。在南墙竖直高度上铺设两组热管，两组之间相互独立。热管绝热段横穿南墙，并做保温。热管采用 H 形布置，每片管栅长 1m、高 0.8m，由 25 根尺寸为 $\Phi 4.3\times 0.8$mm 的毛细管组成。主管、穿墙横管、上升管和下降管的管径均为 $DN20$。热管冷凝段铺设面积约占南墙的 30%。

南外墙材料的热工参数在表 4.11 中列出。

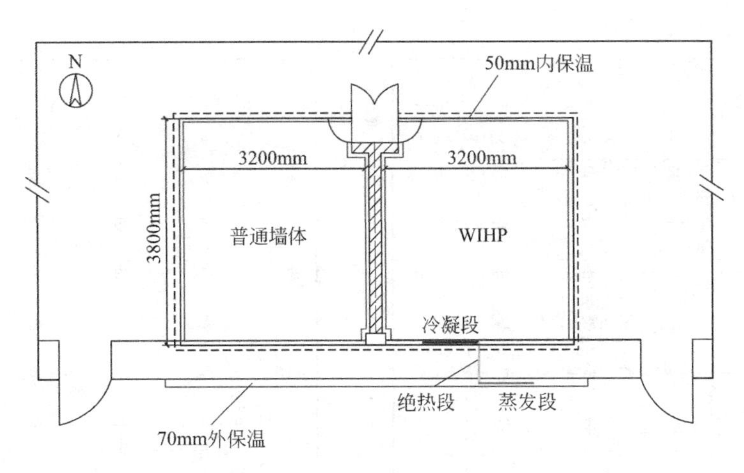

图 4.26　实验房间平面图

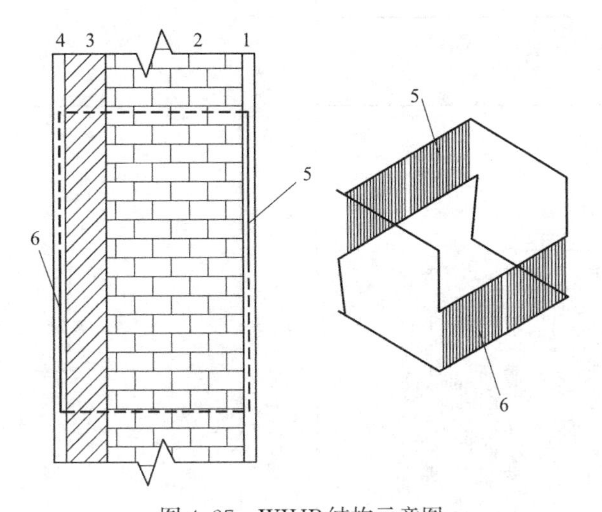

图 4.27　WIHP 结构示意图

1—内抹灰；2—黏土砖；3—挤塑聚苯保温板；4—外抹灰；5—热管冷凝段；6—热管蒸发段

南外墙材料热工参数　　**表 4.11**

编号	材料	L(mm)	λ[W/(m·K)]	ρ(kg/m^3)	c_p[kJ/(kg·K)]
1	内抹灰	20	0.930	1800	1.050
2	黏土砖	240	0.81	1800	0.88
3	挤塑聚苯保温板	70	0.041	22	2.414
4	外抹灰	20	0.930	1800	1.050

选用高精度 PT100 温度传感器，精度±0.03℃，使用前经冰点标定法标定。测试利用 PT100 温度传感器连接至 GP10 数据采集设备，分别测量两个房间内各测点温度。

南墙温度测点布置如图 4.28 所示，墙体内表面从东往西为 1～3 列，从低往高为 1～6 排，其中 WIHP 的 2～6 排为冷凝段区域。外表面排编号与内表面保持一致，为 1、3、5 排，其中 WIHP 的 1、3 排为热管蒸发段区域。利用计量插排和智能电表记录房间用电量。利用楼顶的试验台（图 4.29）记录南向与地面夹角为 90°方向的太阳辐射照度。

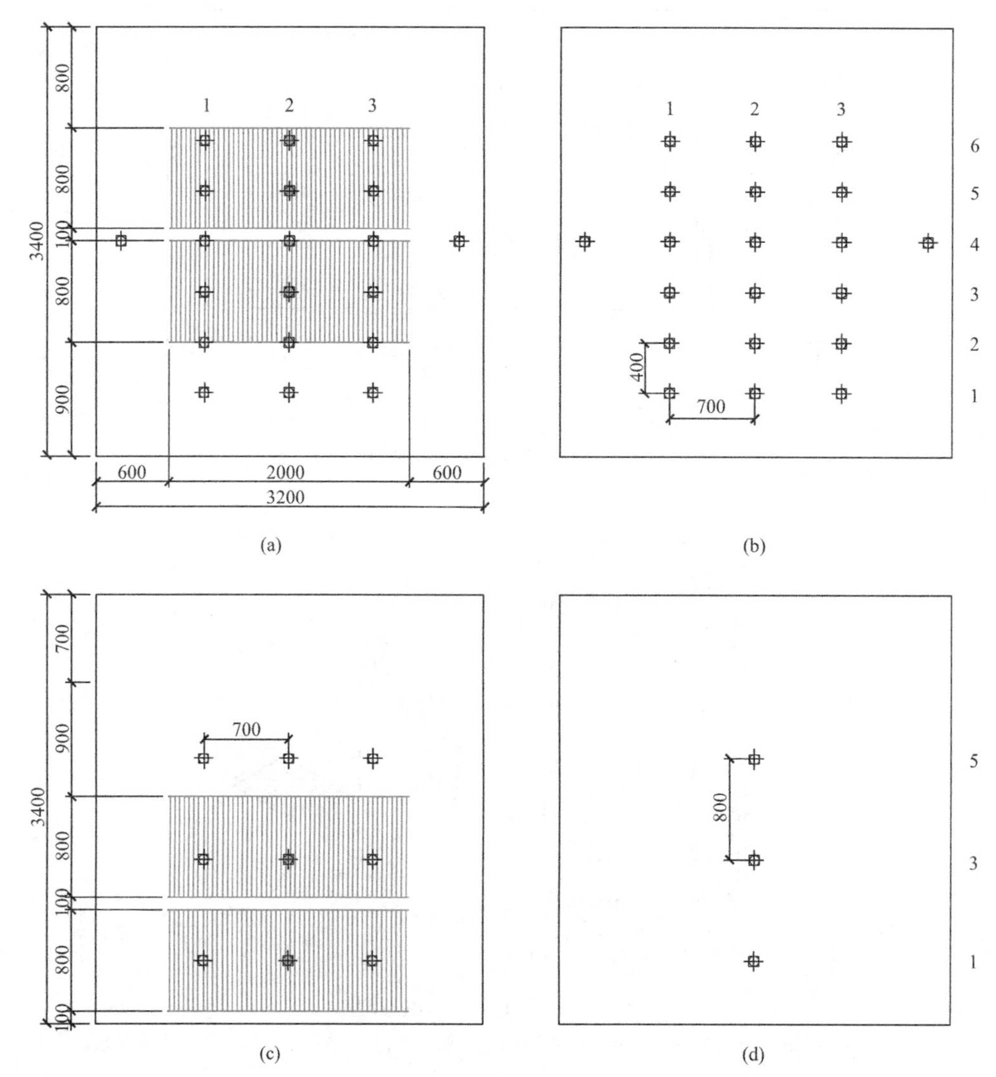

图 4.28　南墙温度测点布置示意图

(a) WIHP 内表面；(b) 普通墙体内表面；(c) WIHP 外表面；(d) 普通墙体外表面

图 4.29　太阳辐射照度测试装置照片

另外，在每个房间东墙和西墙的中心位置，各布置一个测点，其距地约 1.4m。在每个房间中心位置以悬挂热电阻的形式布置一个测点，其距地约 1.4m，用以测量房间中心位置温度，在每个房间的电暖器上各布置一个测点，用以测量电暖器的温度。室外设热电阻测点记录室外空气温度。

温湿度自记仪的测点布置如图 4.30 所示，其中部分测点数据与热电阻数据相互印证。另外，在两房间中心位置，使用温湿度自记仪测量房间内不同高度的温度，距地高度依次为：50cm、90cm、130cm、170cm、210cm 和 250cm。

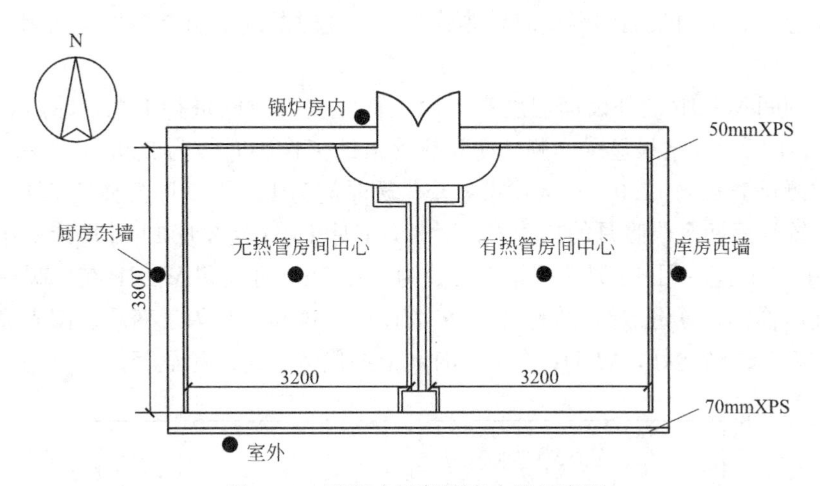

图 4.30　温湿自记仪测点布置示意图

4.3.2　实验测试方法

利用电暖器模拟冬季供暖，温控器温度设置为（18±0.2）℃，控制电暖器的开关。实验主要测量南墙内外表面温度和两房间消耗的电量，因两测试房间除南墙外完全相同，可认为所消耗的电量差值反映 WIHP 与普通墙体的传热量差异。

实验前期，热管内未充注工质，认为两墙体传热性能一致，设置两组对照实验，以校核两房间南墙内表面温度和室内负荷。第一组实验，室内无电暖器工作，WIHP 和常规墙体内表面每排的平均温度如表 4.12 所示。第二组实验，利用电暖器维持室内温度 18℃，在 120.5h 内，无热管房间耗电量 117.08kWh，有热管房间耗电量 117.75kWh，故从温度和电量两个方面认为两房间无基础差别。在下文分析中，测试期间均指 2019 年 12 月 21 日至 2020 年 3 月 16 日，此时热管内充有工质，在温差的驱动下工作，同时室内有电暖器供暖。

南墙内表面平均温度　　**表 4.12**

墙	第 6 排	第 5 排	第 4 排	第 3 排	第 2 排	第 1 排
WIHP	8.0℃	8.0℃	8.1℃	8.1℃	8.2℃	8.2℃
普通墙体	8.0℃	8.0℃	8.1℃	8.1℃	8.2℃	8.2℃

4.4 WIHP 动态传热特性

4.4.1 WIHP 工作时间

实验测试中，室内温度维持在 18℃，南墙内表面的温度基本不低于 15℃，故认为当南墙外表面温度高于内表面的温度时，热管工作，此时既满足温差条件，又满足热管内部工质的汽化条件。

对测试期间 WIHP 的外表面温度高于内表面温度的时间进行汇总，即热管工作小时数，如图 4.31 所示。结果显示，测试期间热管累计工作小时数为 269.3h，平均每天工作 3.1h，约占测试时长的 12.9%。天津市冬季供暖时间为 11 月 15 日至次年 3 月 15 日，共 4 个供暖月，统计后两个供暖月的热管工作时长，1 月 15 日至 2 月 14 日累计工作小时数为 85.8h，2 月 15 日至 3 月 16 累计工作小时数为 141.7h，可表明 WIHP 在供暖季有较好的适用性，且热管在 3 月份工作时间较长，更为连续，这和 3 月天气变暖、阳光充足有直接关系。随着天气逐渐转好，WIHP 在工作时间上的优势会越来越显著。

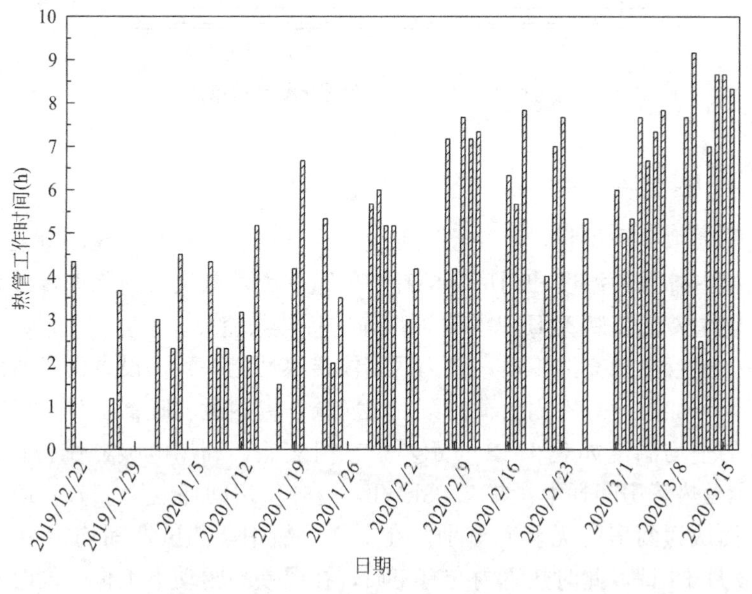

图 4.31　热管工作小时数

4.4.2 WIHP 表面温度

测试期间，WIHP 的内表面平均温度为 17.16℃，常规墙体为 16.60℃。WIHP 的平均温度比常规墙体高 0.56℃，平均温度提升程度为 3.4%。说明热管能有效提高南墙的内表面温度，提升室内热舒适性。为了说明 WIHP 的运行效果，以下选择 2020 年 3 月 2 日至 3 月 4 日进行分析，从两南墙竖向和横向温度分布，对其在供暖季的表现进行对比。

竖向的温度曲线如图 4.32 所示。因相邻房间没有供暖，WIHP 的温度从第 1 列到第 3 列上升，常规墙体的温度从第 1 列到第 3 列下降。WIHP 的竖向各列温度明显高于常规墙体，且 WIHP 不同列之间的温差相比常规墙体要小，这说明 WIHP 有更好的均温性。

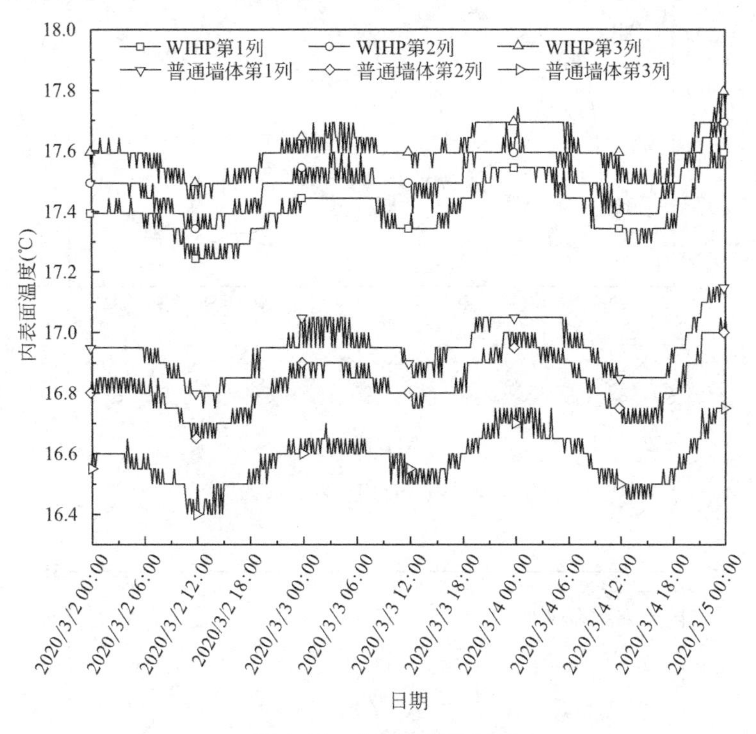

图 4.32　内表面纵向温度

根据热管冷凝段的安装位置，以第 5 排为例分析温度变化，如图 4.33 所示。WIHP 的温度变化和常规墙体趋于一致，较常规墙体温度有一个稳定的提高。两墙体温度的波峰约在 23:00～2:00，波谷约在 12:00，其他排的温度曲线走势与第 5 排趋于一致。从测试期间较长的温度曲线得到，WIHP 和常规墙体内表面温度主要受室外综合温度的影响。

与两墙体未置入热管的第 1 排温度比较，得到 WIHP 的温度始终高于常规房间，表明 WIHP 未置入热管部分接收到了来自上方墙体的传热，使其在纵向存在较明显的二维传热。

热管对墙体内表面温度的提升被称为内扰温度，其与室外空气综合温度直接相关。实测的内扰温度和室外综合温度的曲线如图 4.34 所示。内扰温度与室外综合温度的波峰、波谷的时间较为一致，这反映了热管传递热量的及时性与随动性。当室外综合温度越高时，这一现象越明显。当室外综合温度升高时，热管达到工作温度，迅速向室内传递热量，内扰温度随之升高。热量通过冷凝段放热面向室内侧和室外侧双向传递，其中向室外侧的传热量被墙体吸收并蓄存。当室外综合温度下降时，内扰温度也随之下降，因温差墙体蓄存的热量向室内侧传递，使得内扰温度的下降趋势有一定的波动，且内扰温度的谷值也仍大于 0。在整个测试期间，内扰温度的平均值为 0.53℃，表明热管可有效提高内表面温度，辅助冬季供暖。

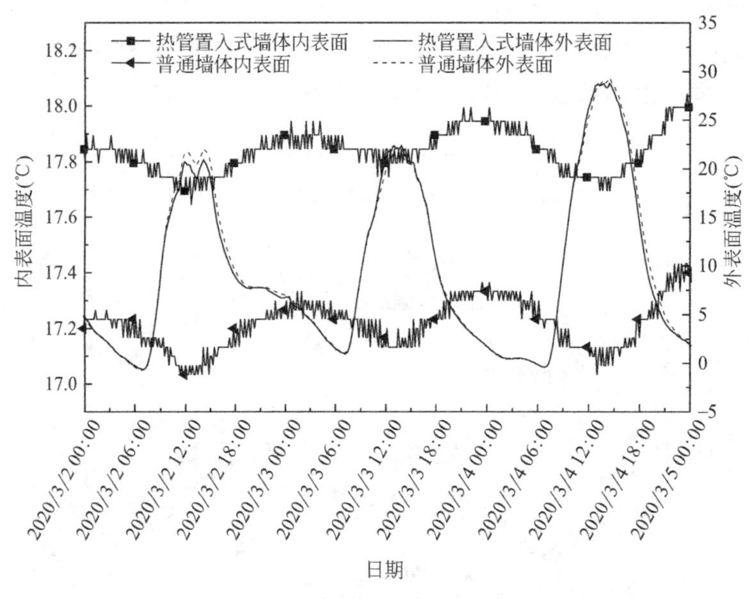

图 4.33　第 5 排内、外表面温度

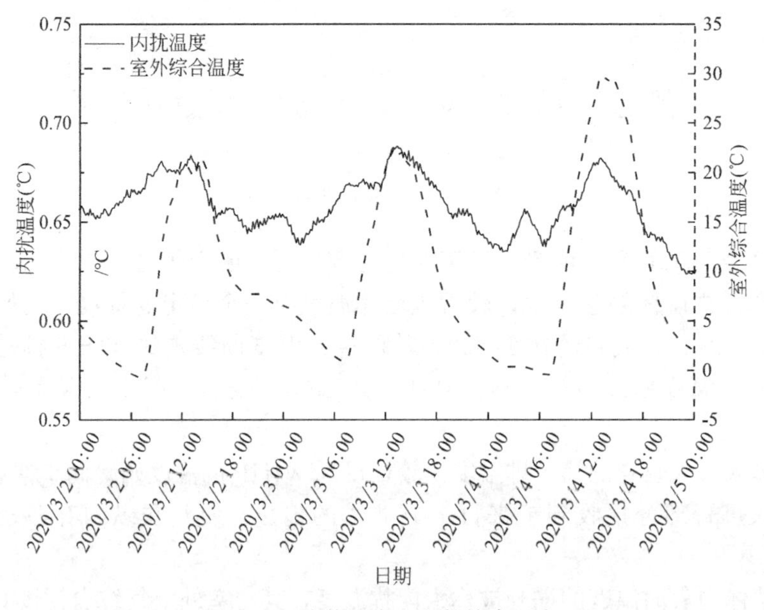

图 4.34　内扰温度和室外综合温度

4.4.3　温度的延迟时间和衰减倍数

在室内温度恒定的条件下，墙体内表面最高温度出现时刻与最高室外综合温度出现时刻的时间差为墙体对温度波的延迟时间，用以反映墙体内表面对室外温度波作用响应的快慢。在室内温度恒定的条件下，室外综合温度波幅与墙体内表面温度波幅的比值为墙体对温度波的衰减倍数，用以反映墙体内表面对室外温度波作用的抵抗能力。统计测试期间共 87 天的延迟时间和衰减倍数，常规墙体的平均延迟时间为 10.62h，平均衰减倍数为

79.88，WIHP的平均延迟时间为11.12h，平均衰减倍数为89.37。对比常规墙体，WIHP的内表面温度滞后约0.5h，内表面温度波波幅更小。

因热管传热的即时性，WIHP的延迟和衰减主要是由墙体蓄热引起的。相较于常规墙体，WIHP因冷凝段放热面向室外侧的传热，使其蓄热量增大。室外综合温度越高，热管工作越强烈，放热面的温度越高，墙体蓄热量越大。从而延缓内表面的温度衰减，减小内表面的温度波动，可更好地维持室内热环境的稳定。

对南墙内表面不同高度的温度热响应进行分析，常规墙体不同高度的延迟时间和衰减倍数差异不大。而WIHP由于纵向传热的干扰，未置入热管的第1排接收到来自上方墙体的热量，使其温度峰值的时间延后，同时温度峰值增大，故延迟时间增大，衰减倍数减小。测试结果证明了这一点，WIHP冷凝段的平均延迟时间为10.93h，衰减倍数为92.03。未置入热管的第1排平均延迟时间为11.30h，衰减倍数为86.71。

4.4.4　WIHP的节能性

以WIHP动态传热模型为基础，根据实测的南墙内外表面温度，分别算出WIHP和常规墙体的传热量，并与实测的耗电量进行对比，评估WIHP的节能性。

测试期间常规墙体传热量为$-8.830\mathrm{kWh/m^2}$，负值表示墙体在供暖季向外传热。WIHP传热量为$6.547\mathrm{kWh/m^2}$，其中热管部分向室内传热，传热量为$2.491\mathrm{kWh/m^2}$。因热管作用，抵消了一部分墙体向室外的传热量，表现为墙体的保温隔热性能更好。测试期间WIHP的节能量为$2.283\mathrm{kWh/m^2}$，共节省24.8kWh，节能率为25.9%。实测此段时间的电量可知，有WIHP房间节省23kWh，与WIHP节能量基本一致，因此WIHP动态传热模型适用于实际建筑中。若按布置热管面积计算节能量，则为$7.610\mathrm{kWh/m^2}$，进一步说明WIHP的节能潜力很大。随着热管布置面积占墙面的比例增大，WIHP在冬季的节能效果会更加明显，甚至极端情况下，可完全抵消墙体本身的散热量。

按周统计，测试期间WIHP和常规墙体的传热量和节能率如图4.35所示。随着天气变暖，两墙体向室外的传热量逐渐减小。因热管向室内传热的效果随天气转暖变好，WIHP抵消了更多向室外的传热，故其散热量减小的程度更加显著。供暖季的最后一个月，室外综合温度高，热管有更多的工作小时数，节能率显著，最高达到67.2%。

天津市供暖季的室外温度变化大致以1月15日为轴对称分布，统计后两个供暖月的传热量与节能率。1月15日至2月14日WIHP传热量为$-2.781\mathrm{kWh/m^2}$，普通墙体传热量为$-3.429\mathrm{kWh/m^2}$，节能率为18.9%。2月15日至3月16日WIHP传热量为$-1.280\mathrm{kWh/m^2}$，普通墙体传热量为$-2.250\mathrm{kWh/m^2}$，节能率为43.1%，因此WIHP在供暖季能发挥较好的作用。

测试期间两墙体的逐时传热量及其差值如图4.36所示。WIHP传热量变化趋势与常规墙体基本一致，在供暖季的最后一个月，曲线均有明显的上升。WIHP的曲线始终在常规墙体上方，表明WIHP更多地利用室外太阳能，用来抵挡室内向外的散热。传热量曲线的波峰出现在夜间1:00左右，波谷出现在14:00左右，与南墙内表面温度的波峰波谷出现时刻基本一致。常规墙体传热量一直小于0，其热量一直由室内散到室外。到供暖季末期，WIHP的传热量大于0，其向室内传热。可推断在气象条件更有利的过渡季，WIHP能够发挥更好的作用。

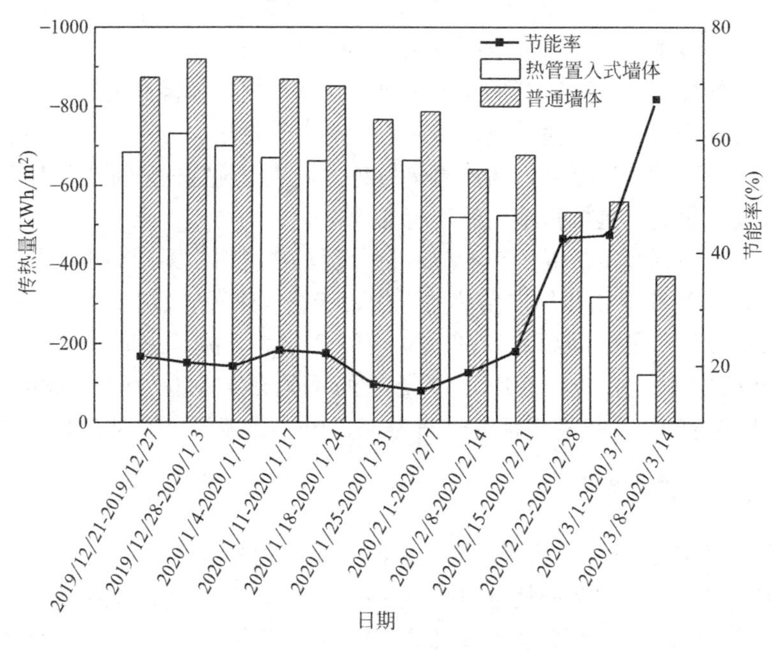

图 4.35　南墙周传热量和周节能率

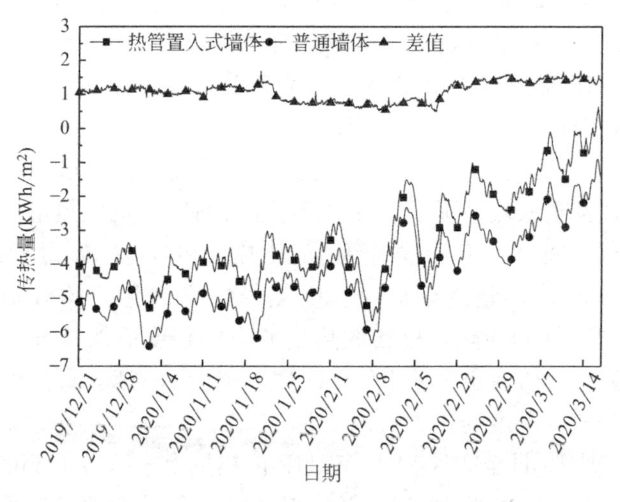

图 4.36　南墙逐时传热量和传热量差值

4.5　WIHP 的数值模拟

4.5.1　WIHP 二维数值模型

对一般建筑而言，墙体的高度和宽度远大于墙体的厚度，因此墙体内部的传热通常可视为一维导热。而 WIHP 的蒸发段和冷凝段管栅上、下分离布置，使得墙体在高度方向存在着明显的温度变化，故 WIHP 内呈现明显的二维传热特征，需采用二维传热模型。

1. 墙体二维传热物理模型

为方便建模和后续计算，对 WIHP 的几何模型作出如下简化：

（1）忽略热管绝热段对墙体的传热。热管的绝热段是两根用于连接蒸发段管栅与冷凝段管栅的穿墙干管，其与墙体的接触面积很小，且绝热管外设有保温层，与墙体之间的传热量很小，对墙体温度场影响微弱，因此将其忽略不计。

（2）将热管蒸发段管栅和冷凝段管栅分别视为一个温度均匀的吸热/放热面，即将热管蒸发/冷凝段由管栅近似为一个与其在相同位置的吸热/放热面，并将其与墙体之间传热系数折算到此吸热/放热面上，由于热管具有优良的等温性，故可近似认为吸热/放热面为等温面。

传热单元几何模型如图 4.37（a）所示，以毛细管中心的热管为传热单元的代表面，以水平绝热段为上下边界。蒸发段长度为 L_e，冷凝段长度为 L_c，传热单元的长 $L=L_e+L_c$，宽为墙体的厚度 δ，蒸发段及冷凝段宽度为热管外径。墙体材料热物性参数及尺寸参见表 4.13。

墙体热物性参数　　　　**表 4.13**

材料	密度(kg/m^3)	比热容[J/(kg·K)]	导热系数[W/(m·K)]	尺寸(mm)
水泥砂浆	1800	1050	0.93	20
XPS 保温板	29	1470	0.03	70
砖墙	1800	880	0.81	240
PVC 管材(管栅)	900	1926	0.23	Φ4(1000×800)

WIHP 内外抹灰层被置入毛细管，且由于重力热管的性质，冷凝段与蒸发段存在高度差，因此，研究墙体温度场特性，需要考虑墙体纵（垂）向及横（水平）向的温度分布。具体监测点的布置可参见图 4.37（b）。蒸发段中部位置（第 1 排），墙体中部位置（第 2 排），冷凝段中部位置（第 3 排），常规墙体无蒸发段与冷凝段，但测点位置与 WIHP 完全对应。

2. 墙体传热数学模型

① 数学模型

墙体内部的传热为非稳态二维有内热源，导热微分方程如下：

$$\frac{\partial T(x,y,t)}{\partial t}=\frac{\lambda}{\rho c}\left(\frac{\partial^2 T(x,y,t)}{\partial x^2}+\frac{\partial^2 T(x,y,t)}{\partial y^2}\right)+\frac{q_n}{\rho c} \tag{4-24}$$

$$q_n=\frac{T'_c}{R_i} \tag{4-25}$$

$$\alpha=\frac{\lambda}{\rho c_p} \tag{4-26}$$

式中，q_n——冷凝段热流量（W/m^2）；

R_i——冷凝段与室内侧的热阻 [$(m^2 \cdot K)/W$]；

α——墙体材料的热扩散系数（m^2/h）；

λ——墙体材料的导热系数 [$W/(m^2 \cdot K)$]；

c——墙体材料的比热容 [$J/(kg \cdot K)$]；

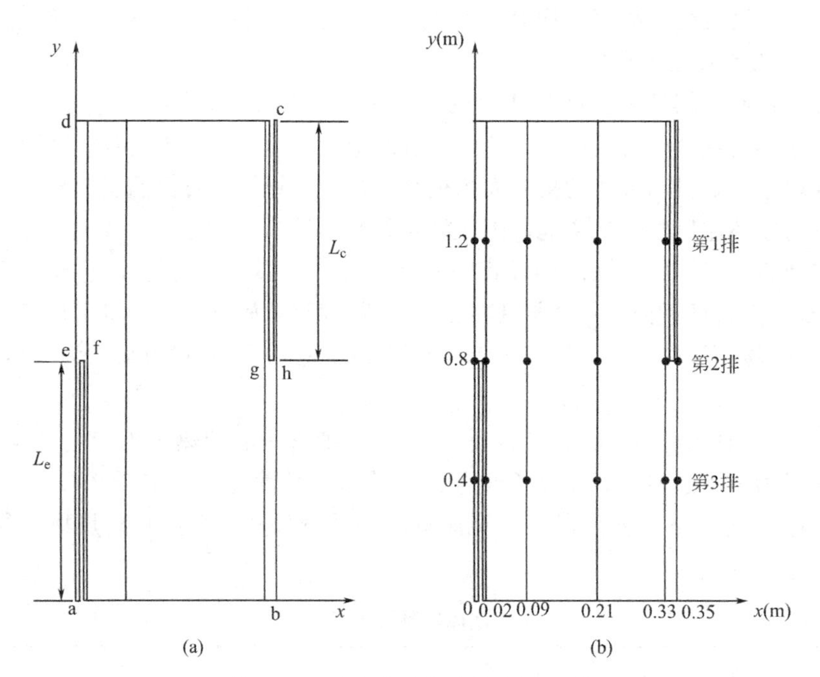

图 4.37　几何模型及监测点示意图

(a) 几何模型示意图；(b) 监测点布置示意图

ρ——墙体材料密度（kg/m^3）。

② 边界条件

外表面考虑对流、辐射，将室外空气综合温度作为第一类边界条件：

$$T\mid_{x=ad}=T_{sa} \tag{4-27}$$

蒸发段、冷凝段参考测试数据的结果，设定为温度边界条件：

$$T\mid_{e<x<f,\ y=le}=T_e \tag{4-28}$$

$$T\mid_{g<x<h,\ y=le}=T_c \tag{4-29}$$

内表面与室内空气及围护结构进行对流、辐射热交换，设置为第三类边界条件：

$$q=-\lambda\frac{\partial T}{\partial x}\mid_{x=bc}=h_i(T_i-T_a) \tag{4-30}$$

式中，h_i——内表面与室内的综合换热系数［$W/(m^2\cdot K)$］；

T_i——内表面温度（℃）；

T_a——室内空气温度（℃）。

上、下表面为绝热边界：

$$\left.\frac{\partial T}{\partial t}\right|_{y=ab,\ dc}=0 \tag{4-31}$$

内表面初始温度设为室内供暖温度 291.15K，即

$$T\mid_{t=0}=291.15K \tag{4-32}$$

3. 数值方法描述

为了分析墙体内部温度场特性，采用Fluent作为计算流体动力学软件（CFD）的求解器，在相同条件下模拟 WIHP 与常规墙体。在 Gambit 里面进行网格划分，网格尺寸为

2mm，内、外抹灰层为三角形网格，其余为四边形网格，生成的计算网格如图 4.38 所示。

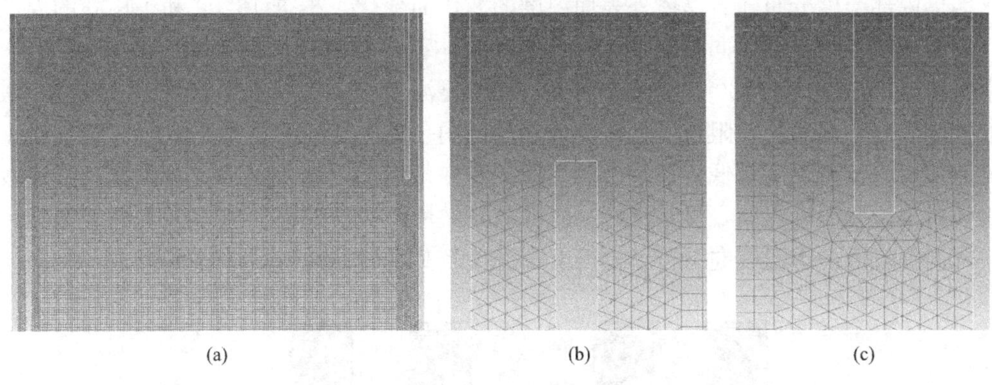

图 4.38　计算网格示意图

（a）墙体网格；（b）蒸发段；（c）冷凝段

将网格文件（.msh）导入 Fluent，选择求解器（pressure-based）和时间（瞬态），打开能量方程，添加用户自定义函数（UDF）和墙体材料，指定边界条件，并设置求解方法。初始化温度场，建立监测点，设置时间步长（3600s）和迭代次数。

4.5.2　WIHP 动态数值模拟

天津属于寒冷地区，据气象资料统计近十年的冬季室外平均温度为 1.6℃。冬季测试期间，2020 年 2 月 15 日的室外日平均温度为 1.7℃，与历年冬季平均温度十分接近。因此，选择 2020 年 2 月 15 日为典型日对 WIHP 的传热特性进行分析，得到的规律具有较强的代表性。天津市 2020 年 2 月 15 日的气象参数见图 4.39。

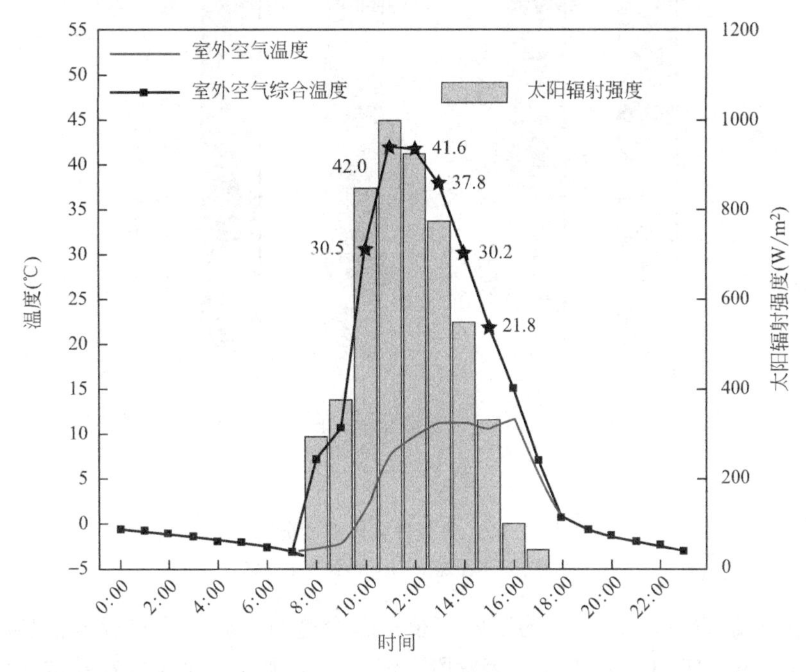

图 4.39　2 月 15 日气象参数

1. 温度场分布

墙体内部温度分布随着墙体外表面温度的变化而变化，根据 12:00 和 14:00 的温度分布，因为这两个时刻可以同时反映热管传热和墙体蓄热双重作用的影响。图 4.40（a）显示常规墙体 12:00 及 14:00 在竖直方向上均无明显温差，结构层水平温度梯度较小，最大温度梯度出现在保温层，阻止了太阳辐射热量向内传递。WIHP 外抹灰下部（蒸发段）较常规墙体对应位置温度略低，显示出蒸发段的吸热效应；内抹灰上部（冷凝段）温度较常规墙体对应位置温度提高，显示出冷凝段的放热效应。WIHP 在竖直方向上温差明显，墙体中部温度较低的等温线向下移动，而上部温度较高的等温线向墙体内移动。

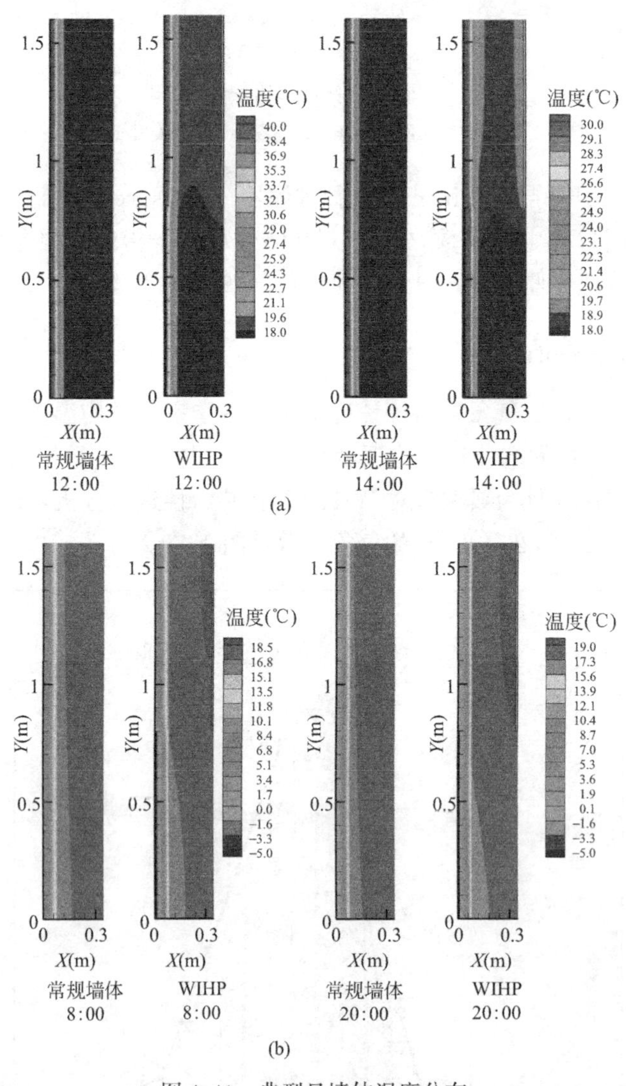

图 4.40　典型日墙体温度分布

（a）热管工作状态；（b）热管不工作状态

值得注意的是 20:00 和 8:00 的温度分布，因为这两个时刻反映墙体蓄热的影响。图 4.40（b）显示 WIHP 外抹灰下部（蒸发段）温度与常规墙体对应位置基本一致；内抹灰上部（冷凝段）温度仍高于常规墙体对应位置，说明墙体在热管工作时蓄积的热量仍在逐渐释放。

总体上看，WIHP 的平均温度高于常规墙体，温差最大处为冷凝段内表面（热管工作时高于常规墙体 1.5℃），其温度的二维分布特征明显。

2. 动态热响应特征

当室温恒定，室外温度变化时，围护结构的热响应随距离表现出不同程度的衰减和延迟。图 4.41 显示了 WIHP 与常规墙体内部温度随时间的变化。冬季常规墙体外表面昼夜温差较大，夜间外表面温度远低于室内温度，日间太阳辐射强度较强时，室外空气综合温度远高于室内温度，造成了夜间墙体热损失大，而白天的太阳辐射热量无法利用的情况。图 4.41（a）～（f）显示，当同样的温度波作用于围护结构的外表面时（x=0m），常规墙体离外表面越远，温度波动越平缓。对比常规墙体与 WIHP 的温度变化，不难看出，在第 2 排（冷凝段的下部）和第 3 排（冷凝段的中部），WIHP 内表面的温度波动更大，这显然是热管传热造成的。图 4.41（b）显示，WIHP 外抹灰层第 2 排温度在热管工作时有明显降低，这是因为蒸发段的吸热作用。而热管不工作时，温度开始升高，与常规墙体趋于一致。图 4.41（c）显示，保温层与墙体结构层交界面处（x=0.09m）常规墙体的峰谷差为 2℃，而 WIHP 由于蒸发段的吸热有所降低，峰谷差为 1.8℃左右。图 4.41（d）显示，墙体结构层中心位置（x=0.21m）第 2 排 WIHP 的最高温度和最低温度均比常规墙体提高了 0.5℃，说明热管传热提高了墙体内部温度。虽然 WIHP 与常规墙体最高温度均出现在 0:00，但 WIHP 最低温度出现在 10:00，常规墙体出现在 9:00，WIHP 比常规墙体延迟了 1h。图 4.41（e）和（f）显示，WIHP 与常规墙体内抹灰层（x=0.33m）与内表面（x=0.35m）温度波变化基本趋势相同。WIHP 上部最低温度（第 2 排和第 3 排）出现在 10:00，而常规墙体最低温度出现在 11:00。WIHP 内表面温度峰谷差为 1℃，而常规墙体仅约 0.1℃，表明 WIHP 内表面的热响应较快且更强烈。图 4.41（d）和（e）显

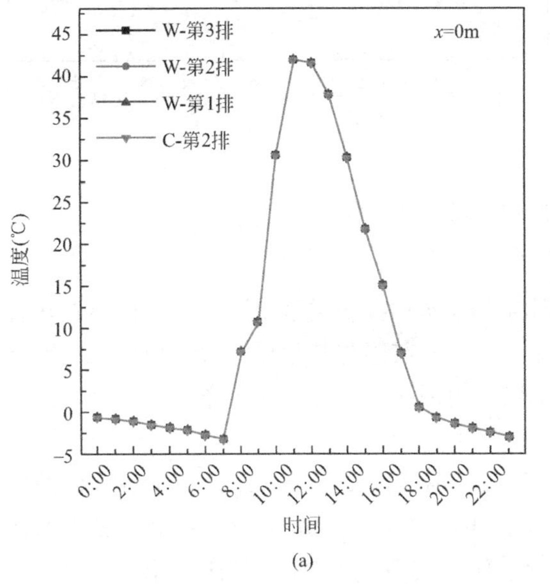

(a)

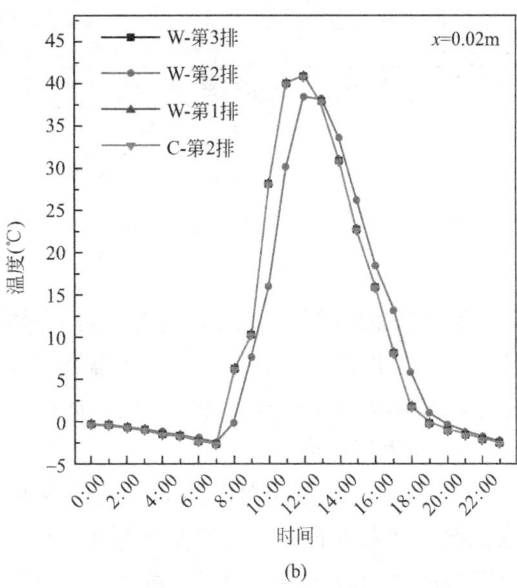

(b)

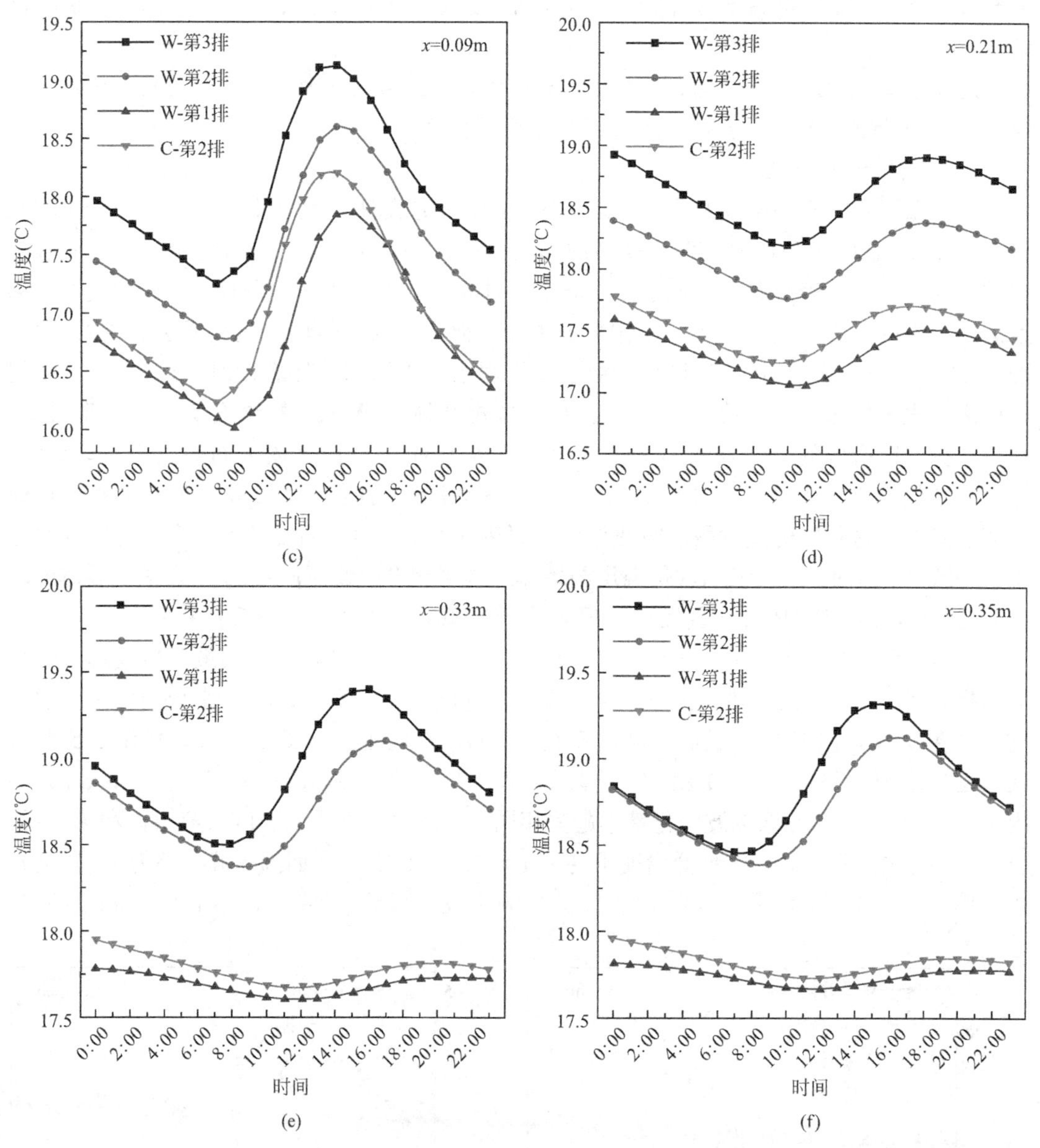

图 4.41 WIHP 及常规墙体内部温度随时间的变化

W—WIHP，C—常规墙体

示，WIHP 的下部（第 1 排）传热特性在墙体结构层与内抹灰层是不同的。结构层在热管工作状态下温差大，热管非工作状态下温差小，而内抹灰层与其相反。这一现象的原因是冷凝段放热提升了内抹灰层的温度，而墙体的蓄热可减缓结构层温度的降低。

3. 内表面温度

图 4.42 显示了 WIHP 与常规墙体内表面温度随时间的变化。WIHP 与常规墙体的内表面温差随着垂直高度的增加而增大。图 4.42（b）和（c）显示第 2 排和第 3 排 WIHP 和常规墙体内表面的平均温差为 1℃，当热管工作时最高为 1.5℃。WIHP 第 2 排和第 3 排内表面温度高于室温 0.5～1.5℃，表明其向室内传热。图 4.42（a）显示常规墙体第 1

排内表面温度有明显下降时，WIHP 相同位置的温度却没有明显变化，表明 WIHP 蓄热影响更显著。

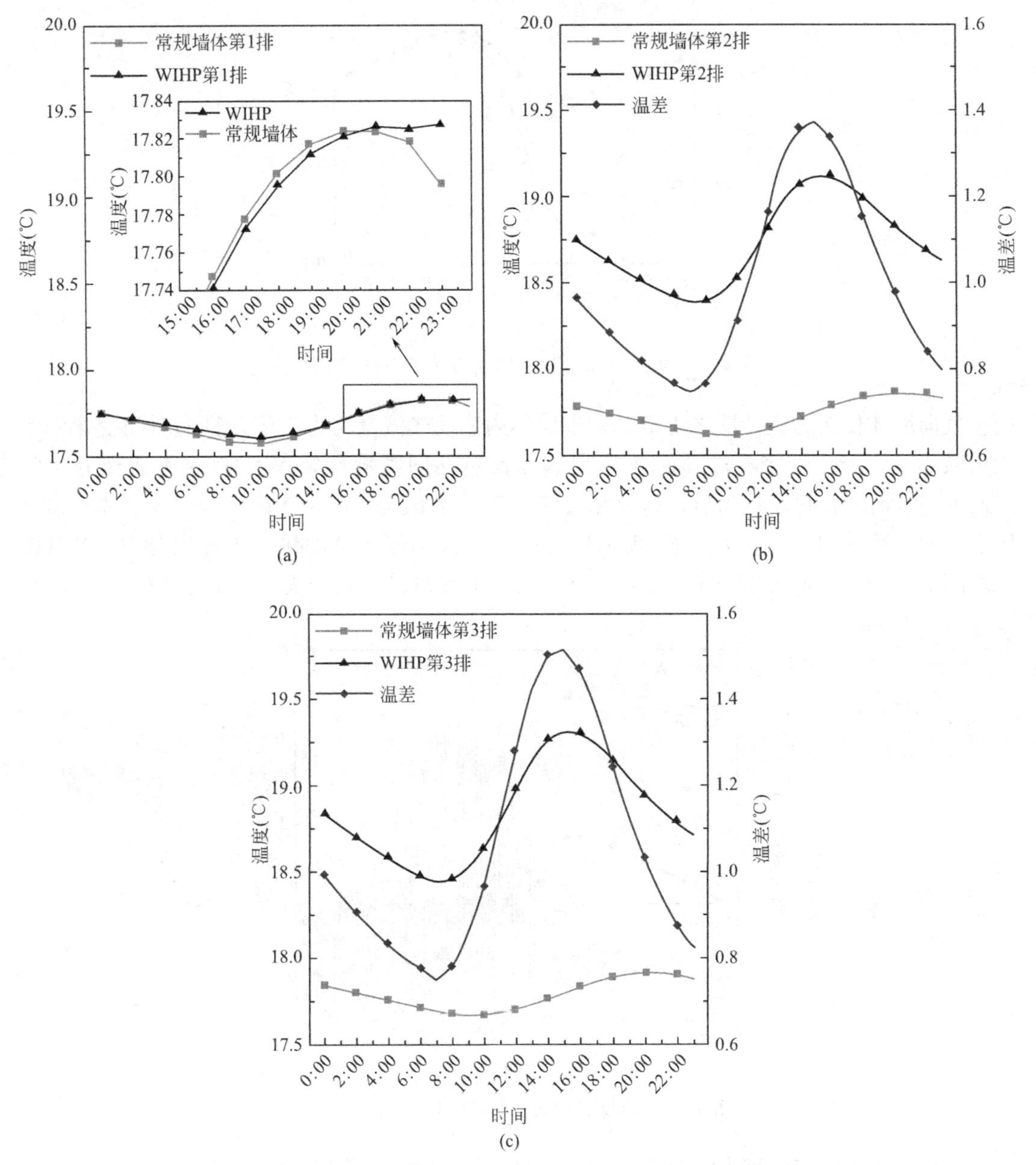

图 4.42　WIHP 与常规墙体内表面温度随时间的变化

（a）第 1 排；（b）第 2 排；（c）第 3 排

WIHP 与常规墙体内表面平均温度如图 4.43 所示，WIHP 较常规墙体内表面温度提高约 0.59℃。WIHP 与常规墙体内表面温差的峰值约 0.9℃，表明 WIHP 通过冷凝段放热有效地提高了内表面温度，降低了墙体的热损失。

4. 内表面热流量

WIHP 与常规墙体典型日内表面热流量的变化如图 4.44 所示。室内温度为 18℃，室

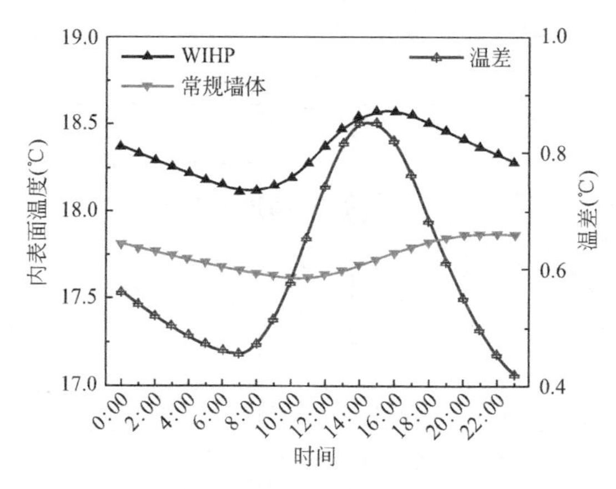

图 4.43　WIHP 与常规墙体内表面平均温度及温差

内空气向墙体传热为正，反之为负。常规墙体内表面热流量均为正值，且随时间变化先增大后减小。由于热管冷凝段即时放热和墙体蓄热共同影响导致 WIHP 内表面部分时间（12:00 至 20:00）热流量为负，这意味着 WIHP 内表面温度高于室内，与常规墙体有显著区别。常规墙体向室外散热，而 WIHP 可以利用太阳能向室内供热。在典型日，WIHP 平均降低内表面热损失 1.39W/m^2，且热管工作时平均减少热损失可达 2.46W/m^2。

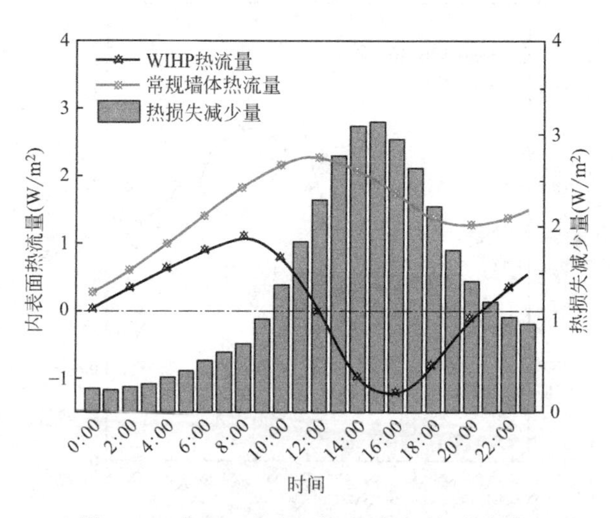

图 4.44　典型日内表面热流量随时间的变化

供暖季墙体内表面每小时热流量变化如图 4.45 所示。常规墙体内表面热流量随天气变化较为平缓，而 WIHP 由于受太阳辐射的影响内表面热流量变化较大。在供暖前期与末期 WIHP 热流量有更多时间为负值，表明 WIHP 有较好的工作条件。常规墙体内表面热流量最大值为 4.7W/m^2，平均值为 3.23W/m^2；WIHP 最大热流量是 3.24W/m^2，而平均值为 1.42W/m^2，平均降低了 56%。热管工作期间，WIHP 平均热流量为 0.48W/m^2，较常规墙体降低了 85%。在整个供暖季，常规墙体内表面累积热流量为 9.47kWh/m^2，而 WIHP 内表面累积热流量为 4.17kWh/m^2，减少了 5.29kWh/m^2，表明 WIHP 在供暖季具有较大的节能潜力。

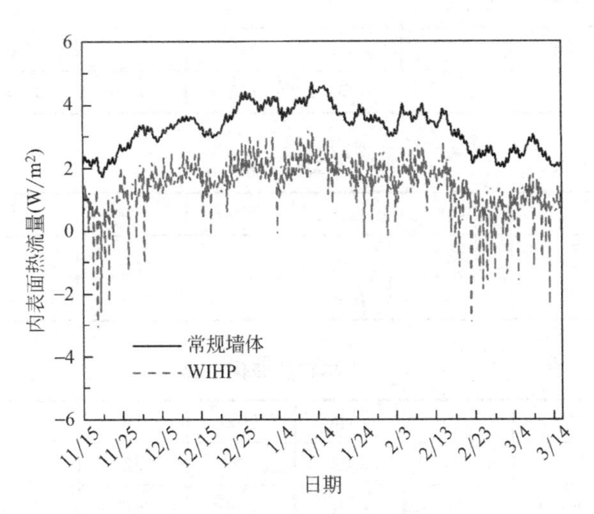

图 4.45 供暖季墙体内表面热流量随时间的变化

4.5.3 热物性参数对 WIHP 动态传热特性的影响

在非稳态传热过程中，墙体内表面温度受室外温度影响呈现周期性变化。不同材料的 WIHP 在热管工作时内表面温度上升的速率不同，这里定义了内表面温升速率 v 的概念，用以反映 WIHP 内表面温度对室外空气温度变化的响应快慢，以及 WIHP 的温升效果。其定义式如下：

$$v=\frac{T_{\max}-T_{\min}}{\Delta t} \tag{4-33}$$

式中，v——内壁面温升速率（℃/h）；

$T_{\max}$——墙体内表面日最高温度（℃）；

$T_{\min}$——墙体内表面日最低温度（℃）；

Δt——温升时长（h）。

对于厚度确定的墙体，不同砌体结构对于 WIHP 的热工性能具有不同的影响。墙体砌块层材料对 WIHP 热工性能的影响因素主要有 3 个：导热系数、密度和比热容。在设计 WIHP 时，一般都希望墙体具有一定的保温蓄热性能，所以墙体材料的导热系数不能太大，同时墙体蓄热量由墙体的密度和比热容决定，通常每一种材料的导热系数、密度和比热容都是固定的，所以材料的热物性参数对 WIHP 传热的影响，需要通过数值计算的方法才能确定。

为了研究墙体砌块层材料的导热系数、密度和比热容对 WIHP 传热性能的影响，对加气混凝土砌块墙进行数值模拟。墙体厚度为 240mm，三类热物理性质参数如表 4.14～表 4.16 所示。首先密度和比热容取常数，导热系数在 0.24～1.64W/(m·K) 变化；其次导热系数和比热容固定不变，密度在 600～2500kg/m³ 变化；最后导热系数和密度保持不变，比热容在 920～1350J/(kg·K) 变化。对于这 3 种情况，以内表面温度和内表面热流量为评价指标，分析这 3 个参数对 WIHP 传热的具体影响。

导热系数的变化　　表 4.14

λ[W/(m·K)]	0.24	0.44	0.64	0.84	1.04	1.24	1.44	1.64
ρ(kg/m³)	600	600	600	600	600	600	600	600
c[J/(kg·K)]	1050	1050	1050	1050	1050	1050	1050	1050

密度的变化　　表 4.15

ρ(kg/m³)	600	900	1200	1500	1800	2100	2300	2500
λ[W/(m·K)]	0.24	0.24	0.24	0.24	0.24	0.24	0.24	0.24
c[J/(kg·K)]	1050	1050	1050	1050	1050	1050	1050	1050

比热容的变化　　表 4.16

c[J/(kg·K)]	920	980	1040	1100	1160	1220	1280	1340
λ[W/(m·K)]	0.24	0.24	0.24	0.24	0.24	0.24	0.24	0.24
ρ(kg/m³)	600	600	600	600	600	600	600	600

1. 导热系数对 WIHP 传热的影响

图 4.46 分别表示不同导热系数下 WIHP 内表面温度和内壁面温升速率，导热系数的变化如表 4.14 所示。影响 WIHP 内表面温度的因素有热管工作时间、热管工作强度、室内温度和墙体蓄热性能，而影响热管工作时间和工作强度的因素取决于实际室外综合温度。图 4.46（a）可以看出，12:00 是内表面温度变化的拐点，12:00 前导热系数与内表面温度负相关，12:00 后，两者正相关，以上特性是由于室外空气综合温度在 12:00 最高，此时热管工作状态良好，改变导热系数对墙体内表面温度不会产生较大的影响，而热管的工作强度对内表面温度影响较大。在热管启动前，由于室外空气温度较低，墙体处于失热状态，导热系数越小，传热系数越小，墙体失热量越小，内表面温度相对越高。在热管工作后，冷凝段释放热量，内表面温度升高，导热系数越大，内表面温度热响应越快，待热

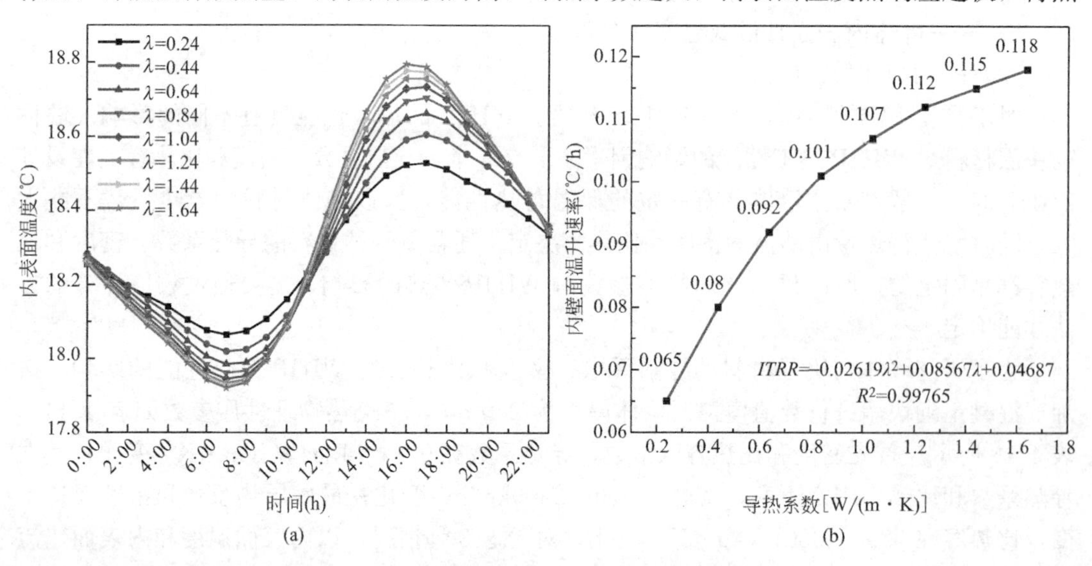

图 4.46　不同导热系数下内表面温度和内壁面温升速率

管达到冷凝极限后，内表面温度维持稳定状态。由图 4.46（b）可以看出，当导热系数增大，*ITRR* 增大，两者呈现“上凸”型曲线，导热系数每增加 0.2W/(m·K)，*ITRR* 从 0.003℃/h 增大到 0.015℃/h，内表面温度上升越快，说明内表面温度对室外空气温度变化的响应越迅速。导热系数与 *ITRR* 之间的关系如式（4-34）所示。

$$ITRR = -0.02619\lambda^2 + 0.08567\lambda + 0.04687 \tag{4-34}$$

图 4.47 给出了不同导热系数下 WIHP 内表面热流量曲线。墙体内表面与室内空气进行热交换，室内空气温度为 18℃，当内表面温度高于 18℃时，内表面向室内放热，其热流量为负。由图 4.47 可知，典型日内表面热流量大部分都为负，12:00 前，导热系数与内表面热流量正相关，12:00 之后，两者负相关，当 $\lambda > 1$W/(m·K) 后，内表面热流量变化幅度较小。对 WIHP 而言，导热系数超过 1W/(m·K) 时对墙体传热敏感度较小。

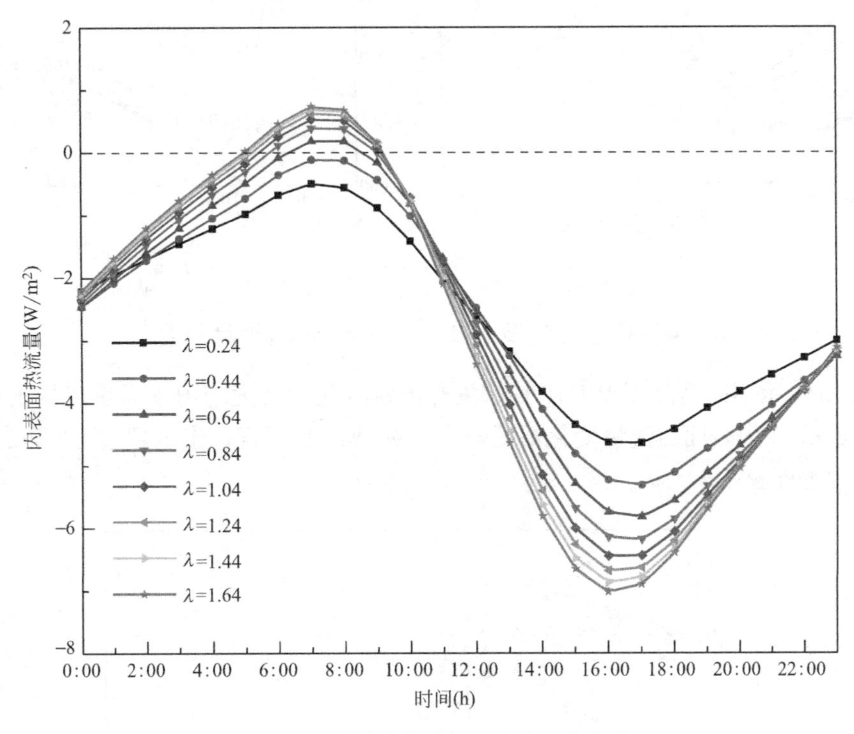

图 4.47　不同导热系数下内表面热流量

2. 墙体材料密度对 WIHP 传热的影响

图 4.48 分别表示不同密度下 WIHP 内表面温度和内壁面温升速率，密度的变化如表 4.15 所示。由图 4.48（a）可知内表面温度变化规律一致，密度与内表面温度负相关。密度越小，墙体传热能力强，内表面温度越高。热管冷凝段加热面即时传热，致使白天内表面温度随室外空气温度升高而上升，在夜晚热管不工作时，q_3 使墙体内表面维持较高的温度，有利于改善室内热环境。图 4.48（b）表示密度与内壁面温升速率的变化情况，两者呈现“下凹”型曲线，随着密度增大，*ITRR* 变化分为两个阶段：当 $\rho < 1200$kg/m³，*ITRR* 随密度增大而减小，内表面温度上升慢；当 $\rho > 1200$kg/m³，*ITRR* 随密度增大而增大，内表面温度上升快。原因是加气混凝土是由混凝土和空气间隙（孔洞内含有空气）组成，当 $\rho < 1200$kg/m³，由于 ρ 的增加导致孔洞的空气间隙减小，空气间隙之间是对流

换热，因此对内表面的传热能力减小；当 ρ>1200kg/m³，ρ 逐渐增大时，孔洞的空气间隙已经非常紧密，此时混凝土的传热占主导地位。因此 ρ=1200kg/m³ 是加气混凝土墙体内表面温度提升的临界值。密度与 $ITRR$ 之间的关系如式（4-35）所示。

$$ITRR = 0.20527 - 0.00116\rho^{0.5} - \frac{5.75381}{\rho^{0.5}} + \frac{73.96223}{\rho} \tag{4-35}$$

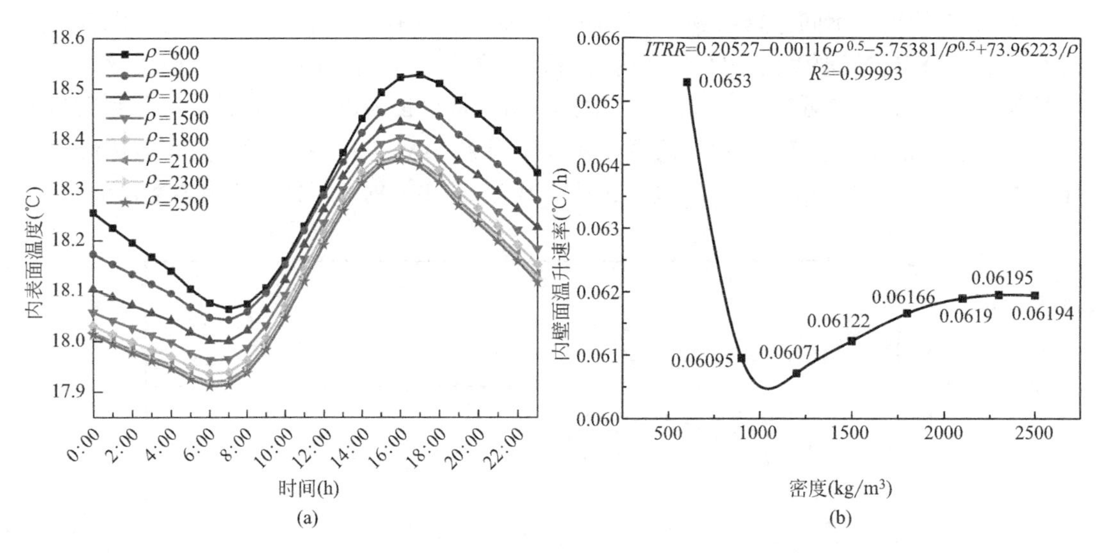

图 4.48 不同密度下内表面温度和内壁面温升速率

图 4.49 显示不同密度下 WIHP 内表面热流量变化。密度与内表面热流量正相关，当 ρ>1800kg/m³，内表面热流量变化幅度较小。对 WIHP 而言，密度超过 1800kg/m³ 时对墙体传热敏感度较小。

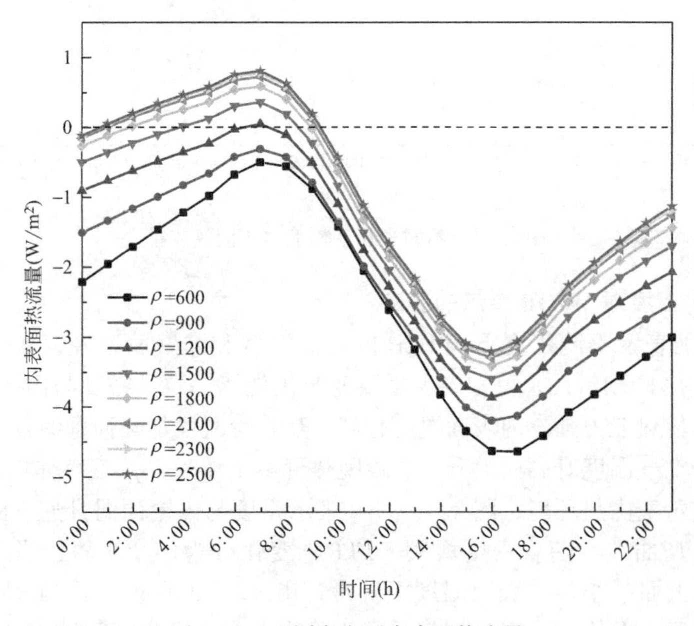

图 4.49 不同密度下内表面热流量

3. 比热容对WIHP传热的影响

图4.50分别表示不同比热容下WIHP内表面温度和内壁面温升速率，比热容的变化如表4.16所示。由图4.50（a）看出内表面温度变化规律一致，比热容与内表面温度负相关，在热管工作时，比热容对内表面温度的影响变化较小。图4.50（b）表示比热容与内壁面温升速率的变化情况，随着比热容增大，*ITRR* 逐渐减小，比热容每增加60J/(kg·K)，*ITRR* 增加0.002℃/h，比热容与 *ITRR* 之间的关系如式（4-36）所示。

$$ITRR=(2.22305\times10^{-8})c^{2}-(6.45365\times10^{-5})c+0.10859 \quad (4\text{-}36)$$

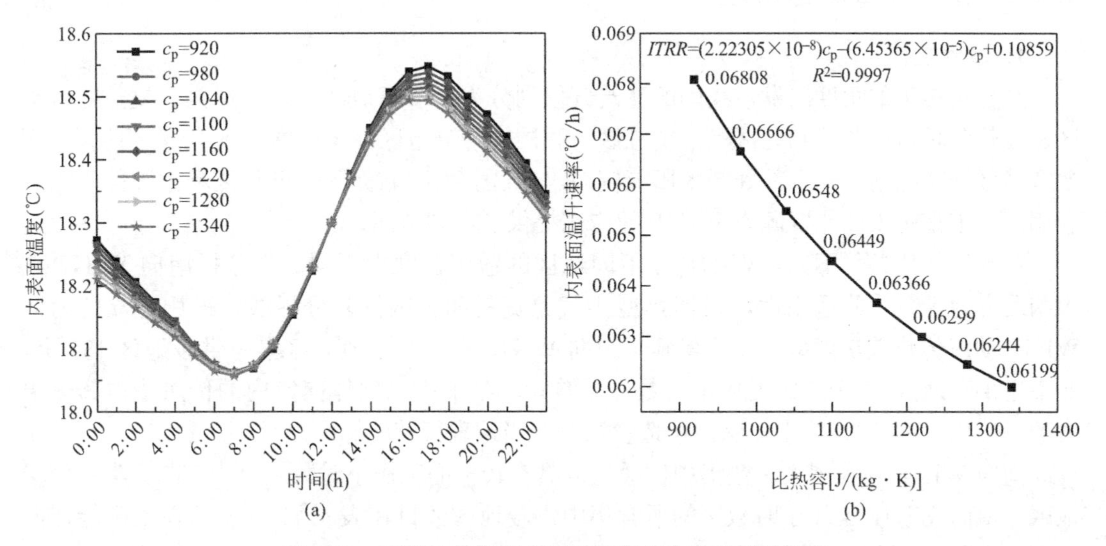

图4.50 不同比热容下内表面温度和内壁面温升速率

图4.51显示不同比热容下WIHP内表面热流量变化。比热容与内表面热流量正相关，

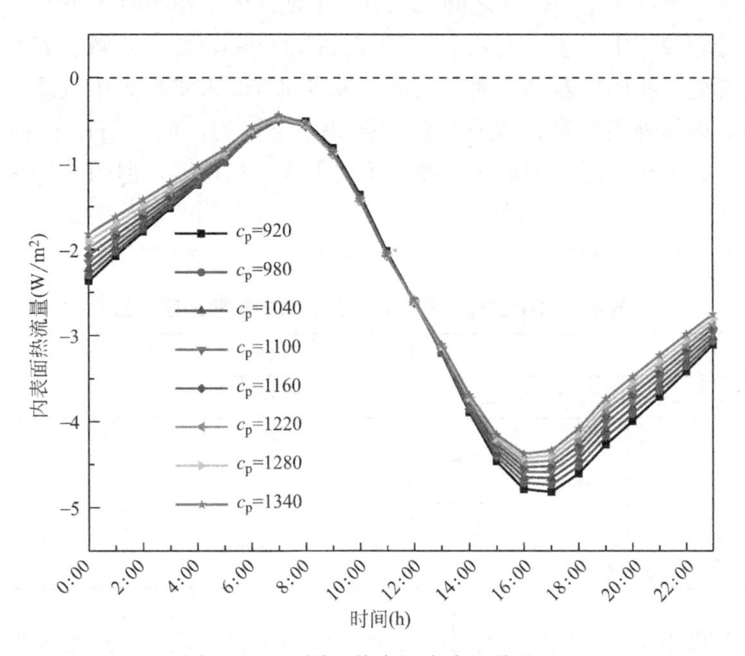

图4.51 不同比热容下内表面热流量

对内表面热流量影响幅度较小，主要是由于材料的比热容与蓄热系数成正比，在热管工作时对墙体结构的蓄热量影响较大。

4.6 WIHP 冬季适用性

4.6.1 南向 WIHP 适用性

1. 适用性

从建筑热工的角度出发，我国的建筑气候划分为：严寒地区、寒冷地区、夏热冬冷地区、夏热冬暖地区和温和地区等 5 个分区。我国大部分地区处于严寒地区和寒冷地区，而严寒地区和寒冷地区基本都处于太阳能资源丰富区、太阳能资源较丰富区和太阳能资源可利用区，丰富的太阳能资源为 WIHP 的应用提供了广阔空间。

各地区气象条件不同，WIHP 在不同地区的适用程度也不同。为分析南向 WIHP 在中国北方地区冬季的适用性，根据典型年气象资料和我国供暖分界线，采用建立的南向 WIHP 动态传热数学模型，计算得到了南向 WIHP 在 179 个地区（集中供暖地区 157 个，非集中供暖地区 22 个）的工作小时数、传热量和节能率（墙体向室内的传热量占其热损失的百分比）。上述计算中，墙体构造参数符合当地现行节能标准。

南向 WIHP 在我国大多数集中供暖地区具有较多的工作小时数。对于 157 个集中供暖地区，南向 WIHP 工作小时数区间所含集中供暖地区数目在表 4.17 列出。在太阳能资源丰富的内蒙古、青海和西藏等地区工作小时数相对较多，如在内蒙古地区，共计算了 29 个地区供暖期南向 WIHP 的工作小时数，其中 25 个地区的工作小时数大于 550h，另外 3 个地区的工作小时数在 451～550h 之间，只有 1 个地区的工作小时数小于 250h。新疆地区的工作小时数分布较集中，基本上处于 451～850h 之间。新疆、西藏、青海、宁夏、陕西北部和甘肃北部处于我国中西部，地广人稀，很多地方尚未实现集中供暖，但这些地区太阳能资源丰富，墙体外表面可以吸收大量太阳辐射能，为南向 WIHP 的应用创造了很好的条件。黑龙江、吉林和辽宁等地区虽然处于太阳能可利用区，但因其供暖期室外气温较低，致使南向 WIHP 的工作小时数基本处于 251～550h。河北、河南、山东和山西等地区属于太阳能丰富和可利用地区，其工作小时数基本处于 250～650h。

南向 WIHP 工作小时数区间所含集中供暖地区数目　　表 4.17

工作小时数(h)	地区数	工作小时数(h)	地区数
101～250	2	651～750	20
251～350	32	751～850	15
351～450	23	851～950	7
451～550	25	≥951	10
551～650	23		

WIHP 在非集中供暖地区的工作小时数要少于集中供暖地区，这是因为阴雨天较多导致墙体外表面在大多数时间都无法达到 WIHP 的工作温度，这些地区的工作小时数基本

在100～350h。

由于北方大城市中相对严重的空气污染，降低了当地太阳辐射强度，致使墙体外表面接收的太阳能相对较少的缘故，南向WIHP在很多大城市的工作小时数要少于其周围的农村地区。

WIHP的经济性是衡量其可行性的重要指标之一。当WIHP单位面积得热量低于2kW/h时，回收期超过25年，基本不适宜应用，当单位面积得热量高于2kW/h时则适宜应用。南向WIHP单位面积得热量与工作小时数基本上呈现相同的分布规律。对于统计的179个地区，只有19个地区的得热量少于2kW/h，其中的9个地区是非集中供暖地区。对于集中供暖的157个地区，南向WIHP在不同传热量区间所含地区数在表4.18给出。结果表明，南向WIHP在93.63%的集中供暖地区是适用的。南向WIHP在集中供暖的内蒙古、新疆、西藏、甘肃北部、青海西北部、宁夏和陕西北部均具有较高的得热量，其中16个地区的得热量大于9.5kW/h，新疆哈密的得热量达到15.42kW/h，为所有地区中最高。其他地区的得热量基本在2～5kW/h之间。部分地区的WIHP虽然工作小时数较少，但得热量较大，表明墙体具有较高的工作温度。在非集中供暖地区，一般情况下室内温度要低于计算设定温度18℃，实际得热量会高于计算值，因此WIHP对室内热环境的改善效果应该更理想一些。

南向WIHP传热量区间所含集中供暖地区数目　　表4.18

传热量(kW/h)	地区数	传热量(kW/h)	地区数
0.5～2.0	10	6.5～8.0	21
2.0～3.5	50	8.0～9.5	7
3.5～5.0	36	>9.5	17
5.0～6.5	16		

以供暖地区各省会城市和直辖市为分析对象，计算了各地供暖期南向WIHP在不同时刻的工作小时数占总工作小时数的比例，见表4.19。从表中可以看出，南向WIHP在不同地区供暖期的白天均具有很好的传热效果。南向WIHP在不同地区的工作时间范围不同，累计工作小时数峰值出现的时刻也不尽相同。北京、天津、石家庄、济南、哈尔滨、沈阳和呼和浩特等地区，工作小时数在10:00～14:00相对较多，基本在11:00或12:00达到峰值。在中西部地区，由于时差原因导致南向WIHP的工作时间范围向后推移，乌鲁木齐和兰州的工作小时数在11:00～15:00相对分布较多，在14:00达到峰值，分别为15.85%和19.17%。

部分地区南向WIHP各时刻的累计工作小时数与总工作小时数的比值（单位:%）

表4.19

地区	时刻											
	7:00	8:00	9:00	10:00	11:00	12:00	13:00	14:00	15:00	16:00	17:00	18:00	19:00
天津	0.32	4.78	9.55	14.65	16.24	17.52	15.92	12.42	7.64	0.96			
哈尔滨	0.76	5.92	8.78	12.79	14.31	16.41	15.65	13.17	8.97	3.24			
长春			0.96	4.80	9.28	15.20	19.20	19.04	18.72	12.16	0.64		

续表

地区	时刻												
	7:00	8:00	9:00	10:00	11:00	12:00	13:00	14:00	15:00	16:00	17:00	18:00	19:00
沈阳	1.58	6.65	12.66	17.41	16.77	16.77	15.82	9.81	2.53				
石家庄	0.57	4.55	9.66	13.07	14.49	14.77	17.33	15.34	8.52	1.42	0.28		
济南	2.99	7.71	11.44	13.93	13.43	13.18	16.17	11.69	6.72	2.24	0.50		
郑州			0.72	6.49	13.70	16.35	18.51	17.55	14.42	8.65	3.61		
太原			0.74	4.44	11.39	16.86	17.46	17.16	15.53	10.65	5.62	0.15	
呼和浩特	0.20	3.54	9.23	13.16	14.73	16.90	16.11	13.56	9.23	3.34			
西安					2.61	9.48	13.40	16.99	16.99	18.63	18.63	3.27	
银川				1.40	6.00	13.54	15.20	15.45	15.33	15.07	14.69	3.32	
兰州		2.06	3.24	8.26	12.39	14.16	16.81	19.17	12.98	8.26	2.65		
西宁			2.49	9.00	13.57	15.51	15.37	15.93	15.51	10.11	1.94	0.55	
乌鲁木齐		0.91	3.35	8.54	12.80	13.72	12.50	15.85	14.94	9.45	6.40	0.91	0.61
拉萨		0.09	3.39	10.63	12.14	12.61	12.89	12.79	13.17	12.04	10.25		

部分地区的南向 WIHP 在不同时刻工作温度的平均值在表 4.20 中列出。可以看出，南向 WIHP 具有良好的工作条件，在拉萨、银川、西安和西宁等地区具有较高的得热能力，在这些地区不同时刻工作温度的平均值相对较高，均有两个以上时刻的平均值高于 30℃，其中银川 13:00～16:00 的平均值均高于 30℃，是所有地区最多的；拉萨 14:00 的平均值达到 37.06℃，是所有地区不同时刻的最高值。其他地区工作温度的平均值随时间的变化幅度相对平缓，除了石家庄在 12:00 的最高值达到 30.45℃，其余地区的最高值均低于 30℃，说明南向 WIHP 在这些地区不同时刻的得热能力相对稳定。

WIHP 工作温度的逐时平均值（单位:℃） **表 4.20**

地区	时刻												
	7:00	8:00	9:00	10:00	11:00	12:00	13:00	14:00	15:00	16:00	17:00	18:00	19:00
天津	19.82	23.91	24.91	26.26	29.02	28.14	28.62	25.63	22.48	20.39			
哈尔滨	21.63	23.17	24.57	26.42	28.18	27.62	26.65	27.30	25.08	23.46			
长春			20.48	23.57	25.92	26.99	28.00	29.50	27.69	24.60	21.09		
沈阳	21.04	21.41	24.79	27.69	28.60	27.39	24.98	22.18	20.73				
石家庄	19.91	25.24	24.46	27.08	27.41	30.45	28.32	25.84	23.59	22.96	18.17		
济南	21.85	23.37	25.33	28.83	28.91	29.97	29.28	25.94	23.36	20.77	19.26		
郑州			21.07	23.15	25.08	27.98	28.37	27.74	26.08	23.84	22.52		
太原			22.62	23.89	24.83	26.69	28.47	28.13	26.62	24.21	24.45	18.56	
呼和浩特	21.63	23.17	24.57	26.42	28.18	27.62	26.65	27.30	25.08	23.46			
西安					22.61	23.77	26.93	28.38	30.29	30.94	33.96	34.97	
银川				20.36	25.69	27.06	31.28	34.28	34.48	33.44	34.06	30.20	
兰州		20.81	21.91	24.11	27.16	28.25	28.36	26.51	25.38	22.39	19.69		

续表

地区	时刻												
	7:00	8:00	9:00	10:00	11:00	12:00	13:00	14:00	15:00	16:00	17:00	18:00	19:00
西宁			20.81	23.48	26.33	29.01	31.82	35.61	27.60	23.21	21.30	21.75	
乌鲁木齐		20.42	21.51	24.17	26.94	28.51	28.40	28.90	28.12	26.83	22.05	20.62	19.34
拉萨		22.22	20.85	23.84	29.46	33.81	36.46	37.06	34.22	29.37	23.21		

2. 节能性

WIHP 的节能性是衡量其可行性的另一个重要指标。墙体的节能率和得热量与墙体热损失有关。南向 WIHP 具有较高的节能率，80 个集中供暖地区的节能率高于 10%，占全部集中供暖地区的 50.96%。在中西部地区，由于墙体得热量较高，因此节能率较高；在东北的黑龙江、吉林、沈阳和内蒙古东北部地区，由于在供暖期墙体热损失较大，导致墙体节能率较低，约为 3%～6%；在非供暖地区，得热量较低，但由于墙体热损失较小，所以仍具有较高的节能率。

4.6.2　西向 WIHP 适用性

西外墙在晴天的下午可以受到很强的太阳辐射作用，并在一定时间内具有相对较高的外表面温度，因此西外墙也可应用 WIHP。另外，西外墙的优势在于一般建筑西外墙的窗墙比很小，有更大的墙体面积置入热管；西外墙的劣势为受到太阳辐射的时间比南外墙要少，因此工作小时数和传热量要少于南外墙。

1. 适用性

图 4.52 为前述各城市西向和南向 WIHP 的工作小时数。从图中可以看出，各个地区的西向和南向 WIHP 均具有相对较多的工作小时数，西向 WIHP 的工作小时数要少于南向 WIHP。西向和南向 WIHP 的工作小时数最多的地区均是拉萨，分别为 582h 和 1063h；最少的地区均是天津，分别为 156h 和 314h。中西部的太原、银川和西宁的西向 WIHP 工作小时数也相对较多，均超过 350h；东北地区和华北地区的西向 WIHP 小时数相对较少，基本低于 200h。西向 WIHP 的工作小时数与南向的比值为 44%～76%之间，平均值为 56.13%。

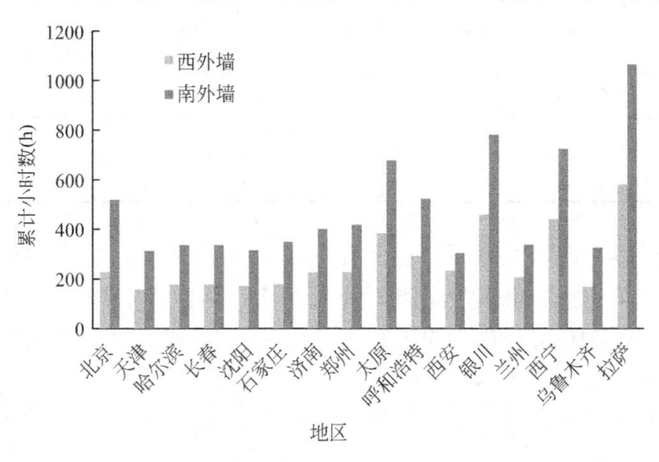

图 4.52　各省会和直辖市西向和南向 WIHP 的工作小时数

表4.21为上述城市西向和南向WIHP在供暖期工作温度的平均值。从表中可以看出，西向和南向WIHP工作温度的平均值相差不大，均小于2.5℃，其中兰州的差值最小为0.08℃。哈尔滨、长春、太原、呼和浩特、银川和西宁等部分地区，由于下午的太阳辐射照度相对较高，西外墙外表面温度的平均值甚至高于南外墙，因此西向WIHP也具有良好的得热能力。

不同地区西向和南向WIHP在供暖期工作温度的平均值（单位:℃）　　表4.21

地区	西外墙	南外墙	差值	地区	西外墙	南外墙	差值
北京	26.36	28.69	−2.33	太原	28.15	26.47	1.68
天津	25.45	26.73	−1.28	呼和浩特	27.78	26.31	1.47
哈尔滨	26.09	25.95	0.14	西安	31.05	29.66	1.39
长春	26.24	26.07	0.30	银川	33.22	31.87	1.35
沈阳	24.70	25.75	−1.05	兰州	25.91	25.99	−0.08
石家庄	24.79	26.89	−2.10	西宁	28.52	27.60	0.92
济南	25.12	27.04	−1.92	乌鲁木齐	26.14	26.89	−0.75
郑州	24.92	26.42	−1.50	拉萨	30.71	30.96	−0.25

2. 节能性

对各城市西向WIHP进行数值模拟计算得到其得热量和节能率见表4.22，可以看出，西向WIHP在中西部地区具有较高的得热量和节能率，在中东部和东北地区的得热量和节能率较低。西向WIHP在拉萨的传热量和节能率均最高，分别为6.59kWh和19.51%，在沈阳的传热量最低为1.04kWh，在哈尔滨的节能率最低为1.86%。

不同地区西向WIHP的传热量和节能率　　表4.22

地区	得热量(kW/h)	节能率(%)	地区	得热量(kW/h)	节能率(%)
哈尔滨	1.32	1.86	太原	3.49	9.60
长春	1.31	2.20	呼和浩特	2.58	4.48
沈阳	1.04	2.14	西安	2.76	10.43
北京	1.73	5.75	银川	6.27	15.50
天津	1.05	3.37	兰州	1.47	3.87
石家庄	1.10	3.81	西宁	4.18	8.18
济南	1.45	5.78	乌鲁木齐	1.23	2.04
郑州	1.42	5.75	拉萨	6.59	19.51

西向WIHP虽然工作时间较短，但工作时间更靠近傍晚，更有利于改善夜间的室内热环境。考虑到结构的蓄热性和西向墙体的窗墙比，西向WIHP在中国很多地区具有很好的适用性。西向WIHP可与南向WIHP联合使用，形成互补，达到有效降低建筑能耗的目的。

第5章

WIHP对室内热环境及人体热舒适的影响

5.1 室内热环境与人体热舒适

室内热环境由室内空气温度、平均辐射温度、空气湿度和空气流速等相关因素综合形成，以人的热舒适感觉作为评价标准。WIHP 通过在特定条件下改变墙体的传热性能，改善室内热环境。

调节室内热环境的目的是保证人体的舒适和健康。人体热舒适是评价室内热环境的主要参数之一，选取室内空气温度和平均辐射温度作为代表参数，用以评估 WIHP 对低能耗建筑室内热环境的影响，同时采用预测平均热感觉指标（简称 Fanger PMV 值）定量评价室内人体热舒适状况。

5.1.1 室内空气温度和平均辐射温度

1. 室内空气温度

室内空气温度是构成室内热环境的主要参数之一，也是最简单实用的测量指标，通常采用干球温度计测量。一般民用建筑的暖通空调设计，对于室内空气温度有相应的规定：冬季供暖室内一般取 16～22℃，夏季空调一般取 24～28℃。《超低能耗居住建筑设计标准》DB/T 29-274—2019 规定，天津地区居住建筑卧室、起居室室内冬季供暖设计温度应取 18℃；夏季空调应取 26℃。

室内空气温度是由房间内得热和失热、围护结构内表面及物品（如家具）表面温度等各种因素构成的热平衡所决定的。在热平衡状态下，平衡方程式可表述为：

空气与各壁面的对流换热量＋各种对流得热量＋空气渗透得热量＋空调系统换热量＝单位时间内房间空气中显热量的增加量（或减小量）

为得到室内温度状况，需要建立房间围护结构内表面的热平衡关系式，对于围护结构内表面的热平衡方程式可表述为：

围护结构传热量＋与室内空气的对流换热量＋各表面之间的互相辐射热量＋直接接受的太阳辐射热量＝0

利用房间围护结构内表面热平衡方程和房间空气热平衡方程，可以建立房间热平衡方程组，求解方程组就可以得到房间的冷热负荷或房间温度状况。

2. 平均辐射温度

平均辐射温度 T_{mrt} 指某给定环境内，所有物体表面温度的平均值，此时人体在该环境中的净辐射热平衡与房间内部各表面的实测温度对人体的热辐射状况相同。目前工程中一般采用各表面的温度乘以面积加权的平均值表示。其计算公式如下：

$$T_{mrt}=\frac{A_1T_1+A_2T_2+\cdots\cdots+A_nT_n}{A_1+A_2+\cdots\cdots+A_n} \tag{5-1}$$

式中，T_1，T_2，……，T_n——各表面温度（K）；

A_1，A_2，……，A_n——各表面面积（m^2）。

实际上，平均辐射温度是无法直接测量的，通常由黑球温度换算得到。平均辐射温度与黑球温度间的换算关系可使用贝尔丁经验公式，即

$$T_{mrt}=t_g+2.4V^{0.5}(t_g-t_a) \tag{5-2}$$

式中，t_g——室内黑球温度（℃）；

t_a——室内空气温度（℃）；

V——室内空气流速（m/s）。

平均辐射温度对室内热环境影响较大，在炎热的夏季，外围护结构内表面的长波热辐射和通过窗口进入的太阳辐射容易造成室内过热。而在寒冷的冬季，过低的外围护结构内表面温度会降低室内温度和人体热舒适性。

综上分析可知，室内空气温度和室内平均辐射温度是影响室内热环境质量的主要因素，更是影响人体热舒适性的主要因素，选取室内空气温度和平均辐射温度作为代表参数，能够较为清晰地研究 WIHP 对室内热环境的影响作用。

5.1.2 预测平均热感觉指标

建筑热环境的设计意义是舒适、健康、高效，以最少的能源消耗提供舒适、健康的工作和居住环境。人体热舒适的相关研究源于热平衡理论，在此基础上，出现了多种评价人体热舒适的指标，如：作用温度 OT（Operative Temperature）、有效温度 ET（Effective Temperature）、新有效温度 ET*、热应力指标 HSI（Heat Stress Index）、预测平均热感觉指标 PMV（Predicted Mean Vote）及预测不满意百分比 PPD（Predicted Percentage of Dissatisfied）等，几乎所有的评价指标都离不开人体热平衡的分析。

1. 人体热量平衡

人体需要保持热量输入和输出的平衡，才能维持正常的体温环境。以人体单位表面积的产热散热来表示，人体表面积 A 的计算公式为：

$$A=0.0061H_i+0.0128W_e-0.1529 \tag{5-3}$$

式中，H_i——身高（m）；

W_e——体重（kg）。

热量平衡关系式为：

$$M-W-E-R-C=S \tag{5-4}$$

式中，M——人体代谢率，与人体活动量有关（W/m^2）；

W——人体所做机械功（W/m^2）；

E——汗液蒸发和呼出的水蒸气所带走的热量（W/m^2）；

R——人体表面与周围环境的辐射换热量（W/m^2）；

C——人体表面与周围环境的对流换热量（W/m^2）；

S——人体蓄热量（W/m^2），稳定健康的外部环境中，人体蓄热量 S 应该近乎为0。

2. 预测平均热感觉指标（Fanger PMV）

室内热环境的评价与测量的标准化方法（ISO7730）以 *PMV* 和 *PPD* 指标来描述和评价热环境。该指标综合考虑热环境的6个参数：人体活动强度、衣服热阻（衣着情况）、室内空气温度、平均辐射温度、空气流速和室内空气湿度。采用预测平均热感觉指标（以下简称 *Fanger PMV*）作为评价人体热舒适性的主要衡量标准。

Fanger PMV 可按下式确定：

$$PMV=[0.303\exp(-0.036M)+0.028]\left\{\begin{array}{l}M-W-3.05\times10^{-3}\\ [5733-6.99(M-W)-P_a]\\ -0.42[(M-W)-58.15]\\ -1.7\times10^{-5}M(5867-P_a)\\ -0.0014M(34-t'_r)-3.96\\ \times10^{-8}f_{cl}\left[\begin{array}{l}(t_{cl}+273)^4-\\ (t_{mrt}+273)^4\end{array}\right]\\ -f_{cl}h_c(t_{cl}-t'_r)\end{array}\right\} \tag{5-5}$$

式中，M——人体能量代谢率（W/m^2）；

W——人体所做的机械功（W/m^2）；

P_a——人体周围空气的水蒸气分压力（Pa）；

t'_r——人体周围空气温度，可用室内空气温度 t_r 近似表示（℃）；

f_{cl}——穿衣服人体外表面积与其裸身人体外表面积之比，称穿衣面积系数；

t_{cl}——衣服外表面温度（℃）；

t_{mrt}——平均辐射温度（℃）；

h_c——对流换热系数，是风速的函数［$W/(m^2\cdot K)$］。

Fanger PMV 热感觉标尺参见表5.1。

Fanger PMV 热感觉标尺 **表5.1**

热感觉	热	暖	微暖	适中	微凉	凉	冷
PMV 值	3	2	1	0	−1	−2	−3

Fanger PMV 指标代表了对同一环境中绝大多数人的冷热感觉，因此可用 *Fanger PMV* 指标预测热环境下人体的热反应，并用预测不满意百分比（*Fanger PPD*）来表示对热环境不满意的百分数。

Fanger PPD 与 *Fanger PMV* 之间的关系为：

$$PPD=100-95\exp[-(0.03353PMV^4+0.2179PMV^2)] \tag{5-6}$$

在 *Fanger PMV*=0 处，*Fanger PPD* 为 5%，也就是说，当室内环境处于最佳热舒适状态时，由于人们的生理区别，仍然有 5%的人感到不满意。

5.2 WIHP 室内热舒适性评价

5.2.1 计算流体力学（CFD）方法

1. CFD 方法介绍

众所周知，即便在已知建筑物围护结构热工性能的情况下，想求得房间热环境中各参数的解析解仍是十分困难的。以室内空气温度为例，其确定与两个热平衡方程有关，即房间围护结构内表面热平衡方程和房间空气热平衡方程，而这两个方程数学求解难度极大，一般很难得到其解析解。

随着计算机的出现和数值算法的迅速发展，流体力学和传热学领域的研究方法发生了革命性变化，CFD 已逐渐成为一种解决流动和传热问题的快捷而有效的新方法。时至今日，CFD 技术已经被广泛应用于各种复杂三维流动和传热问题的求解。

建筑热环境的数学描述（或称数学模型）多由一些积分方程或者微分方程等数学关系式组成。计算流体力学技术利用离散的代数形式替换方程中的积分、微分形式并求解，得到热环境各参数在（时间、空间）离散点处的数值。

采用 CFD 方法求解室内空气流动与传热问题的基本计算流程如图 5.1 所示。

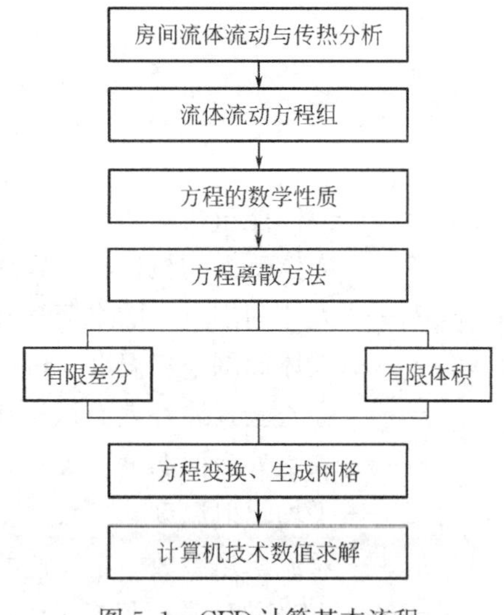

图 5.1 CFD 计算基本流程

2. 建筑模型

建筑模型取自天津地区某二层独栋居住建筑。图 5.2 是建筑平面图，图 5.3 是 3D 模型图。热管敷设在建筑物的南向墙体，具体位置如图 5.2 中的粗线所示。其中应用 WIHP 的房间是建筑物中拥有南向墙体的所有房间，即一楼的储物间、厨房、客厅及卧室，以及二楼的主卧、次卧、客厅及书房，热管敷设总面积为 145.25m^2。

建筑基本地理参数在表 5.2 中列出。

3. 建筑物围护结构

房间内、外墙及楼板和屋面按照天津地区居住建筑围护结构一般做法设定，节能性要求按照《超低能耗居住建筑设计标准》DB/T 29-274—2019 执行。房间围护结构的具体做法如下所示：

（1）外墙（由外及内）：20mm 水泥砂浆+双层网格布+50mm 聚苯保温板（EPS）+250mm 加气混凝土砌块+20mm 水泥砂浆，传热系数 K_w=0.329W/(m^2·K)；

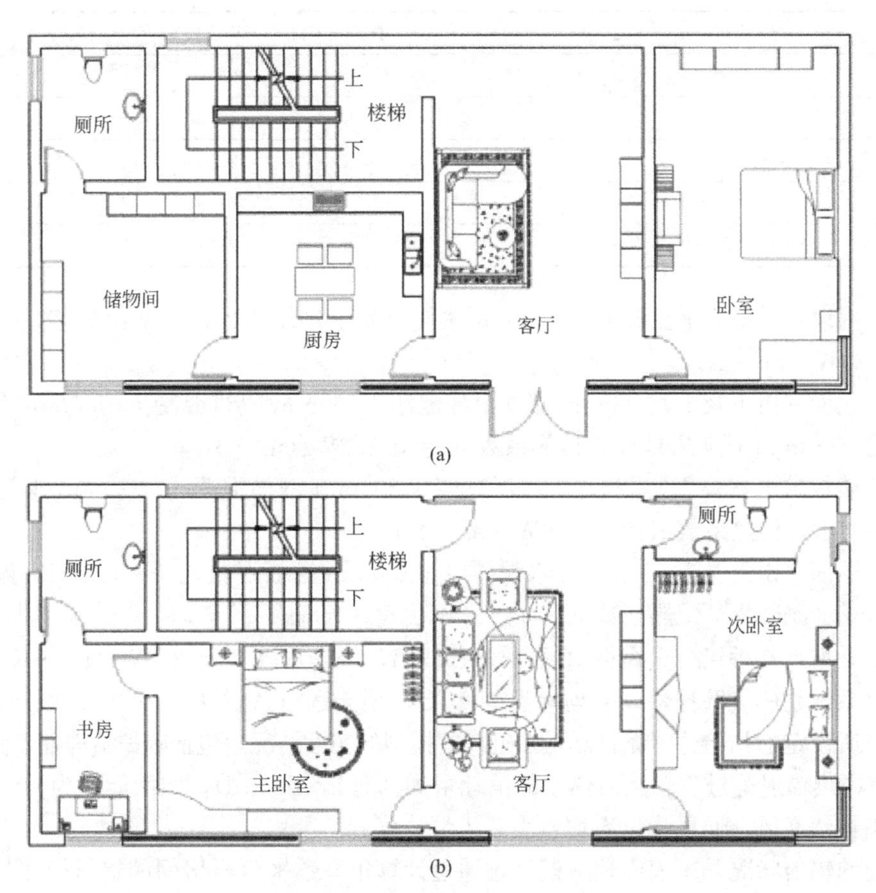

图 5.2　建筑平面图（粗线表示热管铺设位置）

(a) 首层平面图；(b) 二层平面图

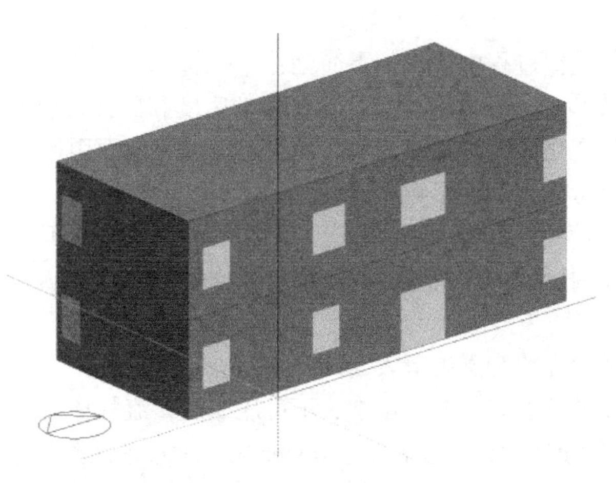

图 5.3　建筑 3D 模型图

建筑基本地理参数 表 5.2

天气文件	Tianjin CHN CSWD WMO＃＝545270
纬度(°)	39.08
经度(°)	117.07
海拔(m)	2.50
时区	东八区
模拟小时数(h)	2904

（2）内墙：20mm 水泥砂浆＋200mm 加气混凝土砌块＋20mm 水泥砂浆，传热系数 $K_n=0.639W/(m^2 \cdot K)$；

（3）地面（由下及上）：80mm 尿素甲醛泡沫＋100mm 模筑混凝土＋80mm 聚苯保温板（EPS）＋8mm 石灰岩地面，传热系数 $K_g=0.232W/(m^2 \cdot K)$；

（4）楼板（由下及上）：20mm 水泥砂浆＋200mm 钢筋混凝土＋20mm 水泥砂浆＋15mm 硬实木，传热系数 $K_f=1.799W/(m^2 \cdot K)$；

（5）屋面（由下及上）：20mm 水泥砂浆＋100mm 钢筋混凝土＋80mmEPS 聚苯保温板＋20mm 水泥砂浆，传热系数 $K_r=0.391W/(m^2 \cdot K)$；

（6）外窗：断桥铝合金窗框双层 Low-E 玻璃，传热系数 $K_c=2.0W/(m^2 \cdot K)$。

供暖系统是燃气壁挂炉，平均水温为 75℃，全天运行，供热效率为 0.85。在进行数值模拟时所设定的初始边界条件尽量贴近房间模型的实际情况，包括围护结构各表面的热量传递和室内热辐射等过程。生活热水的消耗量为 $0.53L/(m^2 \cdot d)$，照明能耗为 $10.5W/m^2$。房间采用自然通风，通风量以人均最小新风量计算。

房间的辐射状况采用表面辐射模型，通过计算角系数来分析房间的辐射换热量，适用于大多数的房间热环境状况模拟。通过参考天津地区供暖热用户在室内的实际情况，设定室内人体模型的各参数，即人体呈静坐、放松状态，身着毛衣、长裤等保暖衣物，着衣指数 $clo=0.95$。

4. 简化处理

在建筑物的数值模拟过程中，作如下简化：

（1）室内气体做 Boussinesq 假设，认为流体的密度和压强是温度的函数，流体处于低速流动状态时，压强变化不大，密度的变化是由温度的变化而引起的，可以忽略压强变化对于密度的影响，只考虑温度的影响；

（2）房间气体流动处于稳定的紊流状态，雷诺数的变化忽略不计；

（3）空气在房间内壁面上无滑移，并将空气视作非吸收性透热介质，不影响房间辐射换热；

（4）房间内部各表面均为漫射灰表面；

（5）室内空气流动状态为三维、定常、不可压缩的紊流气体流动，在进行数值模拟时采用 k-ε 两方程模型，即纳维-斯托克斯（Navier-Stokes）黏性流动方程，忽略质量扩散的影响；

（6）房间内部无大型设备，发热量很小，忽略房间内部得热量；

（7）忽略围护结构内部的渗透影响。

5. 数值模拟初始值设定

根据研究目的和模型建筑的客观条件，边界条件设定如表 5.3 所示。

数值模拟边界条件　　表 5.3

项目	条件
内墙的内表面温度(℃)	16
外墙的内表面温度(℃)	16
外窗玻璃的内表面温度(℃)	12
建筑物内部平均空气温度(℃)	18
边界条件类型	第 1 类

6. 建筑热平衡模型

建筑热平衡模型由外及内包括 4 部分：外墙外表面热平衡方程、墙体导热方程、外墙内表面热平衡方程和室内空气热平衡方程。

(1) 外墙外表面热平衡方程

外墙外表面热平衡关系如图 5.4 所示，非透明围护结构的外表面热平衡方程为：

$$q_1 + q_2 + q_3 - q_4 = 0 \tag{5-7}$$

式中，q_1——墙体吸收的太阳直射和散射辐射热量（W/m^2）；

q_2——墙体与室外环境的长波辐射热量（W/m^2）；

q_3——墙体与室外空气的对流换热量（W/m^2）；

q_4——通过墙体的传热量（W/m^2）。

其中前三项可以采用室外空气综合温度进行合并。

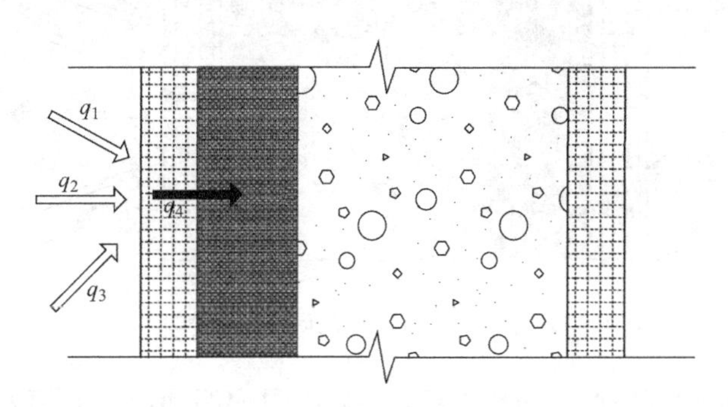

图 5.4　外墙外表面热平衡示意图

(2) 墙体导热方程

计算墙体导热采用导热传递函数法（*CTF*），将当前时刻的导热热流 q_k 表示为当前时刻的表面温度和前一时刻表面温度和导热热流的关系式。

墙体外表面的导热热流方程：

$$q_{ko}(t) = -b_o T_{i,t} - \sum_{j=1}^{nz} b_j T_{i,t-j\delta} + a_o T_{o,t} + \sum_{j=1}^{nz} a_j T_{o,t-j\delta} + \sum_{j=1}^{nq} d_j q_{ko,t-j\delta} \tag{5-8}$$

墙体内表面的导热热流方程：

$$q_{ki}(t) = -c_o T_{i,t} - \sum_{j=1}^{nz} c_j T_{i,t-j\delta} + b_o T_{o,t} + \sum_{j=1}^{nz} b_j T_{o,t-j\delta} + \sum_{j=1}^{nq} d_j q_{ki,t-j\delta} \tag{5-9}$$

式中，a_j、b_j、c_j——墙体外表面、内部、内表面的CTF，$j=0$，1，2，…，nz；

d_j——导热传递函数方程系数，$j=0$，1，2，…，nq；

T_i、T_o——内、外表面温度（K）；

q_{ko}、q_{ki}——外表面、内表面导热热流（W/m^2）。

变量的下角标逗号后面表示时刻，δ为时间步长。

通过公式求得常规南向墙体平均传热系数$K=0.329W/(m^2 \cdot K)$，热管工作时，外墙等效传热系数$K_{eff}=0.824W/(m^2 \cdot K)$，比热管不工作时提高了$0.520W/(m^2 \cdot K)$，相对提高158.05％。

（3）外墙内表面热平衡方程

q_1为墙体吸收的太阳直射和散射辐射热量（W/m^2）；q_2为墙体与室外环境的长波辐射热量（W/m^2），q_3为墙体与室外空气的对流换热量（W/m^2）；q_4为通过墙体的传热量（W/m^2）。

外墙内表面热平衡关系如图5.5所示，外墙内表面热平衡方程用下式计算：

$$q_5+q_6+q_7+q_8+q_9+q_3=0 \tag{5-10}$$

式中，q_5——各表面净长波辐射热流（W/m^2）；

q_6——照明灯具的净短波辐射热流（W/m^2）；

q_7——建筑内部设备的长波辐射热流（W/m^2）；

q_8——通过墙体的导热（W/m^2）；

q_9——被各表面吸收的太阳辐射热流（W/m^2）。

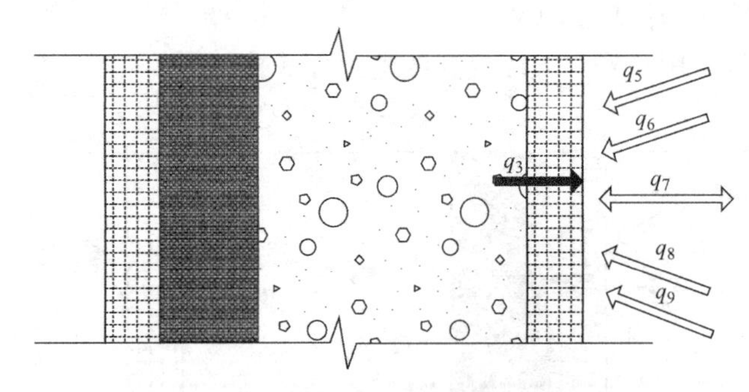

图5.5 外墙内表面热平衡示意图

根据前面的建筑物理模型，简化方程，忽略灯具照明和设备的辐射换热影响，并且认为空气完全透明，不参加各个表面之间的长波辐射换热过程，方程变为：

$$q_5+q_8+q_9+q_3=0 \tag{5-11}$$

（4）房间空气热平衡

忽略建筑内部的空气比热容对传热过程的影响，并假设房间空气在每个时间步长内都能达到稳态热平衡，平衡关系式如下：

$$q_{10}+q_{11}+q_{12}+q_{13}=0 \tag{5-12}$$

式中，q_{10}——各表面之间的对流换热热流（W/m^2）；

q_{11}——室内负荷的对流换热（W/m^2）；

q_{12}——渗透和通风气流的显热（W/m^2）；

q_{13}——空调系统的热交换热流（W/m^2）。

基于建筑模型，不考虑围护结构渗透及内部通风的情况下，$q_{12}=0$，方程简化为：

$$q_{10}+q_{11}+q_{13}=0 \tag{5-13}$$

5.2.2　模拟结果分析

1. WIHP 对室内空气温度的影响

采用控制变量法研究 WIHP 对室内热环境和人体热舒适性的影响机理。在研究有/无热管两种情况下的室内热环境和人体热舒适性时，保证燃气壁挂炉水温和流量一致，使对比建筑的变量只有南向墙体传热系数这一项。热管不工作时，常规墙体（外墙）传热系数为 0.329W/(m^2·K)，热管工作时，WIHP 传热系数为 0.824W/(m^2·K)。

根据天津地区典型年供暖季（11 月 15 日至来年 3 月 15 日）气象资料，利用计算流体力学技术（CFD）定量地研究 WIHP 与常规墙体在室内空气温度 $T_{a,inr}$、室内平均辐射温度 T_{mrt} 以及预测平均热感觉指标 Fanger PMV 热舒适性指标的差异，得到 WIHP 在改善室内热环境和提高人体热舒适性方面的效果。

通过数值模拟，得到了整个供暖季（2015 年 11 月 15 日至 2016 年 3 月 15 日）里 WIHP 对建筑模型室内空气温度的影响。整个建筑物内部空气温度在供暖季逐时波动情况的数值模拟结果在图 5.6 中给出。室内空气温度在整个供暖季并不是严格等于 18℃，而是随着室外气象条件的变化在 18℃上下波动，说明建筑物的燃气壁挂炉自动调节能力有限，室内空气温度随着室外气象条件的变化而发生轻微的波动。由图 5.6 可以看出，WIHP 内热管处于非工作状态时，WIHP 与没有敷设热管的常规墙体无异，两者的室内空气温度 t_r 也趋于一致。当室外空气综合温度（即墙体的外表面温度）高于 18℃时，热管开始工作，向建筑内部传递更多的热量，使建筑内部空气温度提高。

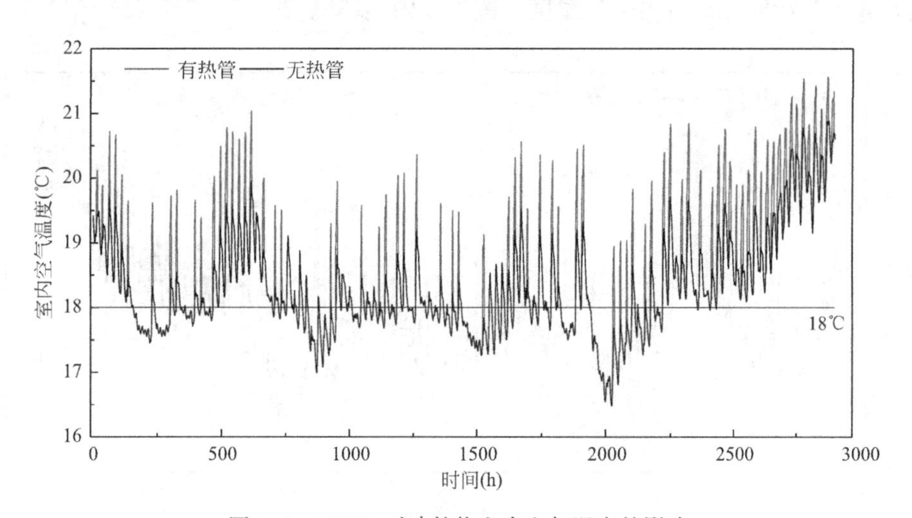

图 5.6　WIHP 对建筑物室内空气温度的影响

整理模拟数据可以得到，无热管的常规建筑内部空气温度平均值为 18.3℃，最高值为 20.89℃，出现在 3 月 14 日 23:00，最低值为 16.48℃，出现在 2 月 7 日 7:00。WIHP 建筑空气温度平均值为 18.5℃，最高值为 21.56℃，出现在 3 月 14 日的 16:00 和 17:00，最低值为 16.48℃，与常规建筑出现的时刻相同。整个供暖季，WIHP 建筑相较于常规建筑的室内空气温度平均提高 0.2℃。

图 5.7 中给出了热管工作时间内，有/无热管两种工况下的室内空气温度逐时变化曲线。分析可得，在室外空气综合温度高于 18℃的所有时刻内，相较于常规建筑，整个建筑物内部空气温度平均提高 1.1℃左右，相对提高 6%左右，WIHP 工作时间越长，其对室内空气温度的影响越大。

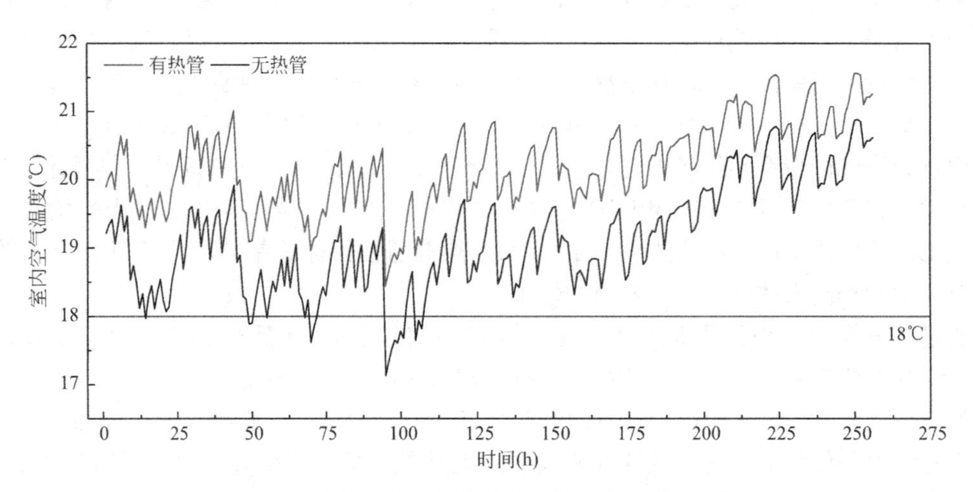

图 5.7 热管工作时间内室内空气温度逐时变化曲线

同样的变化趋势可以从建筑一楼和二楼室内空气温度的变化曲线图中得到，如图 5.8 和图 5.9 所示。WIHP 建筑在热管工作时间内，室内空气温度相对提高 1℃以上，模拟数据表明，WIHP 能够提高室内空气温度，改善室内热环境。

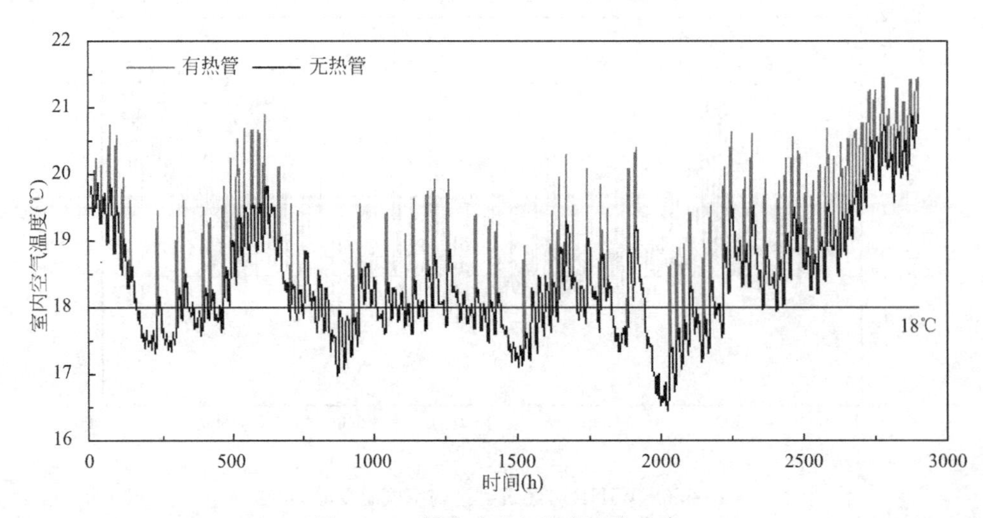

图 5.8 一楼室内空气温度变化曲线

以 3 月 6 日为例，因为该日太阳辐射照度较好，WIHP 工作时间较长，在一天之内，建筑物室内空气温度变化规律如图 5.10 所示。从图 5.11 可以清楚地看出，从凌晨开始直到上午 7:00，WIHP 处于“不工作状态”，WIHP 建筑和常规建筑内部空气温度基本相

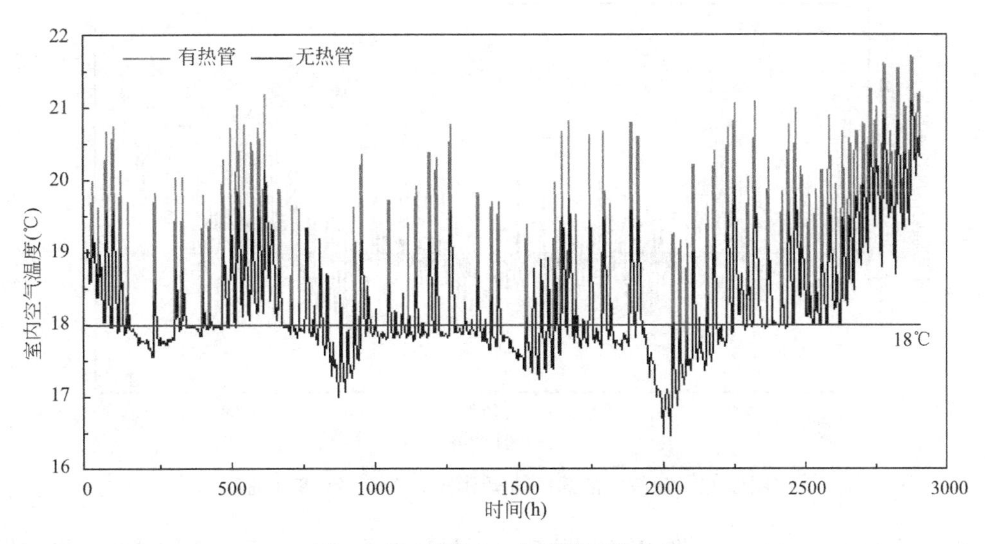

图 5.9　二楼室内空气温度变化曲线

同。从 8:00 开始，WIHP 开始工作，使得 WIHP 建筑内部空气温度逐渐高于常规建筑，趋势一直持续到 19:00，平均提高 1.0℃。

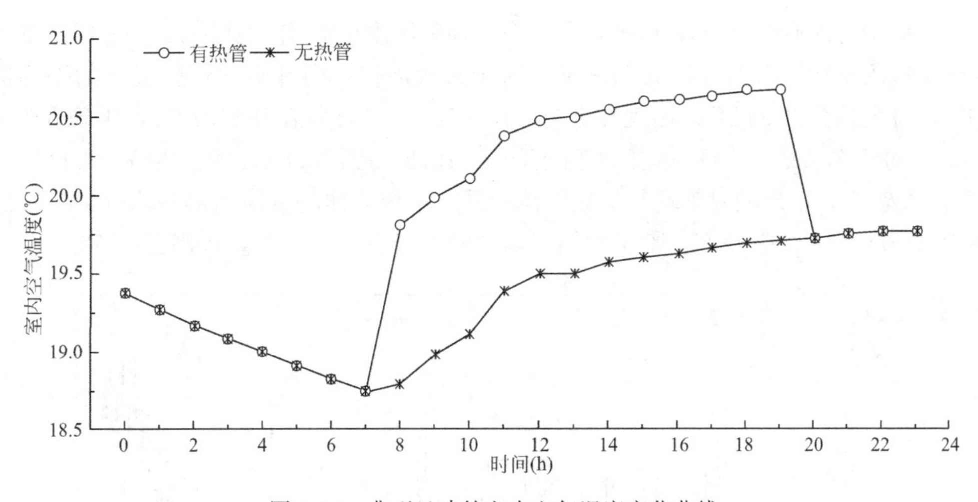

图 5.10　典型日建筑室内空气温度变化曲线

表 5.4 为 WIHP 工作时各房间室内空气温度提高的情况。

WIHP 对各房间室内空气温度的影响　　**表 5.4**

房间名称	一楼客厅	一楼卧室	二楼客厅	二楼主卧	二楼次卧
室内空气温度平均提高值(℃)	1.4	1.7	1.7	1.1	1.8

2. WIHP 对平均辐射温度的影响

在整个供暖季，WIHP 建筑与常规建筑的内部平均辐射温度 T_{mrt} 逐时变化的模拟结果在图 5.11 中给出。

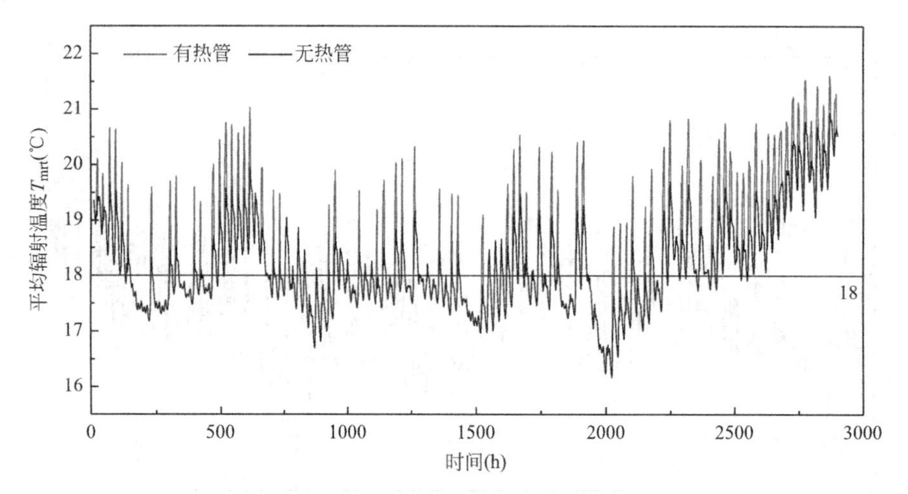

图 5.11　建筑物内部平均辐射温度 T_{mrt} 逐时变化曲线

由图 5.11 中分析可得，有 WIHP 的建筑平均辐射温度略高于常规建筑物，平均提高约 0.1℃。在热管工作时间内，有 WIHP 的建筑平均辐射温度平均值为 20.2℃，常规建筑为 19.1℃，提高约 1.1℃。提高幅度与室内空气温度相关。平均辐射温度的提高有助于提高室内人的体感温度，使人体感觉更暖和、更舒适。

选取典型房间研究 WIHP 对房间内部平均辐射温度的影响，图 5.12 是二楼主卧在整个供暖季室内平均辐射温度的波动情况。对于常规墙体，内部平均辐射温度的平均值为 18.6℃，最大值为 23.44℃，出现在 3 月 14 日 16：00，最小值为 16.72℃，出现在 2 月 6 日 7：00。对于 WIHP，内部平均辐射温度的平均值提高到 18.8℃，最大值为 23.68℃，最小值为 16.72℃，出现的时刻均与常规墙体相同。常规墙体的房间内部平均辐射温度的平均值为 19.0℃，WIHP 房间内部平均辐射温度的平均值为 19.5℃，提高了 0.5℃。

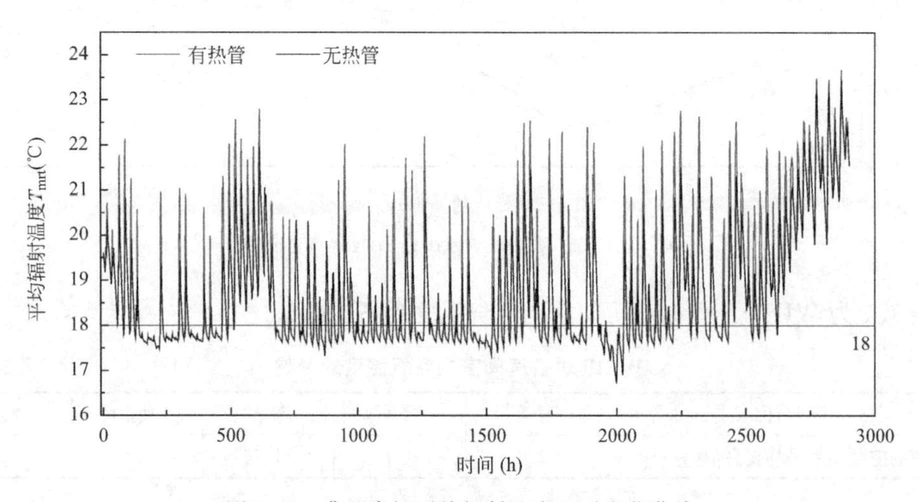

图 5.12　典型房间平均辐射温度逐时变化曲线

3. WIHP 对 Fanger PMV 的影响

图 5.13 是上述建筑供暖季计算得到的预测平均热感觉指标（*Fanger PMV* 值）逐时变化曲线。数值模拟的结果表明，整个供暖季，WIHP 建筑内部平均 *Fanger PMV* 值为

－1.39，常规建筑内部平均 *Fanger PMV* 值为－1.46，平均提高了4.79%。

对热管工作时间的 *Fanger PMV* 值进行统计得到，WIHP建筑内部平均 *Fanger PMV* 值为－0.85，而常规建筑内部平均 *Fanger PMV* 值为－1.26，平均提高了32.54%。

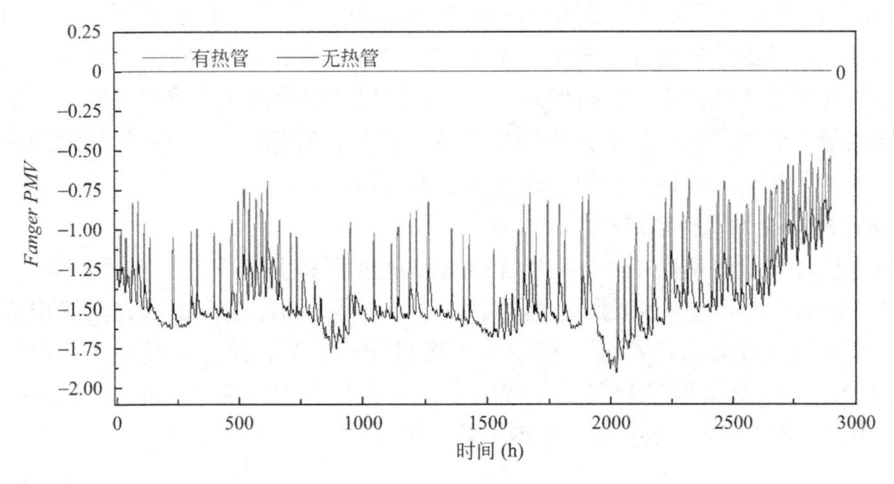

图5.13 建筑物 *Fanger PMV* 值逐时变化曲线

各房间的 *Fanger PMV* 值变化与上述建筑整体情况类似，如一楼客厅，WIHP和常规房间供暖季平均 *Fanger PMV* 值分别为－1.38和－1.45，相对提高了4.83%；热管工作时间内，WIHP和常规房间平均 *Fanger PMV* 值分别为－0.99和－1.44，相对提高了31.25%，如图5.14所示。

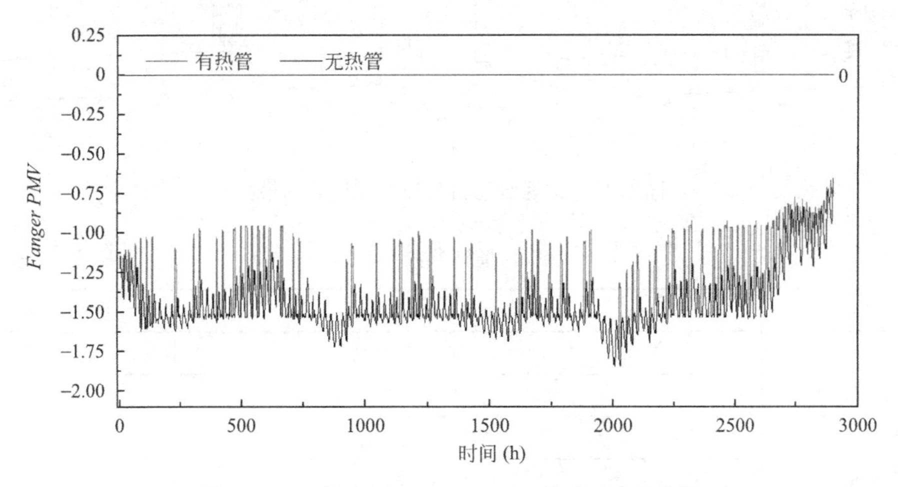

图5.14 一楼客厅 *Fanger PMV* 值逐时变化曲线

数值模拟结果表明，WIHP在供暖季能够显著提高室内空气温度和平均辐射温度，并改善人体热舒适度。

5.2.3 Airpark方法

1. Airpark介绍

Airpark是面向工程师、建筑师和室内设计师的专业人工环境系统分析软件，它可以准确地模拟室内的空气流动、空气品质、温度分布等参数，并依据 ISO7730 标准提供 PMV 和 PPD 等衡量室内空气质量（IAQ）的技术指标。Airpark 的应用有利于降低设计成本、降低设计风险、缩短设计周期。

Airpark 的优势在于可以直接调用软件自带的模块，例如人体、房间、送风口、散热器、排烟罩等，从而快速地建立模型，节省时间成本。此外，Airpark 具有自动化的非结构化和结构化网格生成能力，支持四面体、六面体以及混合网格，可以在复杂区域通过非结构化网格逼近物体形状，从而减少网格数量，提高计算精度。Airpark 强大的可视化后处理功能和数值报告功能使用户便于理解和分析模拟结果。

2. 建立房间模型及模拟过程

根据某居住建筑卧室尺寸，分别创建常规房间模型和 WIHP 房间模型，如图 5.15 所示。对于 WIHP 房间，热管冷凝段管栅被视为一个等温的加热面置入到南墙内表面，散热量根据实验值设置为 5.5W/m^2。卧室内设置日光灯一只、站立人员一个，由于人员不从事体力劳动，因此设置发热量为 75W/m^2，新陈代谢率设为 1.2met，衣服热阻设为 1.0clo，约为 0.155（m^2 · K)/W，模型参数见表 5.5。

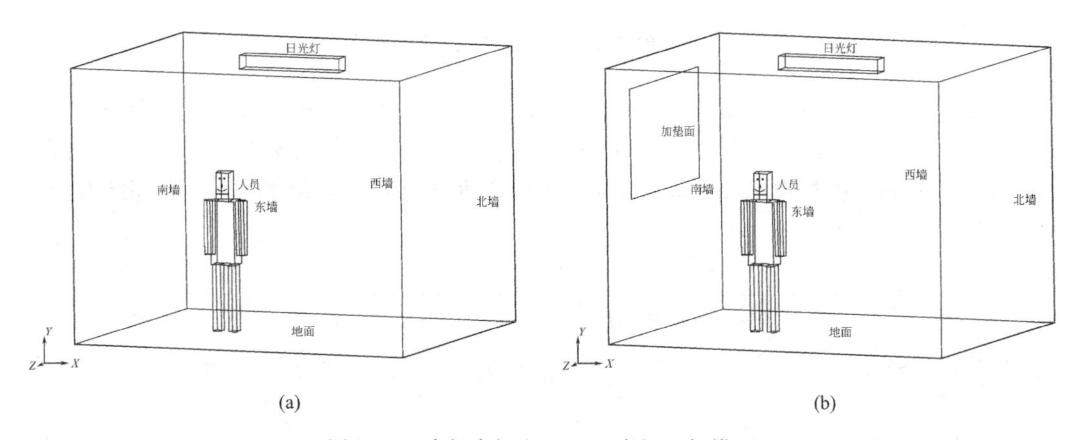

图 5.15 常规房间和 WIHP 房间几何模型

模型参数 **表 5.5**

模型项目	尺寸(m×m×m)	发热量(W/m^2)
房间	4(长)×3.3(宽)×3(高)	—
日光灯	1.2(长)×0.2(宽)×0.15(高)	34
人体	0.3(宽)×0.2(厚)×1.73(高)	75
加热面	2(长)×1.2(宽)	5.5

(1) 在模拟前首先对模型进行简化

模拟房间为密闭小室，室内空气流速较低，可以视为不可压缩流体，并且符合 Boussinesq 假设；室内空气为辐射透明介质；房间围护结构内表面都为漫射灰表面，且发射率 $\varepsilon=0.8$。

围护结构内表面之间以及围护结构与室内物体之间主要以辐射换热为主，同时伴随微弱的对流换热。模拟中采用 k-ε 两方程湍流模型。

（2）网格生成

生成网格需要 3 步：第一步，通过调节命令以确保物体是紧密联系的；第二步，先创建一个粗略的网格来确定什么地方的网格需要细化；第三步，在粗略网格的基础上细化网格。如图 5.16 所示。

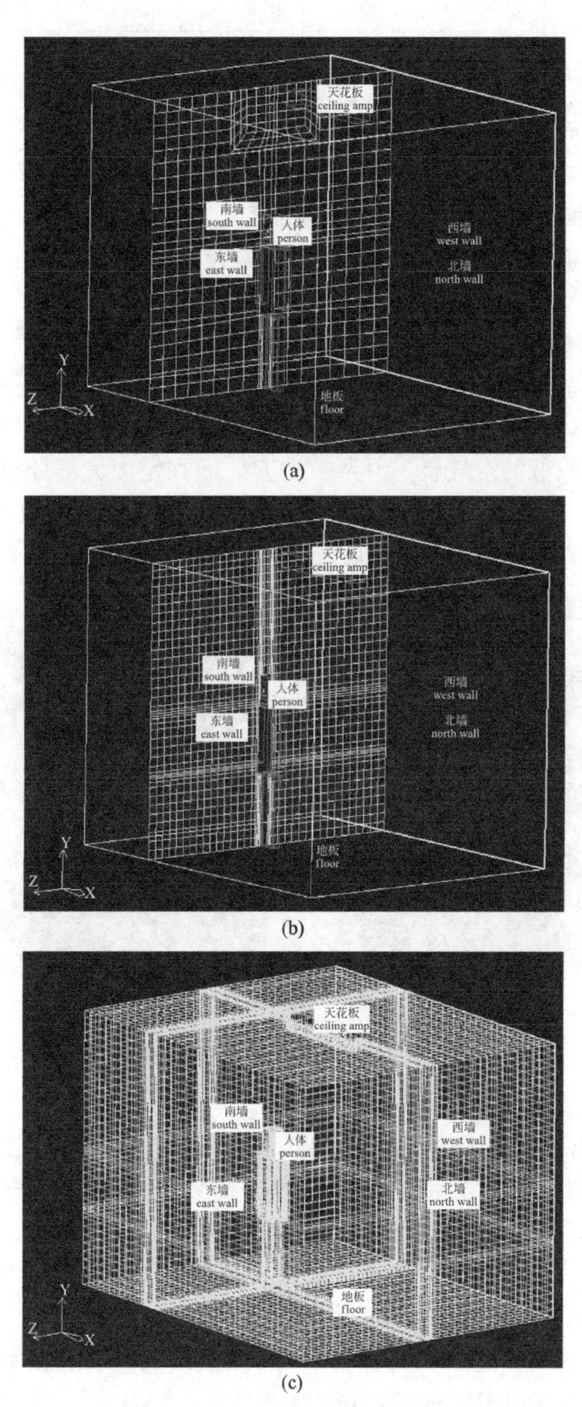

图 5.16　网格生成效果图

（a）创建粗略网格；（b）细化网格；（c）最终生成网格

（3）边界条件设置

边界条件设置见表 5.6，围护结构传热系数为 0.45W/(m^2·K)。

边界条件设置 **表 5.6**

室内初温(℃)	地板(℃)	东墙(℃)	西墙(℃)	南墙(℃)	北墙(℃)	顶棚(℃)	空气流速(m/s)
15	17	16	16	16	16	17	0.05

对于流速较低的气体，动量和压力的松弛因子分别设为 0.7 和 0.3，从而便于计算。在迭代计算过程中，当各个物理量的残差值都达到收敛标准时，计算就会发生收敛。Fluent 中默认的收敛标准是：能量的残差收敛标准为 10^{-6}，其余变量的残差标准为 10^{-3}。模拟收敛标准按照默认值进行设置。最后，迭代次数设为 2500 次，步长为 20。如果不收敛，可增加迭代次数。

3. 常规房间热舒适性分析

图 5.17 给出了常规房间不同截面的温度分布。可以看出，在经过一段时间的热交换后，室内热环境达到稳定状态，室内温度分布较为均匀。由于围护结构温度较低，因此在墙壁附近会形成温度较低的空气层，约为 16.1℃。而在室内大部分空间的温度稍高一些，可以达到 16.8℃左右。由于人体和日光灯分别作为两个发热源，也在与周围空气进行换热，因此在人体和日光灯附近的空气温度较高，温度分布在 18～23.3℃之间。

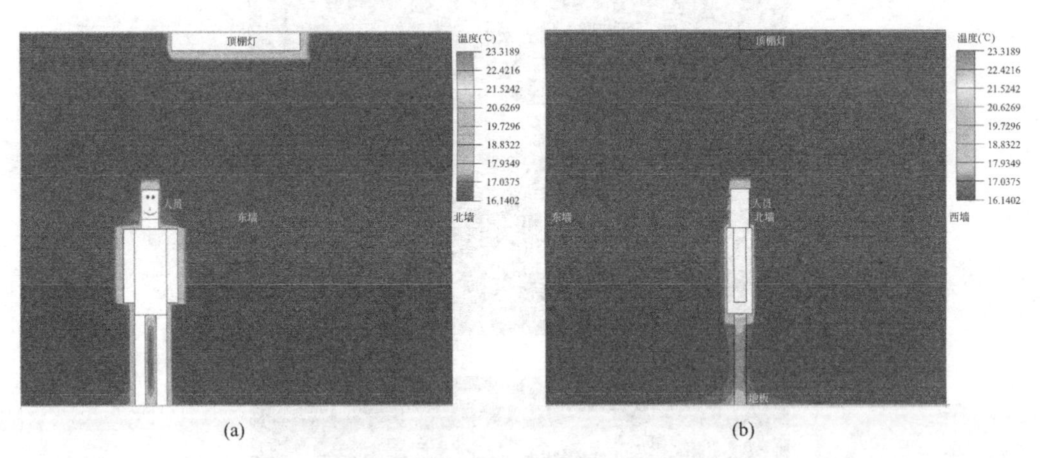

图 5.17 常规房间温度分布云图

(a) z=1.6m 截面云图；(b) x=1.2m 截面云图

图 5.18 描述了常规房间不同截面的 *PMV* 和 *PPD* 分布。室内 *PMV* 值分布在－1.2～0.075 之间。在墙壁附近以及室内大部分空间，*PMV* 值在－1～－1.2 之间，室内人员会感觉较凉。在人体附近大部分区域，*PMV* 值稍高，可以达到－0.72～－0.88。其中脚部和腿部附近的值要比头部的高，符合“脚暖头凉”的人体生理学特点。从与之对应的 *PPD* 角度分析，不满意率以人体为中心，呈放射状向四周增加，室内大部分区域（深黄色部分）的不满意率较高，达到 30%左右，人体附近区域的不满意率在 16%～28%之间。ISO 7730 给出了 *PMV* 和 *PPD* 的推荐指标：－0.5≤*PMV*≤0.5，相应的 *PPD*≤10%。显然，对于常规房间来说，没有达到这个推荐值，室内总体感觉偏凉。

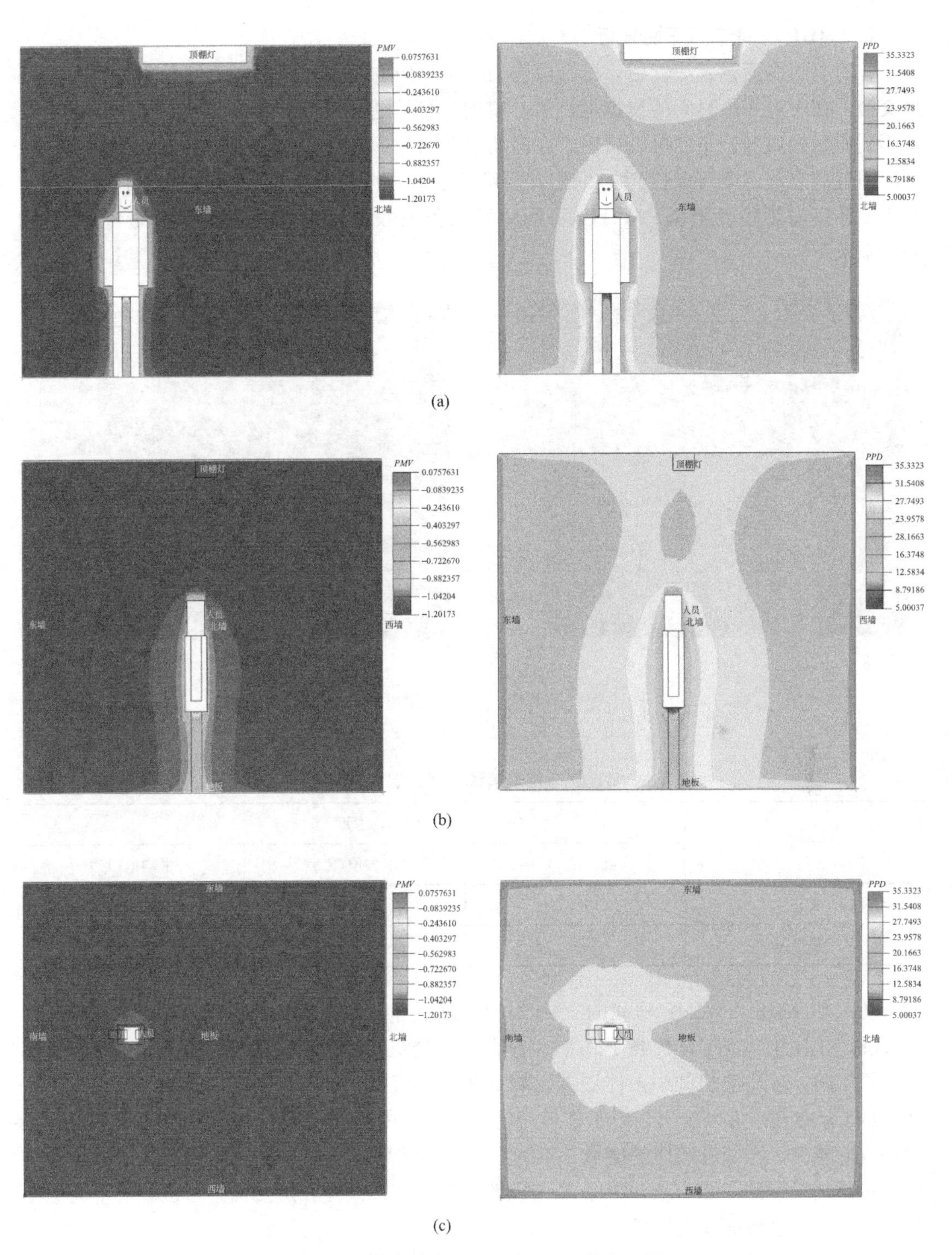

图 5.18　常规房间 *PMV* 和 *PPD* 分布云图

(a) z=1.6m 截面的 *PMV* 和 *PPD* 云图；(b) x=1.2m 截面的 *PMV* 和 *PPD* 云图；

(c) y=1.6m 截面云图的 *PMV* 和 *PPD* 云图

4. WIHP 房间热舒适性分析

在南墙内表面置入热管后，冷凝段作为一个均匀的等温加热面，不断与室内空气进行热交换。在经过一段时间的模拟运行后，室内热环境达到稳定。图 5.19 给出了 WIHP 房间不同截面的温度分布。可以看出，在南墙内壁面附近的空气层出现了明显的温度差。加热面附近的空气温度可以达到 17.6℃，较常规房间相同位置的空气温度提高了约 1.5℃。对于整体室内热环境来说，WIHP 房间温度的各项数值比常规房间提高了约 0.1℃，如表 5.7 所示。

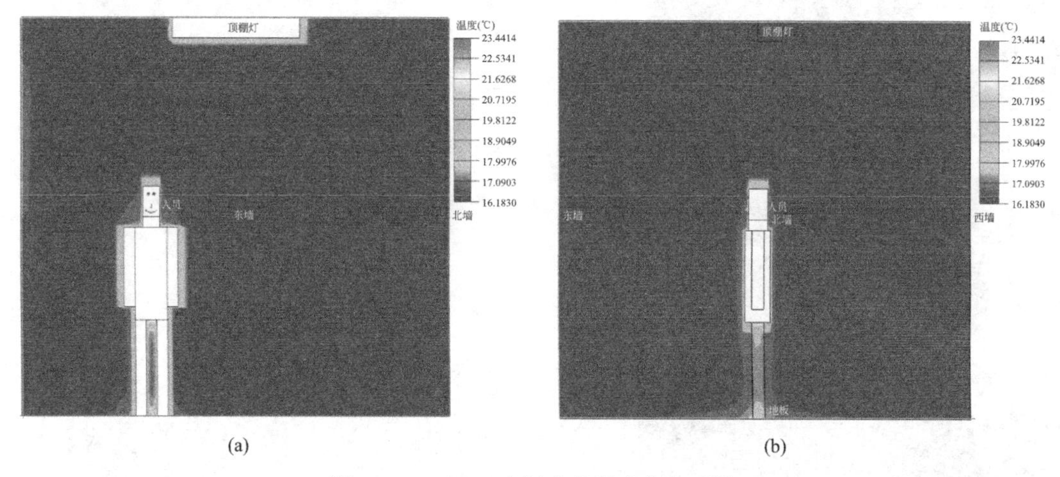

图 5.19　WIHP 房间内的温度分布云图

(a) z=1.6m 截面；(b) x=1.2m 截面

WIHP 与常规墙体房间的温度对比　　表 5.7

房间	温度		
	最小值(℃)	最大值(℃)	平均值(℃)
常规	16.1	23.3	16.8
WIHP	16.2	23.4	16.9

图 5.20 描述了 WIHP 房间的 *PMV* 和 *PPD* 分布。在南墙加热面附近的 *PMV* 值约为 −0.86，相比于常规墙体提高了 0.34。室内大部分空间的 *PMV* 值维持在 −1 左右。相比于常规房间，WIHP 房间中人体周围区域的 *PMV* 值有所提高，并且浅色区域有所扩大。从 *PPD* 分布云图可以看出，由于加热面的存在，室内不满意率较高的区域（深色）有很大程度的减少。在邻近墙体的区域，不满意率依旧较高，室内中心区域的不满意率相对较低，但是仍然达到了 27%～28%。从俯视图可以看出，人体和加热面附近区域的不满意率在降低，并且区域面积有所扩大。

表 5.8 和表 5.9 中分别对比了常规房间和 WIHP 房间的 *PMV* 和 *PPD* 值。从整体来看，WIHP 房间的 *PMV* 平均值提高了 0.02，*PPD* 平均值提高了 0.61%。从局部来看，*PMV* 最大值出现在人体附近，并且提高了 0.024。总体来说，WIHP 可以在一定程度上改善室内热环境，主要起到辅助供暖的作用。

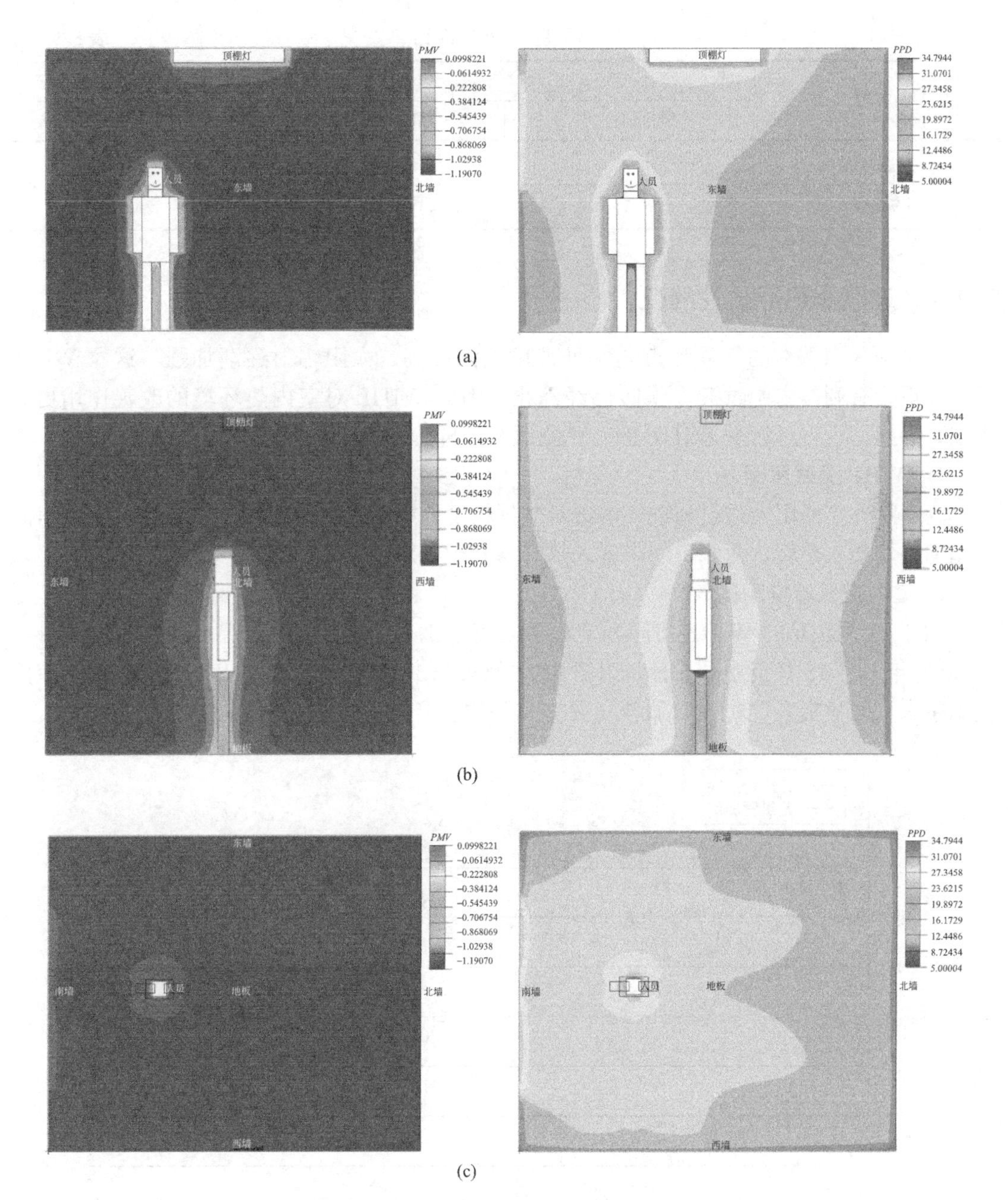

图 5.20 WIHP 房间 *PMV* 和 *PPD* 分布云图

(a) z=1.6m 截面的 *PMV* 和 *PPD* 云图；(b) x=1.2m 截面的 *PMV* 和 *PPD* 云图；

(c) y=1.6m 截面的 *PMV* 和 *PPD* 云图

两对照房间的 *PMV* 值 **表 5.8**

房间	*PMV*		
	最小值	最大值	平均值
常规	−1.2	0.075	−1.09
WIHP	−1.19	0.099	−1.07

不同房间 *PPD* 对比　　表 5.9

房间	*PPD*		
	最小值(%)	最大值(%)	平均值(%)
常规	5	35	30
WIHP	5	34.79	29.39

5.2.4 过渡季热舒适性的改善

过渡季（春季）的气候特点是室外温度逐渐提高、太阳辐射逐渐加强，这对 WIHP 的工作更为有利。由于过渡季供暖已经停止，因此 WIHP 对室内热环境的改善作用更为突出。为此，进行过渡季 WIHP 的对比测试及分析。

1. WIHP 测试房间

为消除外窗的阳光透射和空气渗透对数据精度的影响，测试房间不设外窗，东侧房间的南向外墙置入热管，西侧房间未置入热管与其形成对比。

2. 室内空气温度测试

图 5.21 为记录的 WIHP 房间和常规房间离地 1.5m 处室内空气温度曲线，测试日期从 2020 年 3 月 18 日至 4 月 8 日。由图 5.21 及表 5.10 中能够看出，WIHP 的应用给室内气温带来了明显提升，3 月 18 日至 4 月 8 日平均温升值为 0.565℃。

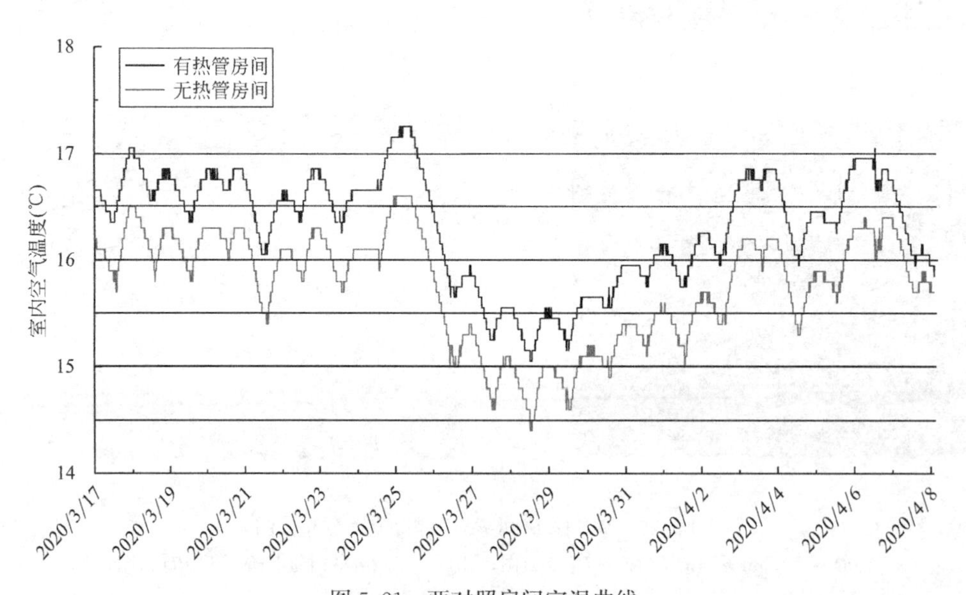

图 5.21　两对照房间室温曲线

3 月 18 日至 4 月 8 日室内气温统计　　表 5.10

室内空气温度	均值	标准差	最小值	最大值
对照房间	15.753	0.52	14.4	16.6
测试房间	16.318	0.5207	15.053	17.254

通过房间中心从下至上离地 50～250cm 的 6 个温湿度自记仪测点得到室内气温竖向分布，截取一周左右数据进行分析。如图 5.22 所示，对照房间，即常规房间温度分布规律十分明显：由高到低空气温度逐渐降低，离地 250cm 的 6 号温湿度自记仪温度最高，与较低的 1 号、2 号的温差可达 0.35℃，平均约为 0.15℃。而 WIHP 房间的每个高度的气温相对于对照房间均有所上升，处在热管冷凝段高度的 2 号到 6 号温湿度自记仪温度数值上升尤为明显，WIHP 房间的 1 号和 2 号温湿度自记仪之间的温差明显高于对照房间的 1 号和 2 号温湿度自记仪。而与对照房间不同，离地 170cm，处于热管冷凝段中心高度的 4 号温湿度自记仪温度最高，3 号、5 号温湿度自记仪也基本与 6 号温湿度自记仪持平。

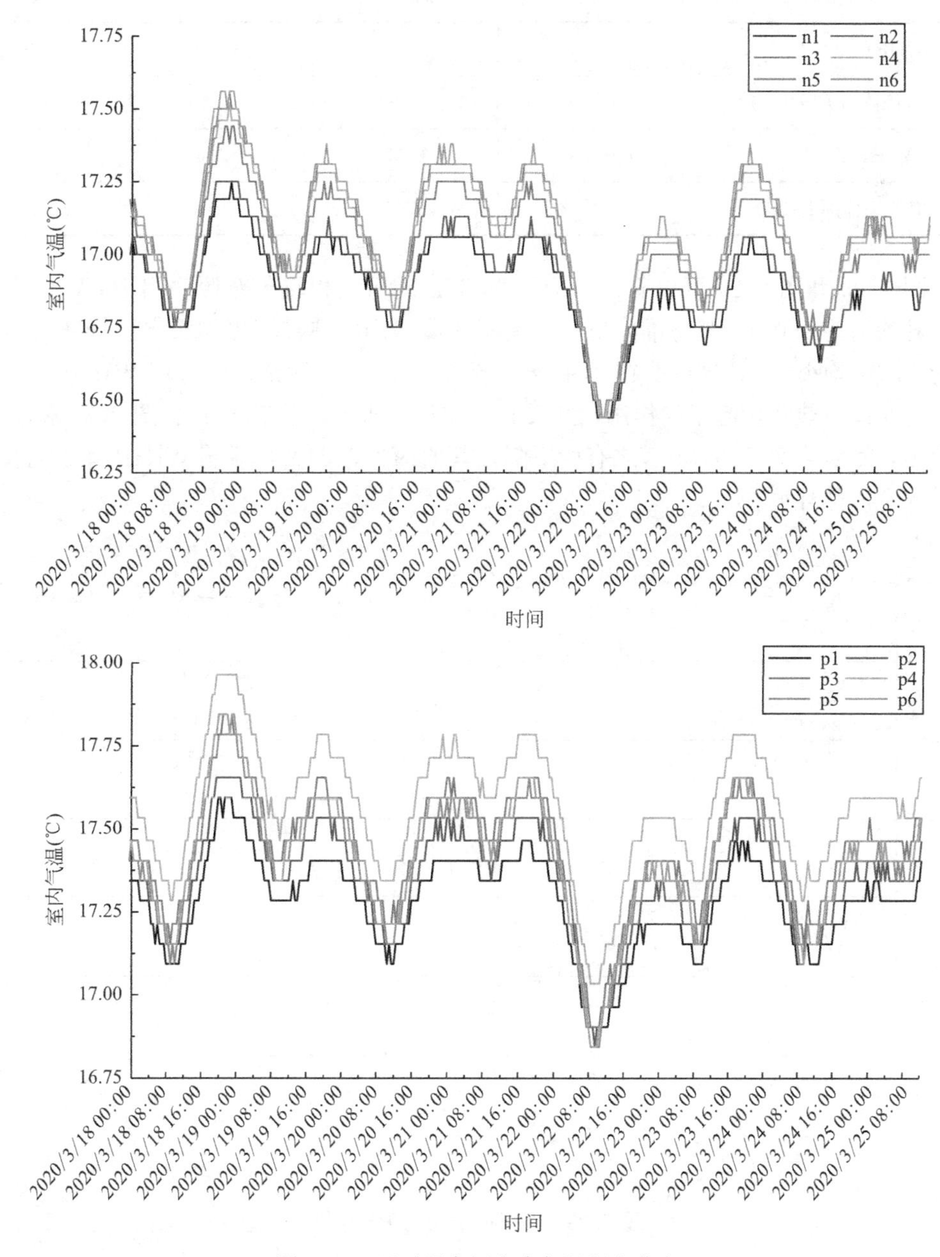

图 5.22　两对照房间室内气温竖向分布

空气温度的竖向梯度也是影响热舒适的重要因素，WIHP 对室内气温的提升效果在冷凝段高度更为明显，并具有改善室内竖向温度分布的效果。

3. 测试房间 *PMV* 和 *PPD*

房间场景为一人静坐，分别对两房间 *PMV* 和 *PPD* 进行条件设置如下：新陈代谢率 M=1met=58.15W/m²；人体做功率 W=0；服装热阻（冬季室内典型着装）=1clo。计算结果汇总如表 5.11 所示。

WIHP 和常规墙体的 *PMV* 和 *PPD* 数据统计 **表 5.11**

数据	均值	标准差	最小值	最大值
WIHP 的 *PPD*(%)	65.95	26.13	8.49	95.24
常规墙体的 *PPD*(%)	62.71	25.96	7.23	93.82
WIHP 的 *PMV*	−1.82	0.57	−2.6	−0.41
常规墙体的 *PMV*	−1.73	0.56	−2.52	−0.33

由图 5.23 和图 5.24 可以看出，应用 WIHP 的房间相较于对照房间 *PMV* 值有所提高，提升均值为 0.084，且标准差更小，说明测试房间的热环境更加稳定、舒适。整个过渡季的 *PMV* 均小于 0，这说明在 3 月 18 日至 5 月 18 日的测试期间应用 WIHP 进行辅助供暖一直对改善热环境起正向作用，并没有出现过热现象。从表 5.11、图 5.23 和图 5.24 可以看出，不满意率 *PPD* 也随之有所下降，其值约为 3.24%，说明 WIHP 有效地改善了过渡季的室内热环境。

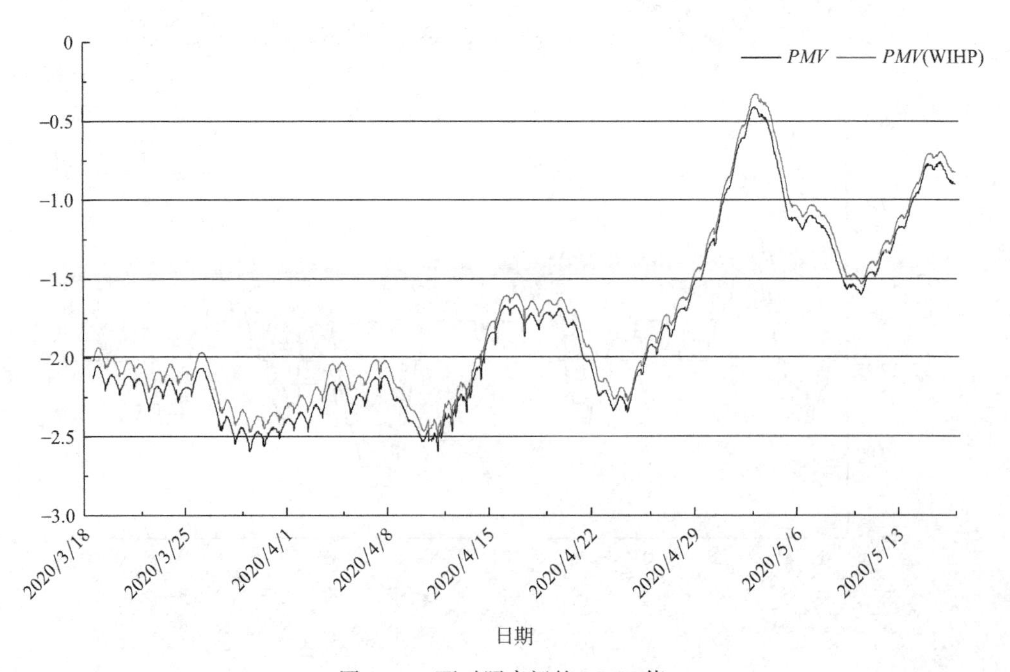

图 5.23　两对照房间的 *PMV* 值

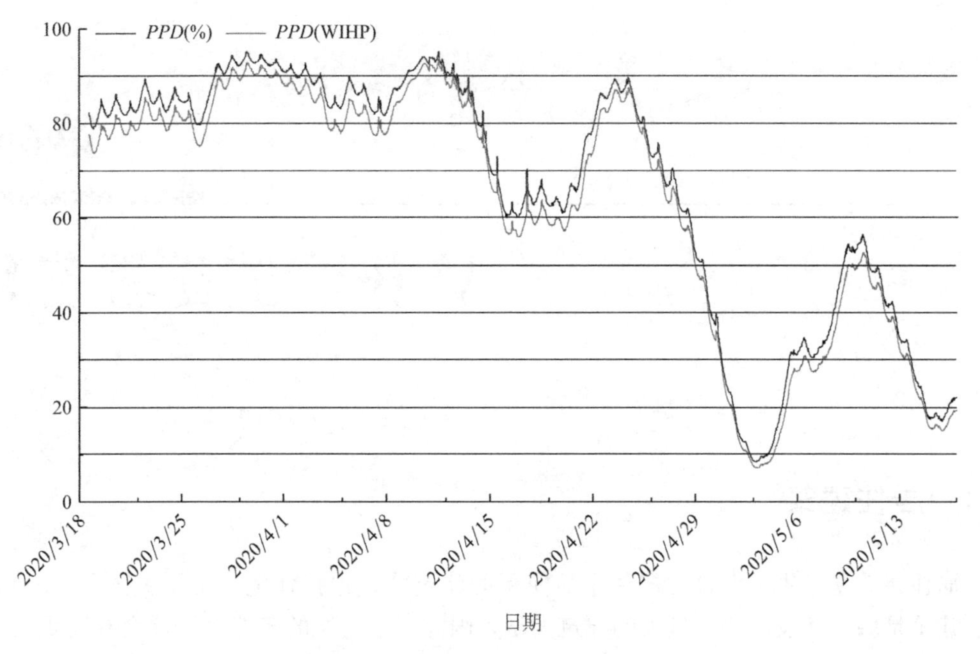

图 5.24　两对照房间 *PPD* 指数

第6章

WIHP的工程应用

6.1 居住建筑

居住建筑是指供人们日常居住生活使用的建筑物，包括住宅、别墅、宿舍、公寓等。居住建筑是城市建设中比重最大的建筑类型，因此居住建筑的节能对于社会有着重大的意义。墙体作为建筑最基本的构成之一，是建筑围护结构节能的重点。WIHP 作为一种新型被动式太阳能利用技术，在一定条件下可以降低墙体的热（冷）损失。

6.1.1 小型居住建筑

1. 建筑模型

选取天津地区的二层独栋建筑为建模对象，建筑面积 227.7m^2，建筑层高 3m，建筑平面图如图 6.1 所示。南向 WIHP 面积为 63m^2，北向 WIHP 面积为 93.6m^2。根据建筑功能一层分为卧室、客厅、厨房、储物间、厕所、楼梯 6 个房间，二层分为主卧室、次卧室、客厅、书房、厕所、楼梯等 7 个房间。所有功能性房间均要求夏季供冷和冬季供暖，夏季室内设计温度为 26℃，冬季室内设计温度为 18℃。

建筑外墙传热系数为 0.47W/(m^2·K)，屋面传热系数为 0.43W/(m^2·K)。建筑外窗和外门采用充氩气的双层中空玻璃（5+15A+5），传热系数为 2.0W/(m^2·K)。建筑外窗无外遮阳，内遮阳采用浅色窗帘。

2. 模拟分析

采用能耗模拟软件分析常规建筑和 WIHP 建筑的全年逐时能耗，其结果分别在图 6.2 和图 6.3 中给出。

从图 6.2 中可以看出，该建筑的能耗随着室外环境的变化而波动，建筑热负荷明显高于冷负荷。1 月份的热负荷较高，最大值 36.34W/m^2；7 月份的冷负荷较高，最大值为 26.66W/m^2；在过渡季节冷热负荷均相对较低，在大多数时间的冷热负荷为 0。

从图 6.3 中可以看出，WIHP 具有较高的得热（冷）潜力，可显著降低建筑能耗。在采用智能控制阀对热管传热施加控制的条件下，北向 WIHP 在供暖季不会额外增加建筑热负荷，南向 WIHP 在供冷季亦不会额外增加建筑的冷负荷。在供暖季，WIHP 通过热管向室内传热时，建筑的热负荷降低明显，在部分时间通过 WIHP 增加的得热量甚至高

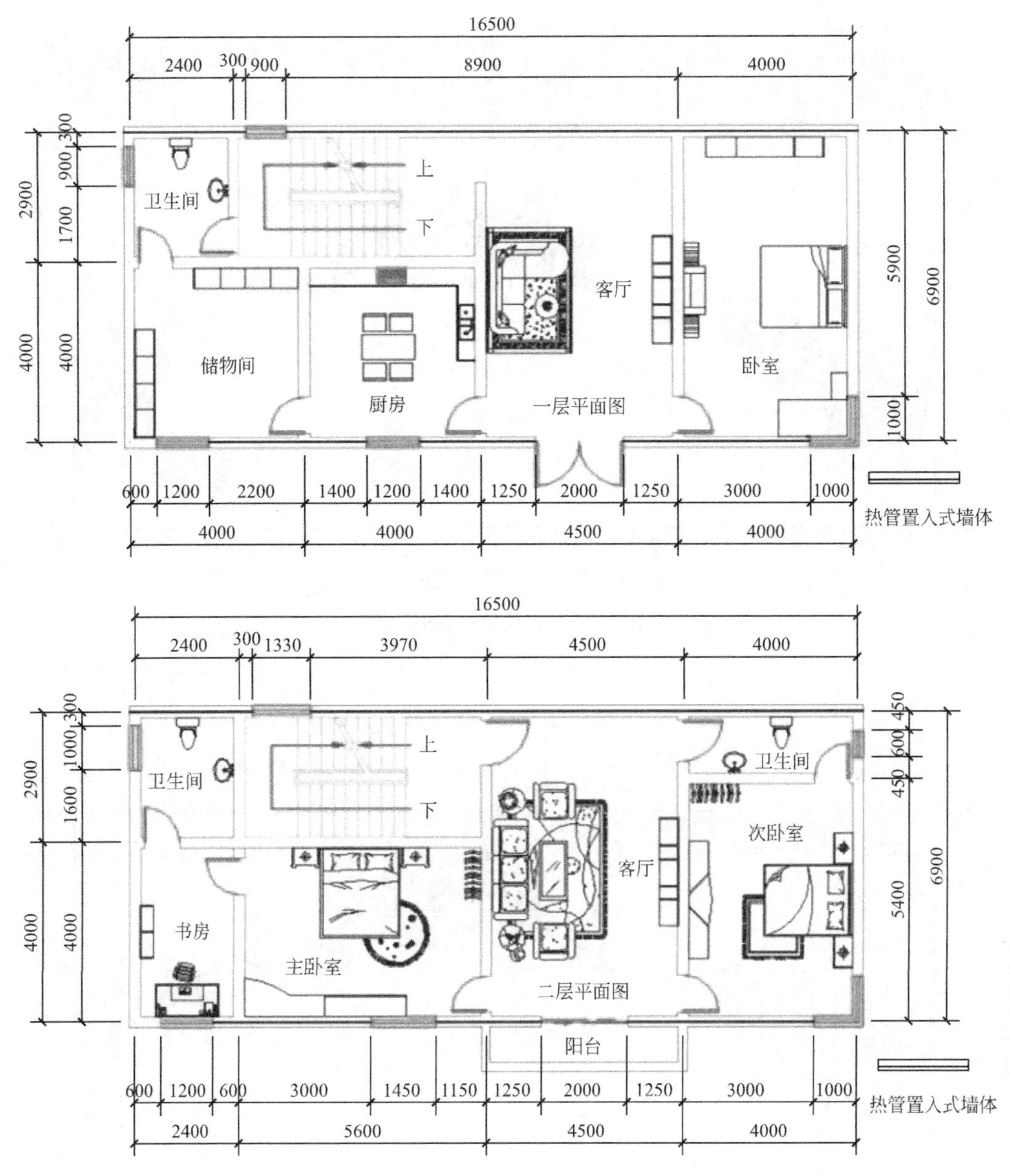

图 6.1　建筑平面图

于建筑的热负荷，使得建筑的热负荷为零。夏季北向 WIHP 的节能效果优于冬季，墙体明显降低了建筑的冷负荷，使建筑在相当长的累计时间内冷负荷为零。当建筑热（冷）负荷为零时，WIHP 仍可向室内或室外传热，进一步改善室内热环境。

常规建筑与 WIHP 建筑的逐月累计供暖（供冷）能耗、WIHP 建筑的节能量和节能率见表 6.1。从表 6.1 中可以看出，常规建筑的全年能耗为 18691.20kWh，其中 1 月份最高为 3659.08kWh，10 月份最低为 34.29kWh。WIHP 建筑的全年能耗为 118141.92kWh，其中，1 月份最高为 3622.12kWh，10 月份最低为 29.20kWh。WIHP 全年的有益传热量为 549.28kWh，8 月份的有益传热量最多为 102.25kWh，4 月份的有益传热量最少为

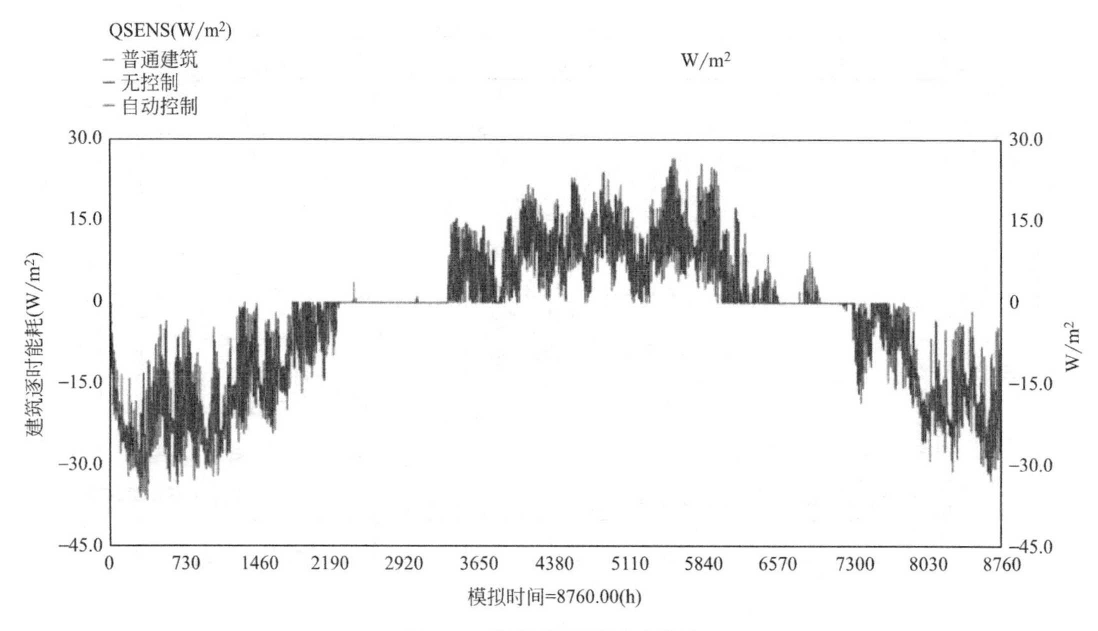

图 6.2　常规建筑的逐时能耗

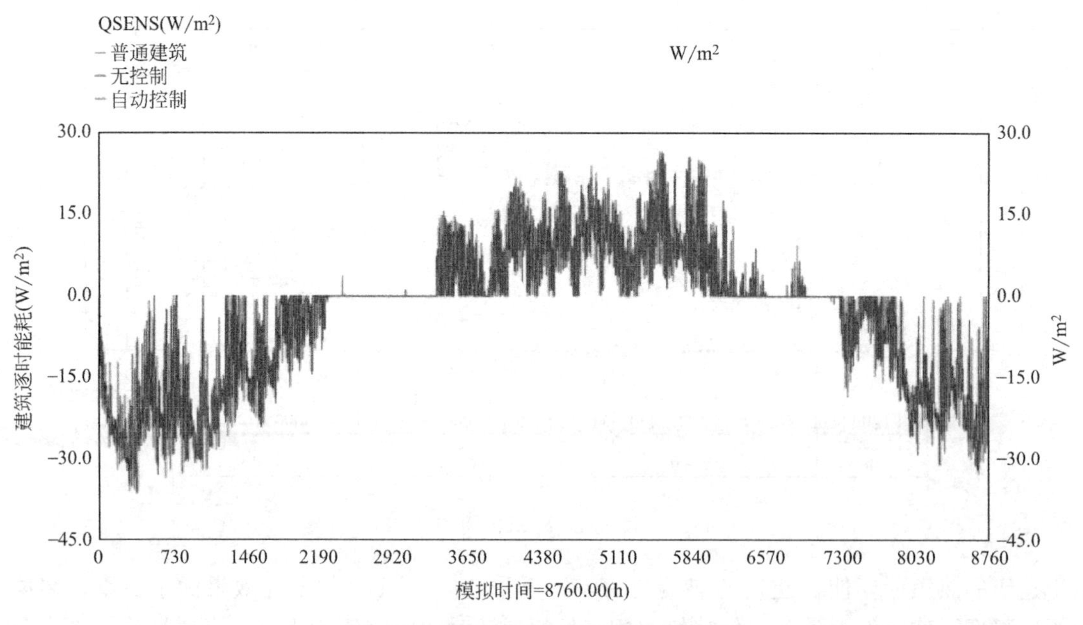

图 6.3　应用 WIHP 建筑的逐时能耗

0.34kWh。5 月至 9 月间北向 WIHP 工作时向室外的传热量明显高于在 11 月至次年 3 月南向 WIHP 工作时向室内的传热量。WIHP 全年的节能率为 2.94%，即 WIHP 将建筑能耗降低了 2.94%。5 月到 10 月间的节能率较高，10 月最高为 13.86%；11 月至次年 4 月的节能率较低，4 月最低为 0.67%。

综上可见，应用 WIHP 可明显地降低建筑能耗，取得较好的节能效果。

WIHP 的节能效果　　表 6.1

月份	常规建筑能耗(kWh)	WIHP 建筑能耗(kWh)	WIHP 传热量(kWh)	节能率(%)
1月	3659.08	3622.12	36.95	1.01
2月	2877.12	2842.56	34.56	1.20
3月	1473.71	1450.86	22.85	1.55
4月	50.22	49.89	0.34	0.67
5月	417.01	381.58	35.43	8.50
6月	1220.24	1135.24	85.00	6.97
7月	1993.57	1906.76	86.81	4.35
8月	1824.67	1722.42	102.25	5.60
9月	736.72	665.09	71.63	9.72
10月	34.29	29.20	5.10	14.86
11月	1242.88	1227.01	15.87	1.28
12月	3161.66	3109.18	52.48	1.66
总计	18691.20	18141.92	549.28	2.94

这里应该指出，前几章关于 WIHP 节能效果的讨论仅针对墙体本身。事实上，WIHP 建筑的总体节能率还与建筑的布局、窗墙比及墙地比等因素密切相关。

6.1.2　高层被动式建筑

1. 建筑模型

建筑模型取自于天津某生态城“被动房”试点项目，该建筑严格依据德国被动房规范建造，是全球第一个通过德国 PHI 验证的新建高层住宅项目。建筑地上部分共 16 层，建筑总高度约 50.1m，建筑总面积 5547.84m^2，建筑正立面如图 6.4 所示。建筑每层 3 户，各户之间设有分户保温层。图 6.5 是标准层平面布局图。表 6.2 给出了建筑物的窗墙比。

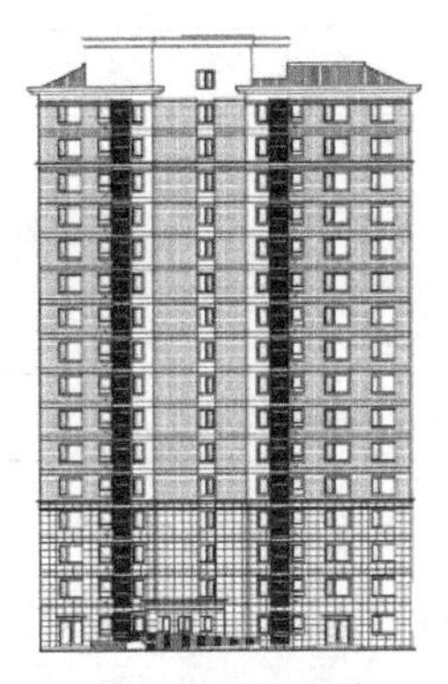

图 6.4　建筑立面图

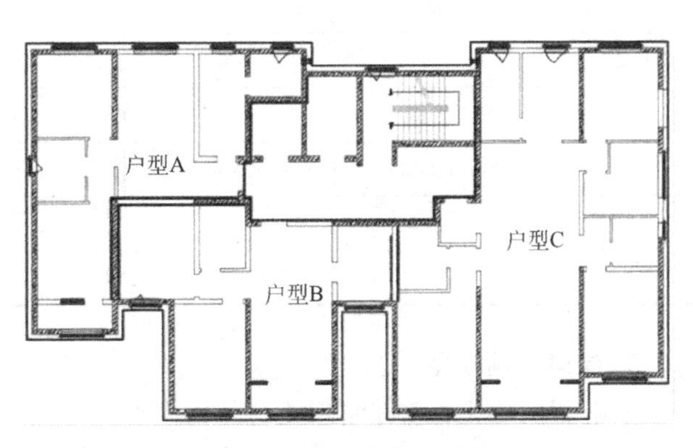

图 6.5　标准层平面布局图

建筑物的窗墙比　　表 6.2

立面	窗面积(m^2)	墙面积(m^2)	窗墙比
南立面	411.08	1396.79	0.29
北立面	254.15	1396.79	0.18
东立面	53.76	755.51	0.07
西立面	14.40	755.51	0.02

2. 建筑围护结构

建筑的体形系数为 0.29，符合德国被动房节能标准。德国被动房标准对围护结构整体传热系数要求很严格，该项目墙体隔热层厚度达到 240mm，墙体传热系数仅为 0.11W/(m^2·K)。

建筑外窗使用了三玻两腔 Low-E 中空充氩元素玻璃，铝包木材质的窗框，传热系数为 0.8W/(m^2·K)，墙体结构和外窗的相关性能参数见表 6.3。

墙体结构和外窗相关性能参数　　表 6.3

部位	材料	厚度(mm)	导热系数[W/(m·K)]	密度(kg/m^3)	比热容[J/(kg·K)]
屋面	水泥砂浆	20	0.93	1800	1050
	钢筋混凝土	200	1.74	2500	920
	水泥砂浆	75	0.93	1800	1050
	XPS 保温板	240	0.032	20	1380
天花板/地板	水泥砂浆	20	0.93	1800	1050
	钢筋混凝土	200	1.74	2500	920
	水泥砂浆	75	0.93	1800	1050
外墙	水泥砂浆	20	0.93	1800	1050
	XPS 保温板	240	0.032	20	1380
	加气混凝土	200	0.16	600	1050
	水泥砂浆	75	0.93	1800	1050
内墙	水泥砂浆	20	0.93	1800	1050
	钢筋混凝土	200	1.74	2500	920
	水泥砂浆	75	0.93	1800	1050
外窗	名称		参数		
	双层真空玻璃窗		U[0.8W/(m^2·K)]日射热取得率(0.67)		

3. 建筑几何模型

采用 Sketch Up 软件绘制建筑几何模型，如图 6.6 所示。再使用 Open Stuido 软件导出 Energy Plus 文件。将建筑表面划分为传热表面以及蓄热表面两大部分，蓄热表面独立划分成一个计算单元以便于之后设置 WIHP 的各相关参数。在模型的构建过程中每个房间被当成一个独立的热区，并按照相关的规则统一进行排序，逐层逐间搭建，最后建成模型的热区分布图，如图 6.6（d）所示。

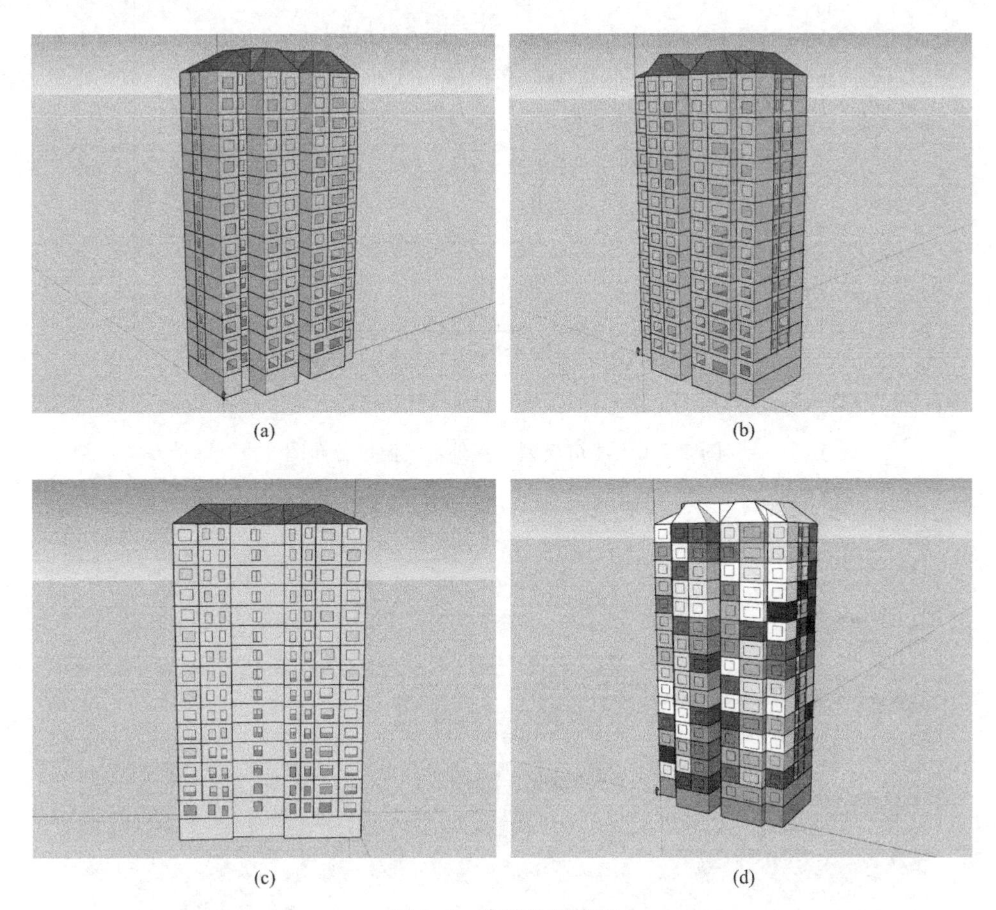

图 6.6 建筑几何模型

（a）西南面；（b）东南面；（c）北面；（d）建筑模型热区分布图

4. 参数设置

（1）气象条件设置

天津属于我国五个建筑热工设计分区中的寒冷地带，气候子区被划为寒冷 B 区。《民用建筑热工设计规范》GB 50176—2016 中给出天津市供暖度日数（HDD18）为 2743，空调度日数（CDD26）为 92，供暖期天数为 118 天，平均室外温度是−0.2℃。天津市典型年室外空气温度分布参见图 6.7。

（2）软件参数设置

模拟计算条件：家庭住宅房间计算温度为 18℃，楼梯间和封闭室外走廊等公用空间和封闭阳台温度为 12℃，换气频次为 0.5 次/h，取暖设备的工作时段为 0:00 至 24:00，照明功率密度为 5W/m²，设备功率密度为 3.8W/m²，每户人员设置情况为卧室 2 人、起居室 3 人、其他房间 1 人；冬季供暖时间设为 11 月 15 日至次年 3 月 14 日。选定室外空气温度较低、太阳辐射条件较好的 1 月 16 日为典型日，热负荷计算时间间隔为 1h。相关的 IDF 文件设置参数见图 6.8～图 6.12。

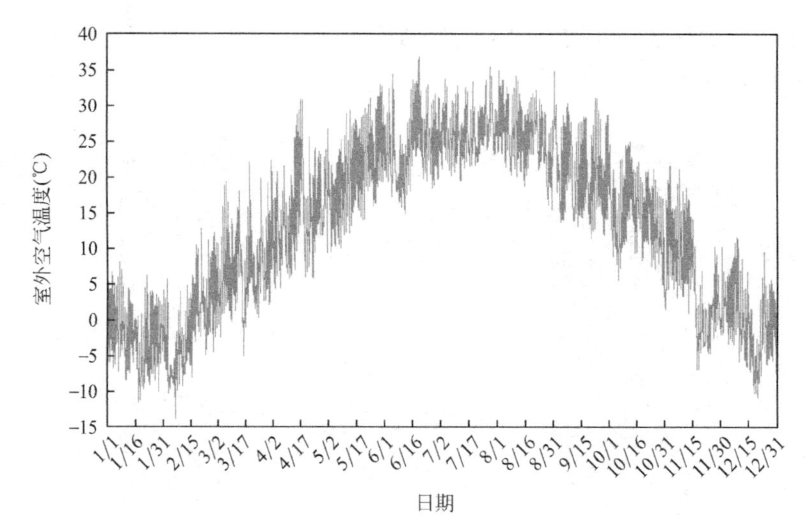

图 6.7 天津市典型年室外空气温度分布图

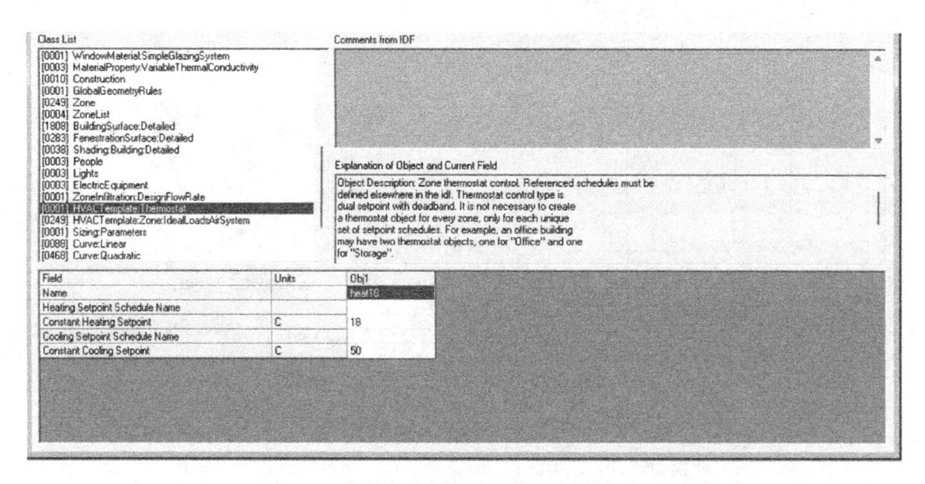

图 6.8 供暖温度设置

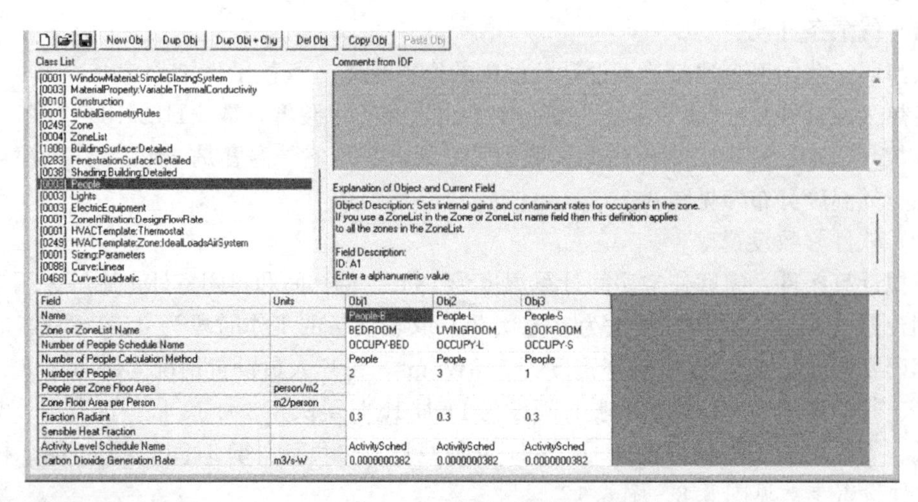

图 6.9 室内人员设置

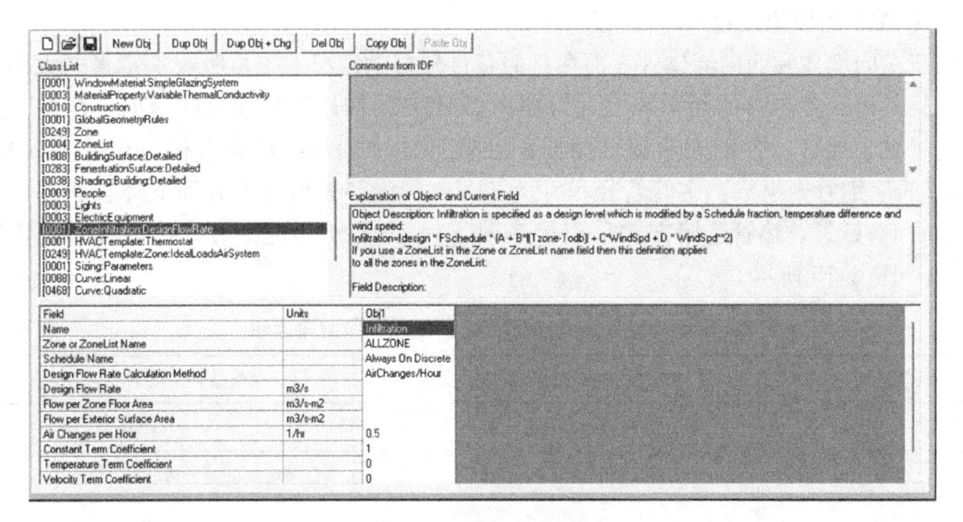

图 6.10　换气频次设置

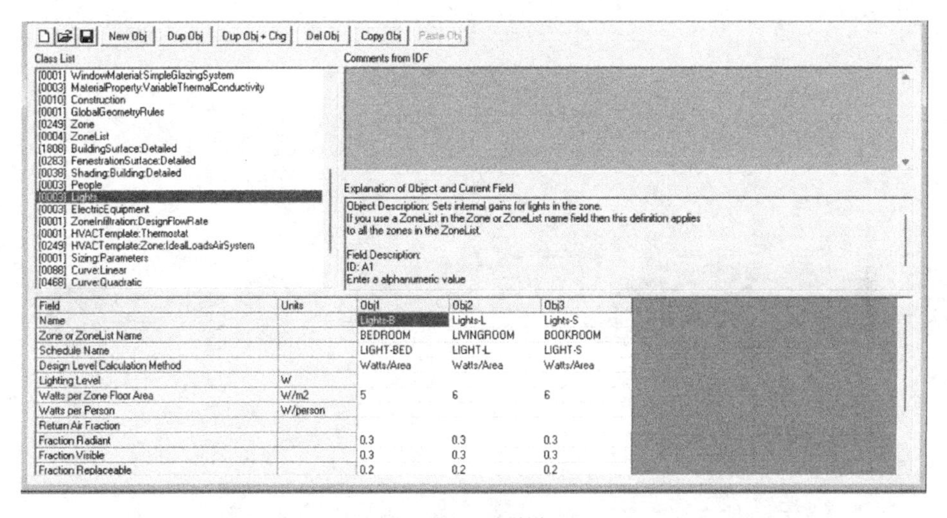

图 6.11　照明设置

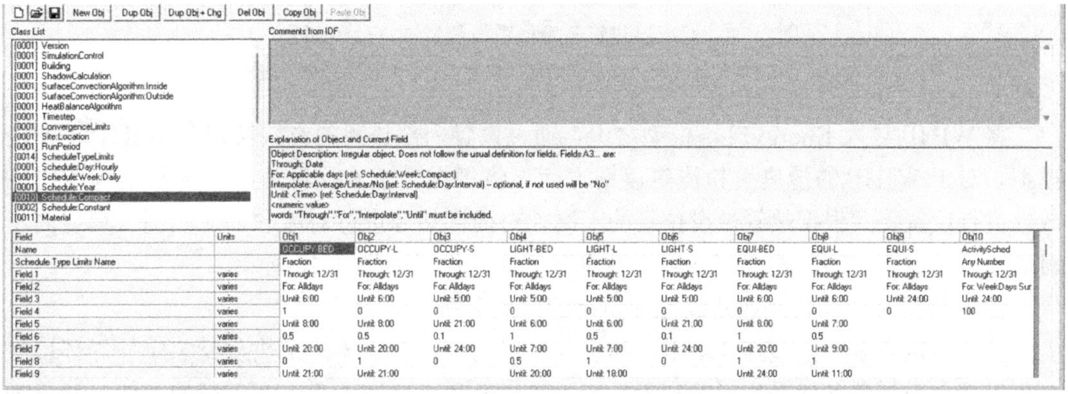

图 6.12　人员、设备、照明时刻表设置

5. WIHP 的模拟设置

由于东向墙体和西向墙体外表面在日照条件较好的情况下也可吸收一定量的太阳辐射热量，且其可布置热管的面积较大，为提高 WIHP 的作用，将建筑的南向、东向和西向墙体均置入了热管，各朝向热管管栅面积在表 6.4 中列出。热管管栅由尺寸为 $\Phi 4.3\times 0.8$mm 的毛细管栅组成，主管管径尺寸为 $DN20$，绝热管段、上升和下降管段的管材为 $DN20$ 的 PVC 管，热管连接方式采用传热效果较好的 H 形连接方式，热管敷设位置如图 6.13～图 6.15 所示。

模型建筑各朝向热管管栅蒸发段、冷凝段面积　　表 6.4

朝向	热管管栅蒸发段面积(m^2)	热管管栅冷凝段面积(m^2)
东向	350.88	350.88
南向	492.86	492.86
西向	370.56	370.56

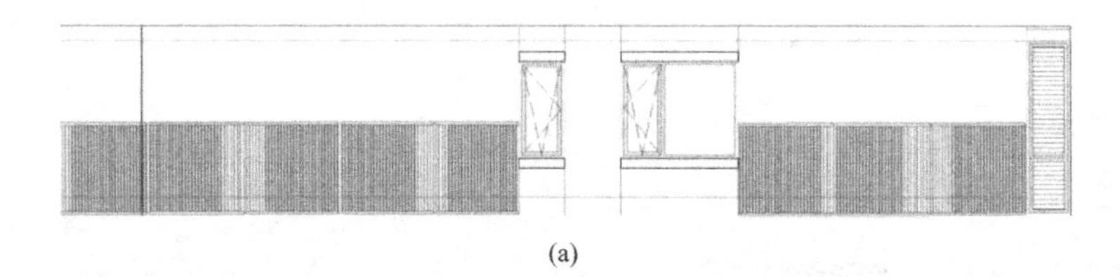

(a)

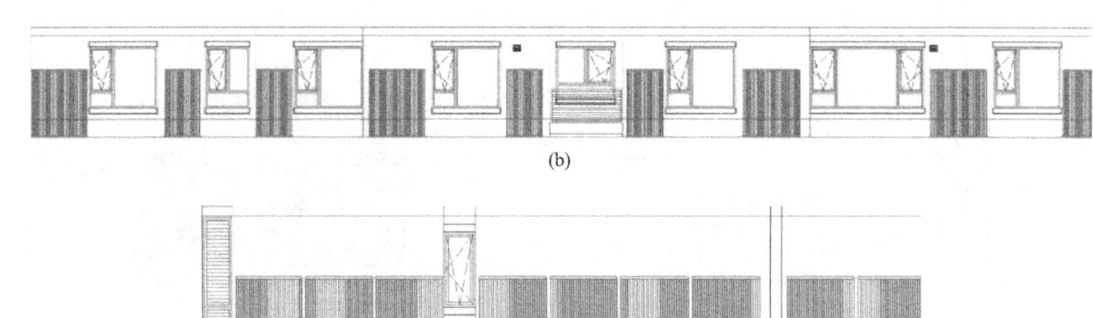

(b)

(c)

图 6.13　标准层热管蒸发段敷设位置图（蓝色部分）

(a) 东向墙体外表面；(b) 南向墙体外表面；(c) 西向墙体外表面

将 WIHP 导入 EnergyPlus 模型之中，通过设置内部热源的方式实现对 WIHP 工作的模拟，对于 WIHP 的传热量和传热速率方面，将根据之前在实际建筑中传热实验所得的数据进行设置，并根据热管敷设位置的不同，对内部热源进行对流和辐射比例（辐射高于对流）以及运行时间的相应调整，相关的 IDF 文件设置如图 6.16 所示。

6. WIHP 建筑与常规建筑动态热负荷的对比分析

整体建筑完全处于室外环境中，和单独的房间相比，整体建筑热负荷响应外界环境变化更迅速，受气象条件变化影响更大。而建筑中的各个房间由于存在不同的内墙，并且朝向不同，热负荷的变化情况必然不同于整体建筑，并且不同房间的变化情况也不相同。因

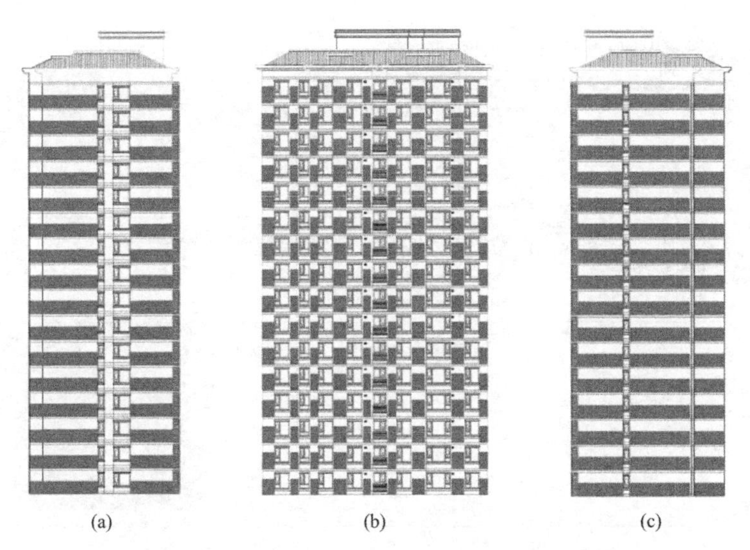

图 6.14　整体建筑热管蒸发段敷设位置图（深色部分）
（a）东向墙体外表面；（b）南向墙体外表面；（c）西向墙体外表面

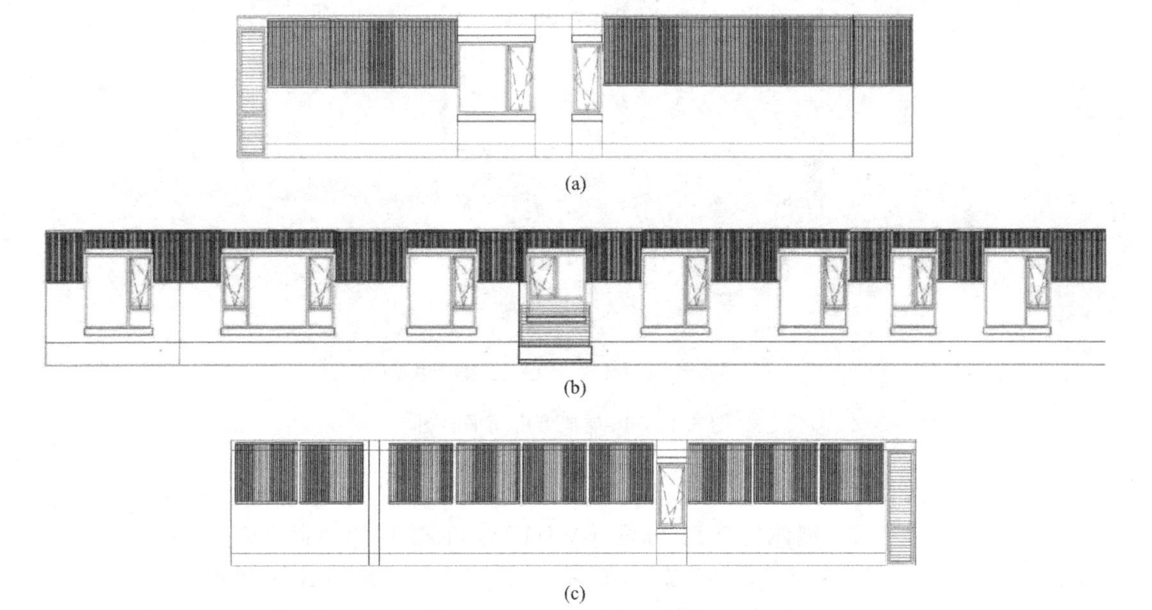

图 6.15　标准层热管冷凝段敷设位置图（浅色部分）
（a）东向墙体内表面；（b）南向墙体内表面；（c）西向墙体内表面

此，为了更好地了解建筑内部不同朝向房间的热负荷变化情况，以及不同朝向热管工作时对热负荷的影响情况，在对整体建筑进行动态热负荷计算与分析的同时，从不受周边高层建筑遮挡的 10 层中选取了 5 个房间作为典型房间再进行重点研究，分别标记为 S1（南向卧室，建筑面积为 20.01m^2）、S2（西南向卧室，建筑面积为 13.02m^2）、S3（东南向卧室，建筑面积为 13.37m^2）、N1（西北向卧室，建筑面积为 10.89m^2）、N2（东北向卧室，建筑面积为 11.55m^2），如图 6.17 所示。

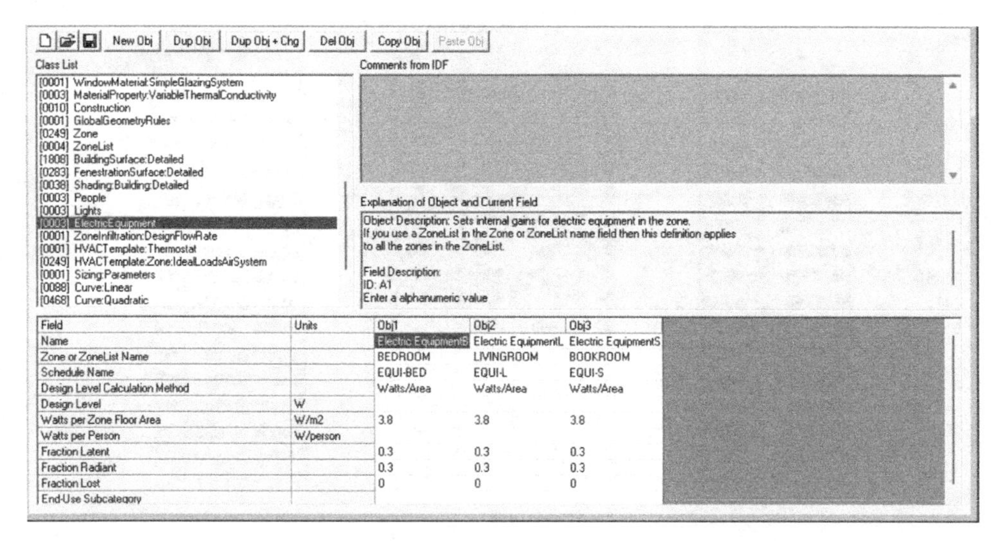

图 6.16　内部热源设置

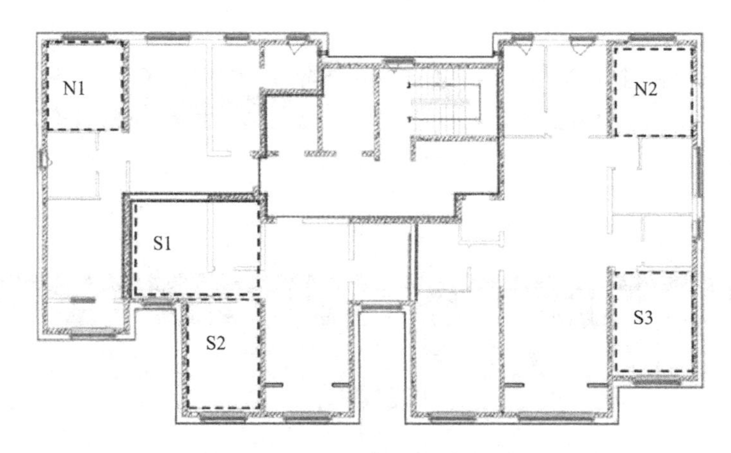

图 6.17　10 层典型房间平面图

（1）典型房间的对比分析

图 6.18 给出了常规墙体建筑 S1 房间与 WIHP 建筑 S1 房间动态热负荷的比较。可以看出，常规墙体建筑 S1 房间的动态热负荷要大于同一时刻 WIHP 建筑 S1 房间。从图 6.19 可知，相比于常规墙体建筑 S1 房间，WIHP 建筑 S1 房间的热负荷有了明显的降低，在整个供暖季，两房间的最大热负荷差值达到了 0.16kW，平均热负荷差为 0.033kW，供暖需求量则降低了 44.34%，说明南向 WIHP 能够有效地提高建筑的节能效果。

同样的，相较于常规建筑 S2、S3 房间，WIHP 建筑 S2、S3 房间的热负荷有了显著的降低。在整个供暖季，不同墙体建筑房间的最大热负荷差值分别达到了 0.12kW 和 0.13kW，平均热负荷差分别为 0.009kW 和 0.012kW，供暖需求量则分别降低了 63.83% 和 53.12%，说明东、西向 WIHP 的工作能够进一步提高建筑的节能效果，和单独南向 WIHP 的 S1 房间相比，南向、西向 WIHP 的 S2 房间和南向、东向 WIHP 的 S3 房间的供

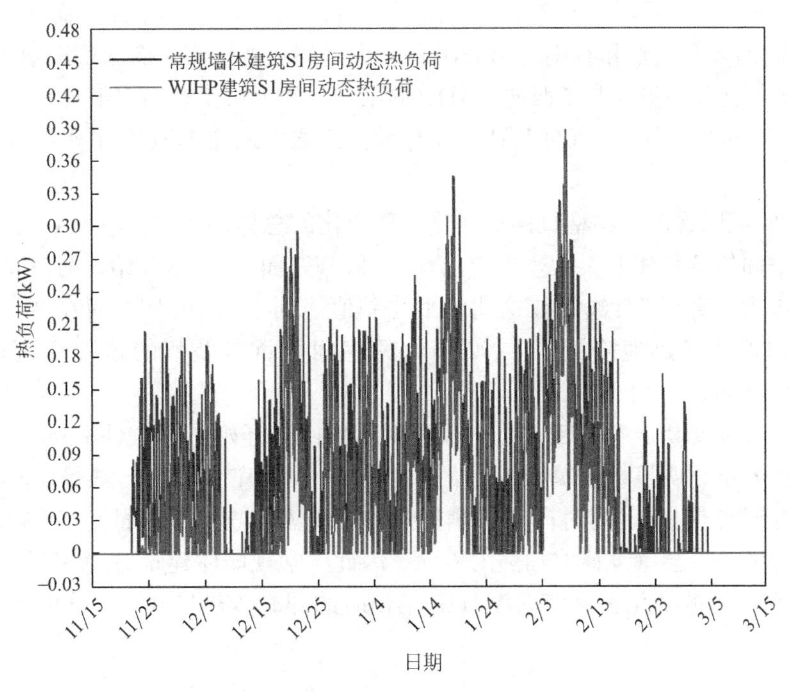

图6.18 常规墙体建筑与WIHP建筑S1房间动态热负荷对比

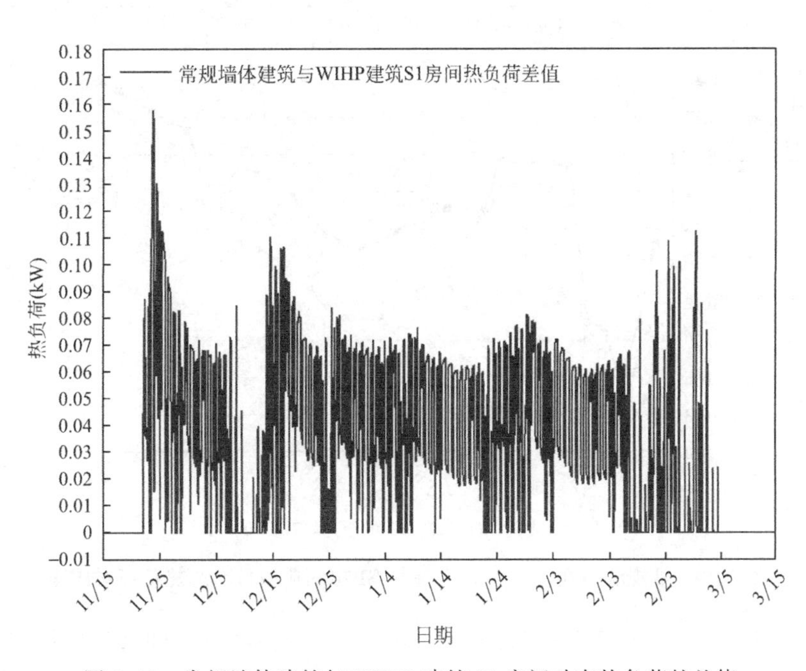

图6.19 常规墙体建筑与WIHP建筑S1房间动态热负荷的差值

暖需求量均进一步下降，可以看出S2房间的节能效果要好于S3房间，说明西向WIHP的工作效果要好于东向WIHP。

类似的，对于N1和N2房间，WIHP建筑房间的热负荷也均低于常规墙体建筑，供暖需求量也有所降低，N1房间的供暖需求量下降了26.59%，而N2房间下降了22.79%，

N1 房间供暖需求量下降高于 N2 房间，由于仅有西向或东向 WIHP，而无南向 WIHP，N1 和 N2 房间的节能效果和有南向 WIHP 的南向房间相差较多，而 N1 房间的节能效果要好于 N2 房间，也进一步说明了西向 WIHP 的工作效果要好于东向 WIHP。总体来说，南向 WIHP 的工作效果最好，西向 WIHP 工作效果次之，东向 WIHP 工作效果则不如南向和西向。

由图 6.20 可以看出，典型日两房间热负荷变化的总体趋势基本一致，在 1:00—6:00 时间段，两房间热负荷相差不大，平均只有 0.02kW，而从 7:00 开始，两房间的热负荷差值迅速开始增大，直到 20:00，在这期间平均差值达到了 0.06kW，而在 21:00 至 24:00 时间段，平均差值又迅速降到了 0.02kW，两房间热负荷差值的这种变化正好反映了 WIHP 的工作状态。

当室外综合温度高于 WIHP 工作的温度时，WIHP 开始工作，且室外综合温度越高，WIHP 的工作效果越明显，建筑利用的太阳能越多。WIHP 工作时，热量向室内侧传递加热内表面（即时传热量），同时向室外侧传递，被墙体吸收（蓄热量）。当 WIHP 不工作时，墙体蓄存的热量会持续释放加热内表面。因此，常规墙体建筑 S1 房间与 WIHP 建筑 S1 房间热负荷差值的变化正是南向 WIHP 工作时的即时传热量和不工作时的蓄热传热量的反映。

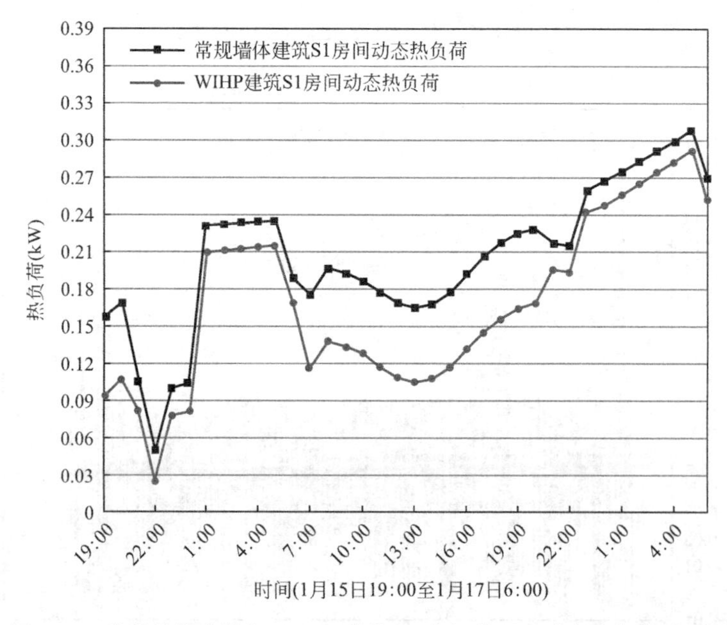

图 6.20 常规墙体建筑与 WIHP 建筑 S1 房间典型日动态热负荷对比图

同样的，对于 S2、S3、N1 和 N2 房间，典型日常规墙体建筑典型房间和 WIHP 建筑典型房间热负荷的变化趋势基本一致，在 1:00 至 6:00 时间段，两种墙体房间热负荷相差不大，在 7:00 至 20:00 时间段，两种墙体房间的热负荷差值相对较大，而在 21:00 至 24:00 时间段，两种墙体房间的热负荷差值又变小。S2、S3、N1、N2 房间的建筑面积相差不大，而在典型日，无论是最大热负荷差值，还是热负荷平均差值，S2 房间都是最大的，S3、N1、N2 房间依次降低，这再次反映了各个朝向 WIHP 的工作状态，拥有西向和南向 WIHP 的 S2 房间显然是节能效果最好的，东向和南向有 WIHP 的 S2 房间次之，与 S2、S3 房间相比，常规墙体建筑 N1、N2 房间的热负荷与 WIHP 建筑 N1、N2 房间热负荷相差相对较小。从而再次验证了实际建筑南向 WIHP 的工作效果最好，西向 WIHP 工作效果要优于东向 WIHP 工作效果。

（2）整体建筑的热负荷对比分析

图 6.21 给出了供暖季常规建筑与 WIHP 建筑动态热负荷的比较，可以看出，两者均由室外综合温度决定，升降变化趋势均与室外综合温度相反，太阳辐射照度的大小对两者影响均较大，尤其对 WIHP 建筑影响更大，在室外空气温度相同的情况下，太阳辐射照

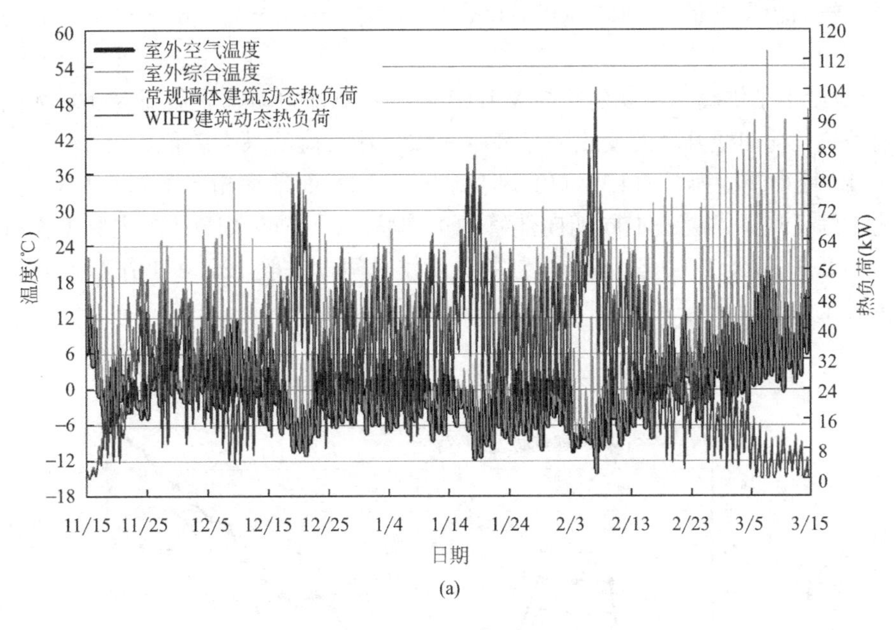

(a)

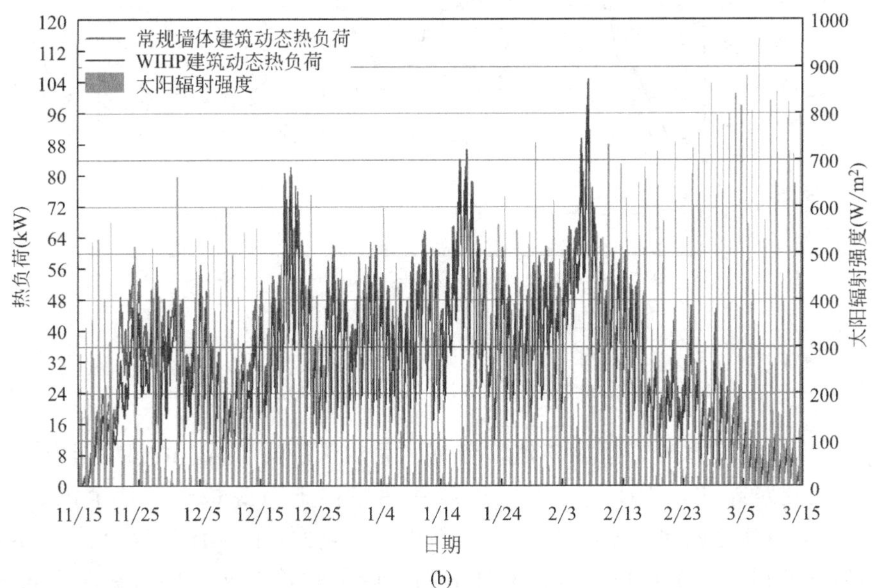

(b)

图 6.21　普通建筑与 WIHP 建筑动态热负荷对比

度越大，热负荷越小，反之亦然。当室外综合温度高于 WIHP 工作温度时，室外综合温度越高，即时传入 WIHP 建筑的热量越大，WIHP 建筑的墙体蓄热量也越大，WIHP 建筑损失的热量比常规墙体建筑越小，WIHP 建筑的室内热环境更稳定，WIHP 建筑的热负荷延迟时间更长。经过统计，常规建筑供暖热负荷的平均延迟时间为 6.28h，WIHP 建筑供暖热负荷的平均延迟时间为 7.08h，对比常规墙体建筑，WIHP 建筑热负荷峰值滞后了 0.8h。

WIHP 建筑与常规建筑热负荷最大相差达 18.18kW，供暖季总的供暖需求量相差为 12822.52kWh，单位建筑面积需求量相差了 2.31kWh/(m^2·a)，节能 13.52%。WIHP 建筑单位建筑面积需求量为 14.78kWh/(m^2·a)，小于 15kWh/(m^2·a)，达到德国被动房标准。

图 6.22 给出了供暖季常规建筑与 WIHP 建筑典型日的动态热负荷对比，从图中可以发现，两条热负荷曲线升降的变化趋势基本一致，热负荷的最大差值为 9.18kW，出现时刻为 13:00，最小差值为 3.30kW，出现时刻为 24:00；而平均相差了 6.53kW。热负荷差值的变化正好反映了供暖季不同朝向热管的工作状态。东向 WIHP 的主要工作时间为上午；南向 WIHP 白天 7:00 至 17:00 为主要工作时间，一般 12:00 工作状态最佳；西向 WIHP 主要工作时间则为下午，14:00 左右工作状态最佳。

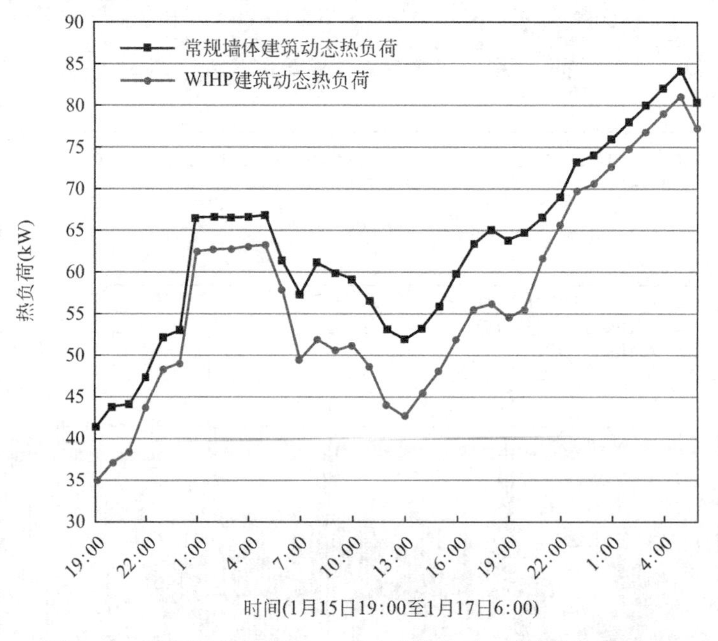

图 6.22 常规墙体建筑与 WIHP 建筑典型日动态热负荷对比

表 6.5 中给出了供暖季常规墙体建筑与 WIHP 建筑各朝向墙体的热量损失情况。可以看到，与常规建筑相比，WIHP 建筑南向墙体热量损失减少最多，整个供暖季达到了 0.92kWh/m^2，其次是西向墙体，减少了 0.57kWh/m^2，而东向墙体只减少了 0.33kWh/m^2。除了南向 WIHP 以外，东向和西向的 WIHP 对于降低建筑能耗和提高室内热舒适度等方面也具有较好的效果。WIHP 建筑对比常规建筑的节能效果如表 6.6 中所示。

供暖季整体建筑各朝向墙体热量损失　　表 6.5

方向	常规墙体建筑（kWh/m²）	WIHP 建筑（kWh/m²）	降低（kWh/m²）
东向墙体	29.35	29.02	0.33
南向墙体	41.19	40.57	0.92
西向墙体	36.01	35.44	0.57

典型房间与整体建筑节能效果（单位：kWh）　　表 6.6

	S1 房间	S2 房间	S3 房间	N1 房间	N2 房间	整体建筑
常规墙体	212.86	39.21	67.22	195.32	224.61	94815.39
WIHP	118.49	14.18	31.51	143.39	173.41	81992.87
差值	94.37	25.03	35.71	51.93	54.2	12822.52
节能率	44.34%	63.83%	53.15%	26.59%	22.79%	13.52%

经上述常规墙体建筑与 WIHP 建筑动态热负荷结果对比可以看出，相对于常规墙体建筑，WIHP 建筑损失的热量更小，室内热环境更稳定，热负荷延迟时间更长，对于降低建筑能耗和提高室内热舒适度等方面具有较好的效果。

6.2　公共建筑

公共建筑，是指供人们进行各种公共活动的建筑，一般包括办公建筑、商业建筑、旅游建筑、科教文卫建筑、通信建筑和交通运输类建筑等。随着经济水平的提高，建筑行业不断发展，我国建筑总面积达到 613 亿 m²，其中公共建筑面积约占 20%。从各方面的研究与调查结果可知，办公建筑量大面广，再加上建筑结构，使用功能以及能耗设备等方面具有独特的性质，导致其能源有着巨大的浪费。因此，办公类建筑具有巨大的节能潜力[104]。

6.2.1　建筑模型

天津市某四层教学办公楼，层高 3.3m，长为 96.2m，宽为 20m，建筑面积约 8000m²，平面图如图 6.23 所示。根据建筑的功能分为办公室、教室、会议室以及卫生间等，一到四层结构以及房间功能都一致。所有房间要求夏季供冷、冬季供暖。

建筑外墙传热系数为 0.47W/(m²·K)，屋面传热系数为 0.43W/(m²·K)。建筑外窗和外门采用充氩气的双层中空玻璃（5+15A+5），传热系数为 2.0W/(m²·K)。建筑外窗无外遮阳，内遮阳采用浅色窗帘，室内设计参数如表 6.7 所示。

6.2.2　模拟分析

现针对冬季工作的南向 WIHP 建立动态热传输数学模型，图 6.24 为模拟得到的供暖季 WIHP 建筑和常规建筑的逐时供暖能耗曲线。图 6.25 为 WIHP 建筑和常规建筑的冬季

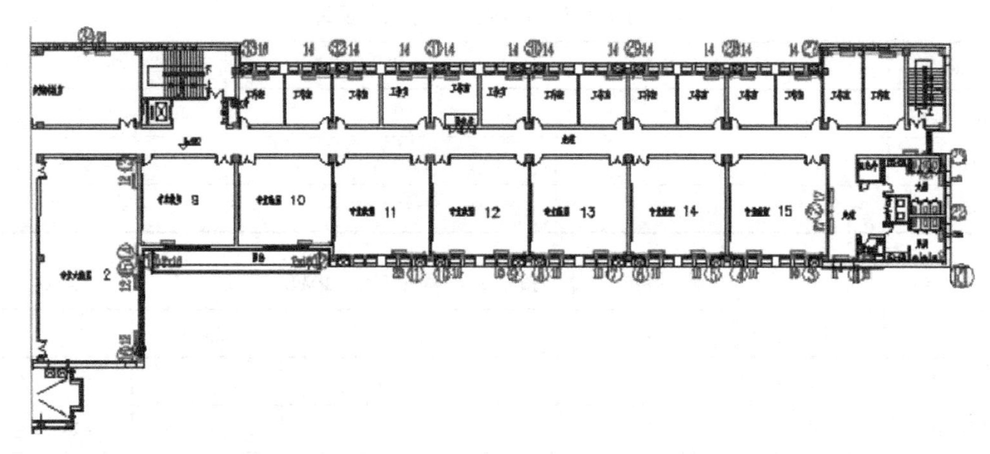

图 6.23　建筑平面图

室内设计参数　　表 6.7

冬季			
办公	18℃	教室	18℃
实验室	18℃	计算机房	18℃
科研用房	18℃	大厅走道	16℃
夏季			
办公	26℃	公共机房	26℃
网络实验室	26℃	软件实验室	26℃

供暖总能耗模拟结果。从图 6.24 和图 6.25 中可以明显看出在供暖季常规墙体建筑的供暖能耗要高于 WIHP 建筑，南向 WIHP 的节能率为 8.7%。

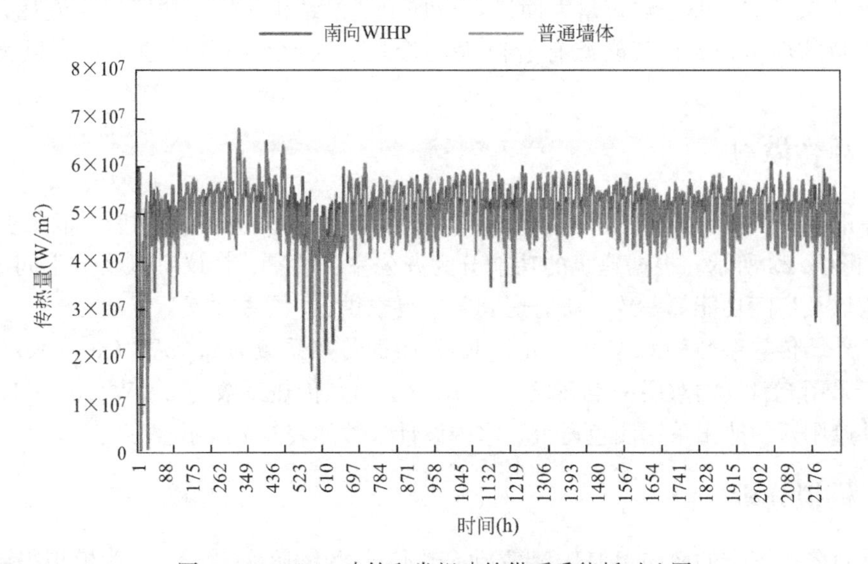

图 6.24　WIHP 建筑和常规建筑供暖季能耗对比图

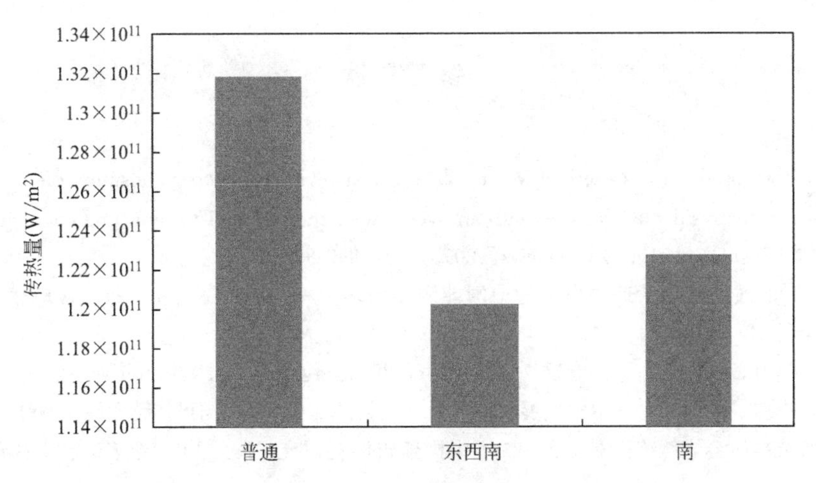

图 6.25　WIHP 建筑和常规建筑冬季供暖总能耗

参考文献

[1] Nejat P，Jomehzadeh F，Taheri M M，et al. A global review of energy consumption，CO_2 emissions and policy in the residential sector（with an overview of the top ten CO_2 emitting countries）[J]. Renewable & Sustainable Energy Reviews，2015，43：843-862.

[2] 林伯强，李江龙．环境治理约束下的中国能源结构转变——基于煤炭和二氧化碳峰值的分析 [J]. 中国社会科学，2015（9）：24.

[3] 邹才能，赵群，张国生，等．能源革命：从化石能源到新能源 [J]. 天然气工业，2016，36（1）：10.

[4] 李俊峰，李广．碳中和——中国发展转型的机遇与挑战 [J]. 环境与可持续发展，2021，(1)：50-57.

[5] 中国建筑节能协会能耗统计专委会．2021 中国建筑能耗研究报告 [J]. 建筑节能（中英文），2022，49（2）：1-6.

[6] 杨名舟．中国新能源 [M]. 北京：中国水利水电出版社，2013.

[7] 于志．多种太阳能新技术在示范建筑中的应用研究 [D]. 合肥：中国科学技术大学，2014.

[8] 张改景，龙惟定，陈旭．可再生能源供热制冷技术在建筑中的应用 [J]. 建筑热能通风空调，2009（4）：5.

[9] 尹成辉．低耗节能建筑及其推广应用 [D]. 青岛：青岛理工大学，2016.

[10] 王学宛，张时聪，徐伟，等．超低能耗建筑设计方法与典型案例研究 [J]. 建筑科学，2016，32（4）：10.

[11] 张栋．天津市实施新建住宅 75%节能标准技术应用 [J]. 建设科技，2015（12）：4.

[12] 罗国志．北京地区混合式运行办公建筑被动式技术研究 [D]. 重庆：重庆大学，2012.

[13] Raahemifar，Kaamran，Tookey，et al. Application of passive wall systems for improving the energy efficiency in buildings：A comprehensive review [J]. Renewable & Sustainable Energy Reviews，2016.

[14] Morse E S. Warming and ventilating apartments by Sun's rays：US 246625 [P]. 1883-08-15.

[15] Binggeli C. Building Systems for Interior Designers [M]. Wiley，2002.

[16] Shen J，Lassue S，Zalewski L，et al. Numerical study on thermal behavior of classical or composite Trombe solar walls [J]. Energy & Buildings，2007，39（8）：962-974.

[17] Faghri A，Chen M M，Morgan M. Heat transfer characteristics in two-phase closed conventional and concentric annular thermosyphons [J]. Journal of Heat Transfer，1989，111（3）：611-618.

[18] Wang W，Tian Z，Ding Y. Investigation on the influencing factors of energy consumption and thermal comfort for a passive solar house with water thermal storage wall [J]. Energy and Buildings，2013，64：218-223.

[19] Bojic M，Johannes K F K. Optimizing energy and environmental performance of passive Trombe wall [J]. Energy & Buildings，2014，70（Feb.）：279-286.

[20] Koyunbaba B K，Yilmaz Z，Ulgen K. An approach for energy modeling of a building integrated photovoltaic（BIPV）Trombe wall system [J]. Energy & Buildings，2013，67（Dec.）：680-688.

[21] Jaber S，Ajib S. Optimum design of Trombe wall system in mediterranean region [J]. Solar Energy，2011，85（9）：1891-1898.

[22] Faraji M. Numerical study of the thermal behavior of a novel Composite PCM/concrete wall [J]. Energy Procedia，2017，139：105-110.

[23] Evola G, Marletta L. The effectiveness of PCM wallboards for the energy refurbishment of light-weight buildings [J]. Energy Procedia, 2014, 62: 13-21.

[24] Mehdaoui F, Hazami M, Messaouda A, et al. Thermal testing and numerical simulation of PCM wall integrated inside a test cell on a small scale and subjected to the thermal stresses [J]. Renewable Energy, 2019, 135 (May): 597-607.

[25] 李元哲，狄洪发，高嵩．被动式太阳房冬季平均室温的预测及特朗勃墙的集热效率 [J]. 太阳能学报，1992，13 (2)：5.

[26] 叶宏，葛新石．几种集热—贮热墙式太阳房的动态模拟及热性能比较 [J]. 太阳能学报，2000，21 (4)：9.

[27] 杨昭，徐晓丽．特朗勃壁温度场分析 [J]. 工程热物理学报，2006，27 (4)：3.

[28] 吴彦廷，周国兵，杨勇平．太阳能相变蓄热集热墙二维非稳态模型及分析 [J]. 太阳能学报，2012，33 (6)：5.

[29] 孔祥飞．相变蓄冷建筑围护结构性能研究 [D]. 天津：天津大学，2013.

[30] Qian W, Wu R, Yu W, et al. Parametric analysis of using PCM walls for heating loads reduction [J]. Energy and Buildings, 2018, 172.

[31] Zhang Z, Sun Z, Duan C. A new type of passive solar energy utilization technology—The wall implanted with heat pipes [J]. Energy & Buildings, 2014, 84 (Dec.): 111-116.

[32] 罗国志．北京地区混合式运行办公建筑被动式技术研究 [D]. 重庆：重庆大学，2012.

[33] 单宝．日本推进新能源开发利用的举措及启示 [J]. 科学·经济·社会，2008，26 (2)：4.

[34] Jl A, Xp B, Mm B, et al. Design and performance of energy-efficient solar residential house in Andorra [J]. Applied Energy, 2011, 88 (4): 1343-1353.

[35] 林永晖．并联分离式重力热管性能优化的数值研究 [D]. 天津：天津城建大学，2020.

[36] 战洪仁，李春晓，王立鹏，等．基于 VOF 模型对重力热管内部沸腾冷凝过程的仿真模拟 [J]. 冶金能源，2016，35 (1)：6.

[37] 刘珊珊．并联分离式热管传热特性研究 [D]. 天津：天津城建大学，2016.

[38] 姚丽君．并联分离式热管内三维流动与传热特性数值研究 [D]. 天津：天津城建大学，2019.

[39] 曹丽召．重力热管流动与传热特性的数值模拟 [D]. 青岛：中国石油大学，2009.

[40] 孙晴．北向基于热管置入式墙体夏季动态热传输研究 [D]. 天津：天津城建大学，2017.

[41] 沈潇．基于热管建筑墙体建筑的过渡季室内热舒适性研究 [D]. 天津：天津城建大学，2020.

[42] 万莉．基于热管置入式墙体的建筑能耗测试与分析 [D]. 天津：天津城建大学，2020.

[43] 苏珂．热管置入式墙体冬季传热特性研究 [D]. 天津：天津城建大学，2020.

[44] Zhang Z, Wu M, Yao W. Performance of the wall implanted with heat pipes on indoor thermal environment [J]. Indoor and Built Environment, 2021, 31: 878-894.

[45] Liu C, Zhang Z, Y S, et al. Optimisation of a wall implanted with heat pipes and applicability analysis in areas without district heating [J]. Applied Thermal Engineering, 2019, 151: 486-494.

[46] 于广全．北向基于热管置入式墙体夏季动态热传输研究 [D]. 天津：天津城建大学，2016.

[47] 张志刚，于广全．基于热管置入式墙体的室内热环境研究 [J]. 太阳能学报，2019 (9)：7.

[48] 李晓．热管植入式换热墙体研究 [D]. 天津：天津城建大学，2014.

[49] Sun Z, Zhang Z, Duan C. The applicability of the wall implanted with heat pipes in winter of China [J]. Energy & Buildings, 2015, 104 (Oct.): 36-46.

[50] 邱文路．夏热冬暖地区非保温热管墙体冬季传热特性研究 [D]. 天津：天津城建大学，2018.

[51] 屠传经，谢国兴．热管发展简史 [J]. 能源工程，1984 (4)：63-64.

[52] Imura H, Sasaguchi K, Kozai H, et al. Critical heat flux in a closed two-phase thermosyphon [J].

International Journal of Heat and Mass Transfer, 1983, 26 (8): 1181-1188.
[53] Shiraishi M, Kikuchi K, Yamanishi T. Investigation of heat transfer characteristics of a two-phase closed thermosyphon [J]. Journal of Heat Recovery Systems, 1981, 1 (4): 287-297.
[54] 孙曾闫，赵亚滨，张有衡．两相闭式热虹吸管冷凝换热规律的分析与计算 [J]. 工程热物理学报，1989，10 (4)：5.
[55] 焦波，邱利民，张洋．低温重力热管传热性能的理论与实验研究 [J]. 浙江大学学报（工学版），2008，42 (11)：7.
[56] Spalding D B. Heat transfer—Soviet research [J]. International Journal of Heat and Mass Transfer, 1969, 12: 1531.
[57] 何曙，夏再忠，王如竹．一种新型重力热管传热性能研究 [J]. 工程热物理学报，2009 (5)：3.
[58] 林春花，舒水明．内螺纹重力热管冷凝段的特性研究 [J]. 华中科技大学学报（自然科学版），2002，30 (8)：3.
[59] J. H K I S. Heat transfer characteristics of large heat pipe (in Japanese) [J]. Hitachi Zosen Tech Rev, 1980.
[60] Shiraishi M, Kikuchi K, Yamanishi T. Investigation of heat transfer characteristics of a two-phase closed thermosyphon [J]. Journal of Heat Recovery Systems, 1981, 1 (4): 287-297.
[61] Khazaee I, Hosseini R, Noie S H. Experimental investigation of effective parameters and correlation of geyser boiling in a two-phase closed thermosyphon [J]. Applied Thermal Engineering, 2010, 30 (5): 406-412.
[62] Noie S H. Heat transfer characteristics of a two-phase closed thermosyphon [J]. Applied Thermal Engineering, 2005, 25 (4): 495-506.
[63] G M A S F. Heat transfer performance of a two-phase closed thermosyphons [C]. Chiang Mia: 2000.
[64] Kim C, Lee M, Park C Y. An experimental study on the heat transfer and pressure drop characteristics of electronics cooling heat sinks with FC-72 flow boiling [J]. Journal of Mechanical Science and Technology, 2018, 32 (3): 1449-1462.
[65] Wallis G B. One-Dimensional Two-Phase Flow [M]. McGraw-Hill, 1969.
[66] Kutateladze S S. Elements of the hydrodynamics of gas-liquid systems [J]. Fluid Mech. -Sov. Res, 1972.
[67] Tien C L, Chung K S. Entrainment Limits in Heat Pipes [J]. AIAA Journal, 1979, 1 (6): 36-40.
[68] Bezrodnyy M K. Flooding of liquid-vapor countercurrent flow in closed thermosyphons [J]. Heat Transfer. Soviet Research, 1985, 17: 71-76.
[69] Bezrodnyi M K. Upper limit of maximum heat transfer capacity of evaporative thermosyphons [J]. Teploenergetika, 1978 (8): 63-66.
[70] Prenger F C, Kemme J E. Performance Limits of Gravity-Assist Heat Pipes with Simple Wick Structures [M]. Advances in Heat Pipe Technology, Pergamon, 1982.
[71] Faghri A. Heat pipe science and technology [J]. Fuel & Energy Abstracts, 1995, 36 (4): 285.
[72] Jafari D, Franco A, Filippeschi S, et al. Two-phase closed thermosyphons: A review of studies and solar applications [J]. Renewable and Sustainable Energy Reviews, 2016, 53: 575-93.
[73] Dobran F. Steady-state characteristics and stability thresholds of a closed two-phase thermosyphon [J]. International Journal of Heat & Mass Transfer, 1985, 28 (5): 949-957.
[74] Zuo Z J, Gunnerson F S. Numerical modeling of the steady-state two-phase closed thermosyphon [J]. International Journal of Heat & Mass Transfer, 1994, 37 (17): 2715-2722.
[75] El-Genk M S, Saber H H. Flooding limit in closed, two-phase flow thermosyphons [J]. Internation-

al Journal of Heat & Mass Transfer，1997，40（9）：2147-2164.

[76] Pan Y. Condensation heat transfer characteristics and concept of sub-flooding limit in a two-phase closed thermosyphon [J]. International Communications in Heat & Mass Transfer，2001，28（3）：311-322.

[77] 彦启森，赵庆珠．建筑热过程 [M]. 北京：中国建筑工业出版社，1986.

[78] 居剑亮．微管径热管传热特性研究 [D]. 天津：天津城建大学，2014.

[79] Gross U. Reflux condensation heat transfer inside a closed thermosyphon [J]. Int. J. Heat Mass Transfer，1992，35（2）：279-294.

[80] 焦波．重力热管传热过程的数学模型及液氮温区重力热管的实验研究 [D]. 杭州：浙江大学，2009.

[81] 焦波，邱利民．重力热管蒸发段气液分布形式与换热能力分析 [J]. 低温工程，2010，24-27.

[82] A. Faghri M. Experimental and numerical analysis of low temperature heat pipes with multiple heat sources [J]. Heat Transfer，1991，113：728-734.

[83] J. H. Jang A F. Analysis of the one-dimensional transient compres sible vapor flow in heat pipes [J]. Int. J. Heat Transfer，1991，34（8）：2029-2037.

[84] Ei-Genk M S S H. Heat transfer correlations for small uniformly heated liquid pools [J]. International Journal of Heat and MassTransfer，1998，41（2）：261-274.

[85] K. Negishi T S. Heat transfer performance of an inclined two-phase closed thermosyphon [J]. International Journal of Heat and Mass Transfer，1983，26（8）：1207-1213.

[86] Kohtka I M T. SeParate heat pipe exchanger [J]. China-JaPan Heat Pipe Symposium，1986（5）.

[87] Chen Yuanguo C M X M. Experiments of heat transfer performance of separate type thermosyphon [J]. Int Heat Pipe Symp，1986.

[88] 杨世铭．传热学 [M]. 北京：人民教育出版社，1981.

[89] 庄骏，张红．热管技术及其工程应用 [M]. 北京：化学工业出版社，2000.

[90] 黄晶琪．两相闭式热虹吸管换热及熵产特性研究 [D]. 哈尔滨：哈尔滨工业大学，2016.

[91] 张静娜．热管置入式墙体中热管传热性能的优化研究 [D]. 天津：天津城建大学，2013.

[92] 中国建筑科学研究院．夏热冬冷地区居住建筑节能设计标准 [M]. 北京：中国建筑工业出版社，2001.

[93] 陈友明，王盛卫．建筑围护结构非稳定传热分析新方法 [M]. 北京：科学出版社，2004.

[94] Xiao Y M，Liu X C，Zhang R R. Calculation of transient heat transfer through the envelope of an underground cavern using Z-transfer coefficient method [J]. Energy and Buildings，2012，48：190-198.

[95] G. V. K A A E. Numerical modeling of heat and mass transfer in a low-temperature heat pipe [J]. Journal of Engineering Physics and Thermophysics，2002，75（4）：840-847.

[96] 李劲东，李亭寒．热管内部流动与传热问题的模化分析 [J]. 中国空间科学技术，1997，6（3）：9-13.

[97] 谢龙汉，朱红钧，林元华．Fluent 12 流体分析及工程仿真 [M]. 北京：清华大学出版社，2011.

[98] 郝婷婷．表面亲/疏水性能对脉动热管传递性能的影响 [D]. 大连：大连理工大学，2014.

[99] R Gupta D F B H. Taylor flow in micro channels：A review of experimental and computational work [J]. Journal of Computational Multiphase Flows，2010，2（1）：1-31.

[100] 黄楠燕．小通道内气液两相流动及换热特性的数值模拟与实验研究 [D]. 济南：山东大学，2021.

[101] M J F Warnier E V R M. Gas hold-up and liquid film thickness in Taylor flow in rectangular microchannels [J]. Chemical Engineering Journal，2008，135：153-158.

[102] 谭密．建筑节能的运用与发展 [J]. 城市建设理论研究，2011，21.